最营养的

家常汤煲

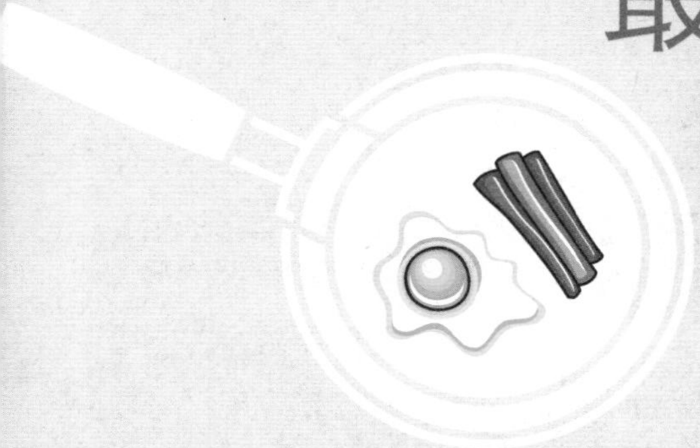

美食生活工作室　组织编写

以爱心为汤底，以爱意为调料

心情慢慢熬煮

青岛出版社
QINGDAO PUBLISHING HOUSE

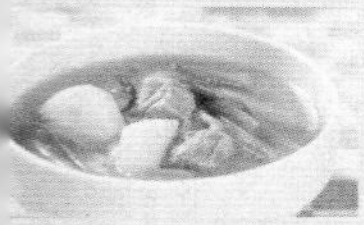

导读

针对不同功效选择有效食材，配图片： 本部分养生功效对应食材的名字和图片。

配膳指导： 本食材搭配其他食材的宜和忌。

知识文字： 分析本食材为何适用于本部分养生功效。

菜品图片： 高清晰的成品图片。

难易度： 菜品制作的难易程度，您可根据自己的操作水平选择菜品。

菜品名： 介绍菜品的名字。

爱心提醒： 主要介绍菜品制作小窍门。

营养功效： 主要介绍菜品的营养功效。

Part6 最营养的家常汤煲

降压利水明星食材 海蜇

中医认为，海蜇味咸性平，入肝、肾经。据《本草纲目》记载，海蜇有清热解毒、化痰软坚、降压消肿等功能，对高血压、气管炎、哮喘、胃溃疡等症均有疗效。

配膳指导

最佳搭配

◎ 海蜇+胡萝卜+猪瘦肉：消痰，滋阴，老少皆宜。

◎ 海蜇+猪血：辅助治疗哮喘。

◎ 海蜇+荸荠：辅助治疗肺脓疡、支气管扩张等。

◎ 海蜇+红枣+红糖：辅助治疗消化道溃疡。

禁忌搭配

◎ 海蜇+柿子、石榴、山楂、葡萄：降低营养价值，刺激肠胃，出现腹痛，甚至导致肠道梗阻。

海蜇菠菜汤 难易度

原料 菠菜、海蜇、咸鸭蛋各适量

调料 淀粉、清汤、盐、味精、香油各适量

做法 1. 海蜇洗干净，切成片。
2. 菠菜择洗干净，切成段，入沸水锅中稍烫，捞出沥水；咸鸭蛋煮熟，取蛋白切丁。
3. 锅置火上，加入适量清汤烧开，下入菠菜、盐、味精、海蜇片、咸鸭蛋丁烧开，淋入香油即可。

营养功效

菠菜中含有较多的天然维生素B_1与维生素B_2，故常吃新鲜菠菜可防止口角炎等维生素缺乏症的发生。

海蜇荸荠汤 难易度

原料 海蜇、鲜荸荠各适量

调料 姜丝、清汤、料酒、盐、味精、醋、香菜末、香油各适量

做法 1. 海蜇洗干净，切成片。
2. 鲜荸荠去皮，切成片，入沸水中氽过待用。
3. 锅置火上，加入清汤、料酒、盐、姜丝烧开，放入海蜇和荸荠片，加味精、醋、香菜末烧沸，淋香油即可。

爱心提醒

新鲜海蜇有毒，必须先用食盐、明矾腌制，以去除毒素。

224

编者手记

Bianzhe shouji

人的一生中总会有一些感动的记忆留在心中，挥散不去。就像第一次离家远行时父母关切的叮咛，时常会在脑海不经意地闪现，让我们难以忘怀。

人的一生总会有一些经典的味道留在舌尖，历久弥香，就像小时候生病时妈妈亲手做的卧着两个荷包蛋的手擀面，入口时那种香浓温暖的感觉，让我们时时怀念。

这些平凡而感动的记忆和沁入心灵的味道让我们不仅感受到了父母的爱，更品出了生活中幸福的滋味。现在，您是否还能经常品出这种幸福滋味？

这本《最营养的家常汤煲》分为煲汤高手说煲汤、最营养的家常汤煲、四季养生汤、全家人的养生汤、五脏养生汤和调理保健汤六个篇章，为您详细讲解煲汤知识，分析不同人群、不同脏器、不同身体状态等所需的不同食材，以及用这些食材煲制的多款养生汤煲。一书入手，煲汤不愁。

除了内容全面，我们力图用创新为您呈现更好的视觉享受和使用体验，让您在拥有一套介绍菜肴制作方法工具书的同时，也拥有一套可供欣赏回味的美食艺术书。这套书采用国际流行的大开本，增强了图文的冲击力；配有与菜品相关的各种背景知识，增加了知识的丰富性；分类全面，检索方便，减少了找菜的时间；用料准确，步骤详细，使操作变得更加简单。

这本《最营养的家常汤煲》分为煲汤高手说煲汤、最营养的家常汤煲、四季养生汤、全家养生汤、五脏养生汤和调理保健汤六个篇章，为您详细讲解煲汤知识，分析不同人群、不同脏器、不同身体状态等所需的不同食材，以及用这些食材煲制的多款养生汤煲。一书在手，煲汤不愁。

只要用心，只要有爱，最平凡的食材也可以做成最美味的佳肴。我们衷心希望这套美食书能让您真正地走进美食、了解美食、掌握美食，并最终做出美味佳肴，吃出幸福味道。

由于时间仓促，书中难免存在错讹，敬请广大读者批评指正、不吝赐教！

目录
contents

1 Part1 煲汤高手说煲汤

2 Part2 160道简单美味的家常汤煲

目录
contents

3 Part3 111道顺应时节的四季养生汤

春季养生汤

夏季养生汤

目录
contents

Part4 98道爱意浓浓的全家养生汤

老年人养生汤

孕妇养生汤

产妇养生汤

目录
contents

目录
contents

Part6
6 50道营养好喝的调理保健汤

Part 1

煲汤高手说煲汤

BAOTANG GAOSHOU
SHUO BAOTANG

您是否认为煲汤很简单，只要把材料准备好，往烧开的锅里一扔，等食材煮熟，一锅汤就好了？您是否认为煲汤很复杂，肉怎么炖都炖不烂，调料放很多，可汤就是没有那个味儿？其实，煲汤有讲究，会者就不难。跟我一起来学习如何选锅具、配原料、放调料、调火候……相信您也会迅速成为一个煲汤高手！

煲汤技法有讲究

煲汤常用技法详解

煨

煨是用微火慢慢地把原料煮熟的一种烹调方法。一般原料经过炸、煎、煸或水煮后装在砂锅内，加上汤水及调味品，用旺火烧开，然后用微火长时间煨制使熟透即成。煨菜成品汤、菜各半，油汤封面，汤浓味重。

炖

炖和烧相似，所不同的是，炖制菜的汤汁比烧菜的多。炖先用葱、姜炝锅，再冲入汤或水，烧开后下主料，先大火烧开，再小火慢炖。炖菜的主料要求软烂，一般是咸鲜味。

烧的操作要点：

★炖最好使用炒锅或搪瓷锅。炖制法适用于肌纤维比较粗的畜类、禽类原料。此类原料在炖前必须汆水，以排除血污和腥臊味。炖时在原料下面可放置锅垫，以防粘锅。

煨和焖、炖的做法比较

	煨　菜	焖菜、炖菜
火　候	火候较小	火候较煨菜大
时　间	时间较长	时间较煨菜短
汤　汁	火候较小	汤汁较少，勾薄芡，汤清鲜

汆

汆既是对某些烹饪原料进行入水预处理的方法，也是一种制作菜肴的烹调方法。汆菜的主料多是细小的片、丝、花刀型或丸子，而且成品汤多。汆属旺火速成的烹调方法。

汆的操作要点：

★清汆时不要使汤水大开，否则汤易浑浊。

★大量汆制菜肴时，锅内要保持足够多的汤水，否则易发浑变稠，影响菜肴质量。

煮

煮是把主料放于多量的汤汁或清水中，先用大火烧开，再用中火或小火慢慢煮熟的一种烹调方法。煮和汆相似，但煮比汆需要的时间长。

煲

煲往往选择富含蛋白质的动物性原料，用文火煮食物，慢慢地熬。

烩

烩一般把原料先加工成丝、条、片、丁等形状，再用旺火制成半菜半汤式的菜肴。烩菜大部分以熟料或半熟料为原料，勾稀薄芡。烩菜的主料若为鲜嫩的生料，需要上浆，并用热油滑油后再以汤烩之；主料若为熟的原料则不需要上浆，可用汤直接烩。烩菜的汤与主料相等或略多于主料。

烩的操作要点：

★做好烩菜的关键是勾芡，稠了，汤菜不分，吃起来糊口；稀了，则汤菜分开，大部分原料沉底。因此，勾芡厚薄要适中，既有浮力，又清澈才好。

煲汤实战13问

Q1：菜谱上介绍煲汤的方法，总说“将肉出水或飞水”，这是什么意思？有什么好处？

A：用肉类原料煲汤时，应先将肉在开水中烫一下，这个过程叫做“汆水”、“出水”或“飞水”。这样做不仅可以除去血水，还可去除一部分脂肪，避免过于肥腻。

Q2：煲鱼汤时怎样保持鱼不破碎？

A：煲鱼汤不能用出水的方法，而要先用油把鱼两面煎一下至鱼皮硬结，再煲汤时就不易碎烂了，而且还不会有腥味。

Q3：汤虽滋补，但感觉肥腻，怎么办？

A：可以把汤煲好后熄火，待冷却后，油浮在汤面或凝固在汤面时，用勺子除去，再把汤煲滚即可。

Q4：在饭店里喝的鱼汤、肉汤都像奶汁一样，自己在家煲汤怎么煲出这种效果？

A：油与水充分混合才能出奶汁的效果。大火煮白汤，小火煮清汤，同时所用原料的蛋白质含量要丰富。比如鱼汤，要尽量选择大鱼，经油煎后，将煎鱼的油和鱼一起放入锅中煮（油可以稍多点），大火煮开后，大量蛋白质游离在汤里，汤就呈现乳白色。如鱼小水多，游离出的蛋白质较少，汤自然不会白。也可以加牛奶煮汤，其原理是一样的。还可以煎几个荷包蛋放在汤里同煮，味道鲜美而且汤色更加浓白。

Q5：煲汤要加哪些香料？何时放盐？

A：大多数北方人认为煲汤一定要加香料，诸如葱、姜、花椒、八角之类，事实上，从广东人煲汤的经验来看，喝汤讲究原汁原味，这些香料大可不必。如果需要，一片姜足矣。盐应当最后加，因为盐能使蛋白质凝固，有碍鲜味成分的扩散。

Q6：煲汤是不是时间越久越好？

A: 错！汤中的营养物质主要是氨基酸，加热时间过长，会产生新的物质，营养反而被破坏。一般鱼汤煲1小时左右，鸡汤、排骨汤煲1.5小时左右足矣。

Q7：喝汤应该是在饭前还是饭后？

A：常言道："饭前喝汤，苗条健康；饭后喝汤，越喝越胖"，这有一定的科学道理。吃饭前先喝汤，等于给上消化道加了点"润滑剂"，使食物能顺利下咽；吃饭中途不时喝点汤水，有助食物的稀释和搅拌，有利于胃肠道对食物的吸收和消化。同时，吃饭前先喝汤，让胃部分充盈，可减少主食的纳入，从而避免热量摄入过多。而饭后喝汤，则容易使营养过剩，造成肥胖。

提醒：浅表性胃炎者应饭后喝汤，以免加重症状。

Q8：煲过汤的肉料食之无味，可以弃去吗？

A：一般人认为营养都集中在汤里，所以煲好的汤就只喝汤，对于里面的肉类就弃之不要了。其实，无论煲汤的时间有多长，肉类的营养也不能完全溶解在汤里，所以喝汤后还要吃适量的肉。把煲过汤的肉料取出撕成丝，以生抽、葱姜丝、辣椒丝调成蘸料配食，入口很美味。

Q9：药膳保健汤应该怎样喝才有效果？

A：药膳保健汤要常喝才能有效，频率以每周2~3次为宜。

Q10：为什么煲完汤的肉很柴？

A：瘦肉煲汤后肉质较粗糙，若选半肥半瘦的肉就不会发柴。如果用猪前脚的瘦肉，则煲炖多个小时后肉质仍嫩滑可口。

Q11：不同的汤分别有哪些功效？

A：（1）骨汤抗衰老：骨汤中的特殊养分以及胶原蛋白可促进微循环。50~59岁这10年是人体微循环由盛到衰的转折期，骨骼老化速度加快，多喝骨头汤往往可收到药物难以达到的功效。

（2）鱼汤防哮喘：鱼汤中含有一种特殊的脂肪酸，具有抗炎作用，可以治疗肺和呼吸道炎症，预防哮喘发作，对儿童哮喘病最为有效。

（3）菜汤抗污染：各种新鲜蔬菜中含有大量碱性成分，溶于汤中后通过消化道进入人体内，可使体液环境呈正常的弱碱性状态，有利于人体内的污染物或毒性物质重新溶解，随尿液排出体外。

（4）鸡汤抗感冒：鸡汤特别是母鸡汤中的特殊养分，可加快咽喉部及支气管膜的血液循环，增强黏液分泌，及时清除呼吸道病毒，缓解咳嗽、咽干、喉痛等症状。

（5）海带汤御寒：海带中含有大量碘元素，有助于甲状腺素的合成。

Q12：汤做咸了，如何补救？

A：① 将土豆切片，放入锅中。土豆能吸附汤中的盐分。② 用纱布包上一把米饭，放入汤中煮一段时间，米饭可以吸走多余的盐分，汤自然会变淡。③ 放一小块糖进去，稍煮后取出，可以吸去多余的盐分。

Q13：如何让浓汤变清？

A：在用排骨、鸡、鸭等原料做汤时，容易出现汤浓油厚的现象。遇到这种情况时，在汤中加少许鲜鸡血，就可以使汤变清。

煲汤工具有讲究

瓦锅

瓦锅是由不易传热的石英、长石、黏土等原料混合成的陶土经过高温烧制而成的。其通气性、吸附性好，还具有传热均匀、散热缓慢等特点。煨制鲜汤时，瓦罐能均衡而持久地把外界热能传递给内部原料，相对恒定的温度有利于水分子与食物的相互渗透，这种相互渗透的时间维持得越长，鲜香成分溢出得越多，煨出的汤就越鲜醇，原料的质地就越酥烂。

电子瓦锅

电子瓦锅的工作原理是维持沸点以下的温度把汤料粥品催熟，但因水分蒸发得少，所烹熟的食物总不及明火处理般有浓香味。其优点在于无需顾虑滚沸后汤汁溢出或煮到水干，只要食材原料与水混合，按下开关之后便可以不理，若干小时之后就有汤或粥品可食，非常方便。

紫砂锅

紫沙深藏于山腹岩石层下，被称为“岩中岩”“泥中泥”，是一种未经外界环境污染的、含有多种人体所需微量元素，尤其是铁元素的纯天然陶土。紫沙器皿在受热过程中，能够发射出丰富的远红外线，这种远红外线不仅能作用于食物表面，而且能深层透热，所以煲煮出的汤菜有特别的醇香口感。紫沙能通过矿化作用提高食物的pH值，有利于平衡人体内的酸碱度，有延年益寿、保健防病等功效。

不锈钢锅

此类锅外观光亮，清洁卫生，耐磨质轻，便于刷洗消毒，而且坚固耐用，化学性质稳定，耐酸、耐碱、耐腐蚀，已成为现代家庭必不可少的炊具之一。

电磁炉

电磁炉打破了传统的明火烹调方式；采用磁场感应电流的加热原理，热效率要比所有炊具的效率高出近1倍。具有升温快、无明火、无烟尘、无有害气体、对周围环境不产生热辐射、体积小巧、安全性好和外型美观等优点，能完成家庭的绝大多数烹饪工作。

砂锅

砂锅由陶土和沙混合烧制而成，外涂一层釉彩，外表光滑，一般用于制作汤菜。砂锅气孔较小，不耐高温，锅口大，散热快。可直接用中、小火加热成熟，也可用蒸、隔水炖等加热方式。

焖烧锅

焖烧锅分外锅（保温用）和内锅（加热用）两部分。使用时将生的食物放入内锅，在炉子上煮开后离火。将内锅放入外锅内，盖上锅盖，食物就在高效保温的外锅内继续保持高温闷制，直至熟烂。不需再用炉火加热，也不需看管。

煲汤常用食材的四性、五味及其保健功效

食物的四性及其保健功效

食物与药物一样，有寒、凉、温、热四种不同属性，中医上叫做四性，也叫四气。由于不同属性的食物食疗功效也不同，故配制食疗方时就要重视食物属性，选择符合疾病食疗所需要的食物，以达到治疗效果。

中医有一项治疗原则——“疗寒以热药，疗热以寒药”，此原则也同样适用于食疗。治疗属寒的病症，要选用属于热性的食物；治疗属热的病症，就要选用属于寒性的食物，做到对症下药，才有望取得预期效果。反之，则只能是雪上加霜、火上浇油，使病情加重。

寒凉食物

[保健功效] 寒和凉同属一种性质，仅是程度上的差异。寒凉食物具有清热、泻火、解毒的作用，医学上常用来治疗热证和阳证。凡是表现为面红耳赤、口干口苦、喜欢冷饮、小便短黄、大便干结、舌红苔黄的病症，都适宜选用寒凉食物。

[常见寒凉食物] 常见凉性食物：白菜、小白菜、萝卜、冬瓜、青菜、菠菜、苋菜、芹菜、绿豆、豆腐、小麦、苹果、梨、枇杷、橘子、菱角、薏苡仁、茶叶、蘑菇、鸭蛋等。

常见寒性食物：豆豉、马齿苋、苦瓜（生食）、莲藕、芦荟、甘蔗、番茄、柿子、茭白、荸荠、茄子、丝瓜、蕨菜、空心菜、绿豆芽、百合、紫菜、草菇、鸭血、西瓜、香蕉、桑葚、黄瓜、蟹、海藻、田螺等。

温热食物

[保健功效] 温与热同属一种性质，都有温阳、散寒的作用，医学上常用来治疗寒证和阴证。凡是表现为面色苍白，口中发淡，即使渴也喜欢喝热开水，怕冷，手足四肢清冷，小便清长，大便稀烂，舌质淡的病症，都适宜选用温热食物。

[常见温热食物] 常见温性食物：韭菜、葱、蒜、生姜、小茴香、羊肉、狗肉、猪肝、猪肚、牛肚、刀豆、芥菜、香菜、南瓜、桂圆、杏、桃、石榴、乌梅、荔枝、栗子、大枣、核桃、鳝鱼、虾、鲢鱼、海参、鸡肉、猪肝等。

常见热性食物：辣椒、胡椒、肉桂、咖喱等。

平性食物

[保健功效] 食物中温与热、凉与寒只是程度的不同，有些温或热、凉或寒难以截然分开。为简便起见，通常仅归纳为寒热两类，将寒凉属性统称为寒，温热属性统称为热，在寒热之间增加了平性。平性食物之性介乎两者之间，通常具有健脾、开胃、补益的作用。由于其性平和，故一般热证和寒证都可配合食用，尤其对那些身体虚弱，或久病阴阳亏损，或病症寒热错杂，或内有湿热邪气者较为适宜。

[常见平性食物] 粳米、糯米、黄豆、蚕豆、赤豆、黑大豆、玉米、花生、豌豆、扁豆、黄花菜、香椿、胡萝卜、山药、莲子、芝麻、葡萄、橄榄、猪肉、鲫鱼、鸽蛋、芡实、牛奶等。

食物的五味及其保健功效

五味，即酸、苦、甘、辛、咸五种不同的味道。食物的五味也是解释、归纳食物效用和选用食疗方的重要依据。

中药学重要著作《本草备要》中讲到，“凡酸者能涩能收，苦者能泻能燥能坚，甘者能补能缓，辛者能散能横行，咸者能下能软坚”。药物的酸、苦、甘、辛、咸五味，分别有收、降、补、散、软的药理效用，食物的五味亦具有同样的功效。了解不同食物所具有的性味，有助于正确选用食疗方中的食物，以取得预期的效果。

酸味食物

常用的酸味食物有醋、番茄、马齿苋、赤豆、橘子、橄榄、杏、枇杷、桃子、山楂、石榴、乌梅、荔枝、葡萄等。

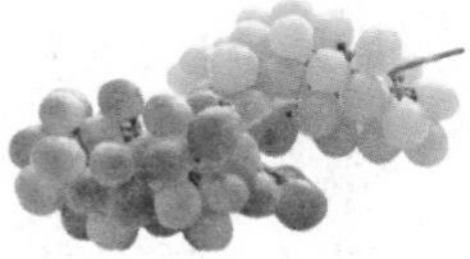

酸味食物有收敛、固涩的作用，可用于治疗虚汗出、泄泻、小便频多、滑精、咳嗽经久不止及各种出血病。酸味固涩容易敛邪，因此，如感冒出汗、急性肠火泄泻、咳嗽初起者均当慎食。

苦味食物

常用的苦味食物有苦瓜、茶叶、若杏仁、百合、白果、桃仁等。

苦味食物有清热、泻火、燥湿、解毒的作用，可用于辅助治疗热证、湿证。热证表现为胸中烦闷、口渴多饮、烦躁、大便秘结、舌红苔黄、脉浮数的，可选苦瓜、茶叶；热证表现为午后潮热、两颧潮红、咳嗽胸肋作痛的，可用百合；热证表现为发热不退、下腹部满的，可用桃仁。湿证表现为四肢浮肿、小便短少、气短咳逆的，可配白果。苦味食物性寒，不宜多吃，脾胃虚弱者更应慎食。

辛味食物

辛即辣味，常见辛味食物有姜、葱、蒜、香菜、洋葱、芹菜、辣椒、花椒、茴香、豆豉、韭菜、酒等。

辛味食物有发散、行气、行血等作用，可用于治疗感冒表证及寒凝疼痛。同是辛味食物，却有寒、热之分。如生姜辛而热，适宜于恶风寒、骨节酸痛、鼻塞流清涕、舌苔薄白、脉浮紧的风寒感冒；豆豉辛而寒，适宜于身热、怕风、汗出、头胀痛、咳嗽痰稠、口干咽痛、苔黄、脉浮数的风热。辛味食物易伤津液，食用时要防止过量。

甘味食物

甘即甜，但甘味食物味道不一定是甜的。常见甘味食物有莲藕、茄子、空心菜、番茄、茭白、萝卜、丝瓜、洋葱、笋、土豆、菠菜、荠菜、黄花菜、南瓜、芋头、扁豆、豌豆、胡萝卜、白菜、芹菜、冬瓜、黄瓜、豇豆、豆腐、黑豆、绿豆、赤豆、黄豆、薏米、蚕豆、刀豆、荞麦、高粱、粳米、糯米、玉米、大麦、小麦、木耳、蘑菇、白薯、蜂蜜、蜂乳、银耳、牛奶、羊乳、甘蔗、柿子、苹果、荸荠、梨、花生、糖、西瓜、菱角、香蕉、桑葚、荔枝、橘子、栗子、枣、无花果、莲子、核桃肉、桂圆肉、鲢鱼、龟肉、鳖肉、鲤鱼、鲫鱼、田螺、鳝鱼、虾、羊肉、鸡肉、鹅肉、牛肉、鸭肉、火腿、燕窝、枸杞、芡实、香菇等。

甘味食物有补益、和中、缓和拘急的作用，可用作辅助治疗虚证。如表现为头晕目眩、少气懒于讲话、疲倦乏力、脉虚无力之气虚证的，可选用牛肉、鸭肉、大枣等；如表现为身寒怕冷、蜷卧嗜睡之阳虚证的，可选用羊肉、虾、麻雀等。甘能缓急，如出现虚寒腹痛、筋脉拘急的，可选用蜂蜜、大枣等。

咸味食物

咸味食物有软坚、散结、泻下、补益阴血的作用，可用于治疗瘰瘤、痰核、痞块、热结便秘、阴血亏虚等病症。在甲状腺瘤的治疗过程中，常配合食用海带、海藻，以海带、海藻之咸来软化肿块。民间土法采用食盐炒热，用布包裹熨脐腹部，治疗寒凝腹痛，也是“咸以软坚”的实际应用。

煲汤常用的滋补类中药材

补血中药材

紫河车

【别名】胎盘、胞衣。

【性味】性温，味甘、咸。

【功效】补肾益精，益气养血。

【应用】紫河车含蛋白质、糖类、钙、维生素等多种营养素，适宜虚劳羸瘦、气虚无力、血虚面黄者服用，对贫血症有良效；含免疫因子等，对甲状腺也有促进作用，适宜虚喘劳嗽、免疫功能低下者服用；含多种性激素，能促进乳腺、子宫、阴道、睾丸的发育，适宜男子肾气虚弱、阳痿遗精者服用，也适宜女子不孕及产后缺乳者服用。

【提示】阴虚火旺者不宜单独服用；痰湿痞满气胀、食欲不振，以及舌苔厚腻者忌服。

阿胶

【性味】性平，味甘。

【功效】补血止血，滋阴润燥。

【应用】适宜血虚者见面色萎黄、眩晕、心悸，多种出血证、阴虚证以及燥证。

【提示】本品性滋腻，有碍消化，胃弱便溏者慎用。

白芍

【性味】性凉，味苦、酸。

【功效】养血敛阴，柔肝止痛，平抑肝阳。

【应用】适宜女子月经不调、经行腹痛、血闭不通、崩漏者服用；适宜自汗、盗汗者服用；适宜胁肋脘腹疼痛、四肢挛痛、头痛、眩晕者服用。

【提示】白芍性凉，凡患阳衰之证者，不宜单独应用白芍；白芍与藜芦药性相斥，不宜同用。

当归

【性味】性温，味甘、辛。

【功效】补血活血，调经止痛，润肠通便。

【应用】适宜血虚萎黄、眩晕、心悸者服用，对贫血者有效；适宜女子月经不调、经闭痛经者服用；适宜虚寒腹痛、肠燥便秘、风湿痹痛、跌扑损伤、痈疽疮疡者服用。

【提示】湿盛中满、泄泻便溏者，均不宜服用当归。

龙眼肉

【性味】性温，味甘。

【功效】补益心脾，养血安神。

【应用】用于心脾虚损、气血不足引起的心悸、失眠、健忘等症，能补益心脾，养血安神，为性质平和的滋补良药。单用即有效，亦常配黄芪、人参、当归、酸枣仁等同用。

【提示】阴虚火旺者忌食。

补气中药材

黄芪

【别名】黄耆。

【性味】性微温，味甘。

【功效】补气升阳，益卫固表，托毒生肌，利水消肿。

【应用】适宜阳虚自汗者服用；适宜血虚痿黄、气虚乏力、食少便溏、中气下陷、久泻脱肛、便血崩漏者服用；适宜痈疽难溃，或久溃不敛者服用；适宜气虚水肿、内热消渴者服用。

【提示】表实邪盛、气滞湿阻、食积停滞、痈疽初起或溃后热毒尚盛等实证，以及阴虚阳亢者，均须禁服黄芪。

党参

【别名】黄参、上党参、狮头参。

【性味】性平，味甘。

【功效】补中益气，生津养血。

【应用】适宜中气不足所致肠胃中冷、食少便溏、滑泻久痢者服用；适宜脾肺虚弱、气短心悸者服用；适宜血虚萎黄、慢性出血病、慢性贫血、白血病患者服用；适宜肺气亏虚所致咳嗽气促、语声低弱者服用；适宜体虚易感冒者服用；适宜内热消渴者服用。

【提示】本品对虚寒证最为适用，若属热证，则不宜单独应用。反藜芦，不宜同用。

太子参

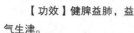

【性味】性平，味甘、微苦。

【功效】健脾益肺，益气生津。

【应用】适宜脾胃虚弱、食欲不振、倦怠无力者服用；适宜肺虚咳嗽、干咳痰少、气阴两伤者服用；适宜自汗、气短者服用；适宜温病后期气虚津伤、内热口渴者服用；适宜神经衰弱、心悸失眠、头昏健忘者服用；适宜小儿夏季发热者食用。

【提示】表实邪盛者不宜服用。

人参

【别名】棒槌、土精、神草。

【性味】性微温，味甘、微苦。

【功效】大补元气，复脉固脱，安神益智，补脾益肺，生津止渴。

【应用】适宜因大汗、大泻、大失血或大病、久病所致元气虚极欲脱、气短神疲、脉微欲绝的重危证候者服用；适宜气短懒言、虚咳喘促者服用；适宜惊悸、健忘、眩晕头痛者服用。

【提示】儿童、体质健壮者均不宜服用人参；服食人参后忌食山楂、葡萄、萝卜、茶及各种海味；人参不可用金属锅具煎煮，最好用砂锅；人参不宜与藜芦、五灵脂、皂荚同用。

西洋参

【性味】性寒，味苦、微甘。

【功效】补气养阴，清火生津。

【应用】适宜气虚、肺阴不足所致咳嗽喘促、咳喘痰血者服用；适宜胃燥伤津、内热所致咽干口渴、烦倦者服用；适宜烟酒过多者服用；适宜夏季小儿虚热、烦躁、食欲不振者服用；适宜消渴、口燥咽干者服用。

【提示】本品性寒，能伤阳助湿，故中阳衰微、胃有寒湿者忌服。忌铁器火炒，反藜芦。

甘草

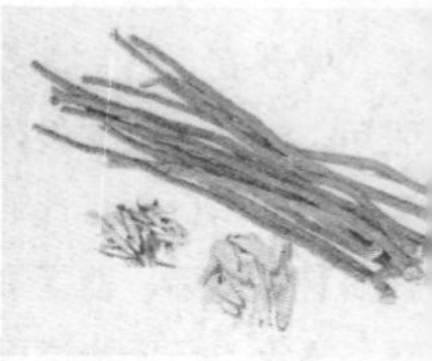

【性味】性平，味甘。

【功效】生甘草长于清火，可清热解毒，润肺止咳；炙甘草长于温中，可甘温益气，缓急止痛。

【应用】生甘草适宜痰热咳嗽、咽喉肿痛、痈疽疮疡、胃溃疡、十二指肠溃疡者服用，还可用于解药毒、食物中毒等；炙甘草适宜脾胃功能减退、大便溏薄、乏力、发热以及心悸、神经衰弱者服用。

【提示】湿盛胀满、浮肿者不宜用甘草；不可与鲤鱼、大戟、芫花、甘遂、海藻同食；不可长期大量服用。

白术

【性味】性温，味甘、苦。

【功效】健脾胃，助饮食，止虚汗。

【应用】适宜脾胃气虚，不思饮食，倦怠无力，慢性腹泻，消化吸收功能低下者食用；适宜自汗易汗、老小虚汗以及小儿流涎者食用。

【提示】凡胃胀腹胀、气滞饱闷者忌食。

补肾中药材

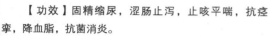

金樱子

【别名】黄刺果、灯笼果、野石榴、糖莺子。

【性味】性平，味酸、涩。

【功效】固精缩尿，涩肠止泻，止咳平喘，抗痉挛，降血脂，抗菌消炎。

【应用】适宜遗尿、小便频数、脾虚泻痢者服用；适宜肺虚喘咳、自汗盗汗者服用；适宜女子崩漏带下、男子遗精早泄者服用。

【提示】有实火、邪热者忌用金樱子；不宜与黄瓜、猪肝同食。

枸杞子

【性味】性平，味甘。

【功效】养肝明目，滋肾润肺，补益精气。

【应用】枸杞子有降血脂、降血压、降血糖、防止动脉硬化、保护肝脏、抑制脂肪肝、促进肝细胞再生、提高机体免疫功能、抗恶性肿瘤的作用。枸杞子对眼睛有良好的补益作用，对肝肾不足所致的视力下降、见风流泪、夜盲雀目、两眼干涩、玻璃体混浊、白内障等，有很大益处。对血虚眩晕、血虚头痛、贫血、慢性肝炎、高血压病、遗精阳痿、夜间多尿、体虚早衰者，以及心血不足所致的心悸、失眠、健忘者，均有防治作用。

【提示】性情太过急躁的人，或平日大量摄取肉类导致面泛红光的人最好不要食用；正在感冒发烧、身体有炎症、腹泻等急症患者在发病期间也不宜食用；枸杞一般不宜和性温热的补品如桂圆、红参、大枣等共同食用。

冬虫夏草

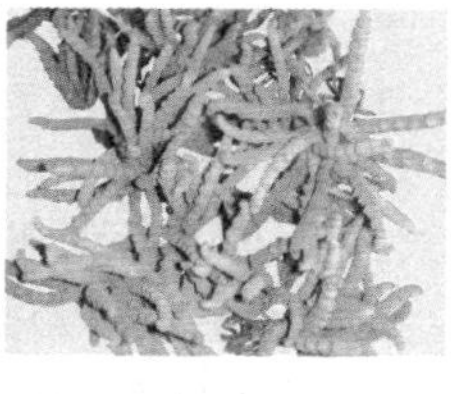

【性味】性温，味甘。

【功效】补肾壮阳，补肺平喘，化痰止咳，抗肿瘤。

【应用】适宜老年人慢性支气管炎、肺源性心脏病患者服用；适宜肺气虚和肺肾两虚、肺结核等所致咳嗽气短者服用；适宜吐血、咯血或痰中带血者服用；适宜盗汗、自汗者服用；适宜老人体弱畏寒、涕多泪出者服用；适宜男子阳痿遗精、腰膝酸疼者服用；适宜脑水肿、急性肾功能衰竭者服用；适宜高血糖、高血脂、贫血患者服用。

【提示】风湿性关节炎患者应减量服用；儿童，孕妇及哺乳期妇女、感冒发烧、脑出血人群、有实火者不宜用。

地黄

【性味】性凉，味甘苦。

【功效】滋阴养血，凉血。

【应用】地黄有生地黄与熟地黄之分，生地黄偏重于凉血止血，对皮肤病患者有效；熟地黄侧重于滋阴补血，对阴虚贫血者有益。

【提示】食地黄时忌萝卜、葱白、韭白、薤白。《医学入门》称：“中寒作痞，易泄者禁。”

黄精

【性味】性平，味甘。

【功效】润肺滋阴，补脾益气。

【应用】适宜脾胃功能减退、口干食少者服用；适宜气血不足、肾虚精亏所致头晕、腰膝酸软、体倦乏力、须发早白、消渴者服用；适宜肺虚燥咳、肺劳咳血、肺结核者服用；适宜内热消渴、糖尿病患者服用。

【提示】黄精滋腻，脾虚有湿者、咳嗽痰多者以及中寒便溏者均不宜服食。

沙参

【分类】依出产地域，可分北沙参、南沙参。

【性味】性微寒，味甘。

【功效】南沙参善补肺脾之气，能补肺阴、润肺燥、清肺热；北沙参善养肺胃之阴，偏于养阴、生津、止渴。

【应用】南沙参适宜脾肺气虚、倦怠乏力、食少纳呆、自汗、舌淡、脉弱者服用，亦适用于阴虚肺燥有热之干咳痰少、咳血或咽干音哑等症；北沙参适宜热病后期或久病阴虚内热、干咳、痰少、低热、口干、舌红、苔少、脉细弱者服用。

【提示】虚寒证忌服沙参。反藜芦。

石斛

【性味】性微寒，味甘。

【功效】补益脾胃，生津止渴，滋阴清热。

【应用】适宜胃有虚热、胃阴不足、胃脘隐痛、上腹胀痛者服用；适宜热病伤津、口渴咽干者服用；适宜饮食不香、食少干呕者服用；适宜病后虚热、低热烦渴者服用；适宜肾阴不足、视物昏花、目暗不明者服用；适宜糖尿病、心血管疾病患者服用。

【提示】热病早期阴未伤者、湿温病未化燥者、脾胃虚寒者（即胃酸分泌不足者），均禁服石斛。

何首乌

【别名】首乌、地精。

【分类】生首乌、制首乌。

【性味】性微温，味苦、甘、涩。

【功效】生首乌能祛风解毒、截疟、消痈、润肠通便，制首乌能补益精血、乌须发、强筋骨、补肝肾。

【应用】生首乌适宜瘰疬疮痈、风疹瘙痒、肠燥便秘者服用，适宜高血脂患者服用。制首乌适宜肝肾不足、头昏眼花、血虚萎黄、眩晕耳鸣、须发早白、腰膝酸软、肢体麻木、崩漏带下、久疟体虚者服用；适宜高血脂、脂肪肝、肥胖症患者服用；适宜失眠、脱发、须发早白及各种亚健康人群服用。

【提示】大便清泄溏薄者、有痰湿者不宜服用何首乌；忌与猪肉、猪血、无鳞鱼、萝卜、葱、蒜同食；煎煮时忌用铁器。

杜仲

【性味】性温，味甘。

【功效】补肝肾，强筋骨，安胎。

【应用】适宜肝肾不足、腰膝酸痛、筋骨无力、头晕目眩、免疫功能低下者服用；适宜孕妇体弱、胎动不安、先兆流产或习惯性流产者服用；适宜阴痒、小便余沥者服用；适宜肾冷腰痛、腰身强直者服用；适宜男子慢性前列腺疾病、性功能障碍、不育症患者服用；适宜高血压、高血脂、心脑血管疾病患者服用；适宜失眠多梦，皮肤粗糙、暗淡者服用。

【提示】阴虚火旺者慎服。

鹿茸

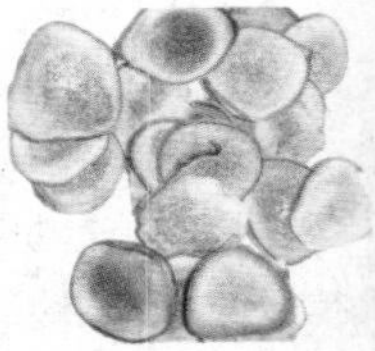

【性味】性温，味甘咸。

【功效】补肾阳，益精血，强筋骨。

【应用】适宜男子阳痿、遗精、早泄、精子稀少不育者食用；适宜精血不足、筋骨无力、小儿发育不良者食用；适宜体质虚弱的老年人食用；适宜妇女带下过多、月经不调、不孕、四肢不温、腰膝酸痛者食用；还适宜疮疡久溃不敛、阴疽内陷者食用。

【提示】凡阴虚阳盛或有外感者均应忌服。

蛤蚧

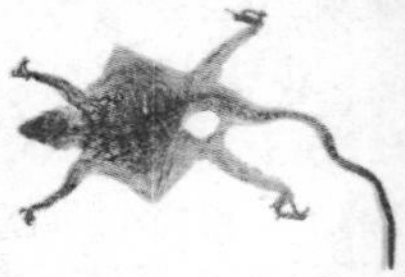

【性味】性平，味咸。

【功效】补肺气，助肾阳，定喘嗽，益精血。

【应用】适宜男子阳痿肺虚、肾虚喘咳者食用。

【提示】外感风寒或实热者忌服。

肉苁蓉

【性味】性温，味甘、咸。

【功效】补肾气，益精血，润肠燥，通大便。

【应用】适宜肝肾不足、筋骨痿弱、腰膝冷痛者服用；适宜虚劳早衰、老年性多尿症患者服用；对男性性器官有较好的补益效果，适宜男子阳痿、遗精、早泄、精子稀少所致不育者食用；适宜女子月经不调、阳虚经闭、肾虚不孕者服用。

【提示】相火偏旺、胃弱便溏、实热便结者禁服。《得配本草》中说：“（肉苁蓉）忌铜、铁。火盛便闭、心虚气胀，皆禁用”。《本草经疏》云：“泄泻禁用，肾中有热，强阳易兴而精不固者忌之”。

Part 2

160道简单美味的

家常汤煲

160DAO JIANDANMEIWEI DE
JIACHANG TANGBAO

煲一锅汤，汤里是暖暖的家的味道，无论是年迈的父母，还是幼小的孩子，都从中感受到一种滋味——幸福。

白菜豆苗汤 难易度

原料 白菜200克，豆苗100克，火腿50克

调料 色拉油、盐、味精、葱、姜、香油、高汤各适量

做法 1. 将白菜洗净，切丝；豆苗去根，洗净；火腿均丝备用。

2. 锅置火上，倒入色拉油烧热，葱、姜炝香，放火腿略炒，再放白菜、豆苗同炒至变色时，倒入高汤，调入盐、味精烧沸，淋入香油即可。

干白菜豆腐酱汤 难易度

原料 干白菜、豆腐各200克，红椒50克

调料 醋、味精、白糖、大豆酱、料酒、牛骨汤、花生油、葱花各适量

做法 1. 干白菜洗净，用温水泡软，放入沸水中焯水，捞出切段备用；豆腐切小方块，红椒去籽切丁。

2. 锅内加油烧热，下入葱花、干白菜、红椒丁、料酒、醋、大豆酱翻炒，再加入牛骨汤、豆腐、味精、白糖，煮至入味后出锅即可。

白菜煲腊香干 难易度

原料 白菜200克，腊香干100克

调料 色拉油、盐、味精、剁椒、老醋、胡椒粉、葱各适量

做法 1. 将白菜洗净，撕成块；腊香干改刀备用。

2. 炒锅置火上，倒入色拉油烧热，葱炝香，放入白菜略炒，倒入水，调入盐、味精、胡椒粉、老醋，放入腊香干，调入剁椒煲熟即可。

大白菜素汤 难易度

原料 大白菜200克，蒜苗30克

调料 盐适量

做法 1. 大白菜洗净，切粗丝；蒜苗去根，洗净切段。

2. 汤煲中倒入适量清水烧开，放入白菜、蒜苗段，煮熟后放盐调味即成。

双蛋时蔬汤 难易度

原料 菠菜100克，松花蛋、熟鸡蛋各1个

调料 盐、味精、高汤各适量

做法 1. 将菠菜洗净，切段；松花蛋、熟鸡蛋剥皮，洗净，切方丁备用。

2. 炒锅置火上，倒入高汤，放入松花蛋、熟鸡蛋烧沸，调入盐、味精烧沸，放入菠菜即可。

菠菜鸡蛋汤 难易度

原料 菠菜100克，鸡蛋2个

调料 色拉油、盐、味精、葱、姜、香油各适量

做法 1. 将菠菜择洗干净，切小段；鸡蛋打入碗内，搅匀备用。

2. 炒锅置火上，倒入色拉油烧热，葱、姜炒香，放入菠菜翻炒片刻，倒入水，调入盐、味精烧沸，打入鸡蛋，淋香油即可。

银杏蔬菜汤 难易度

原料 菠菜、银杏、胡萝卜、去壳板栗各适量

调料 姜片、盐、鸡精、鸡汤各适量

做法 1. 菠菜去根，洗净切段，焯水。

2. 胡萝卜洗净，切花片。

3. 汤锅中加鸡汤煮沸，下入银杏、板栗、姜片、胡萝卜、盐同煮5分钟，放入菠菜、鸡精续煮至入味即可。

莲子银耳菠菜汤 难易度

原料 菠菜150克，新鲜莲子100克，银耳80克

调料 高汤、姜、葱、料酒、盐各适量

做法 1. 银耳洗净沥干，加料酒浸泡至变软，去黄蒂，撕成小朵；菠菜择去黄叶，洗净切段；莲子洗净去心，泡软；葱、姜洗净，均切丝。

2. 汤锅内倒高汤煮滚，放莲子煮5分钟，加菠菜、银耳、葱姜丝，调入盐，煮至汤沸腾即可。

酸菜煲粉条 难易度

原料 东北酸白菜250克，粉条30克

调料 色拉油、盐、味精、鸡粉、香油、高汤各适量

做法 1. 将东北酸白菜洗净，切丝；粉条泡软，切段。

2. 炒锅置火上，倒入色拉油烧热，放入东北酸白菜煸炒片刻，倒入高汤，放入粉条，调入盐、味精、鸡粉煲熟，淋入香油即可。

韭菜鸡蛋汤 难易度

原料 韭菜100克，胡萝卜20克，鸡蛋1个

调料 色拉油、盐、味精、姜丝、香油各适量

做法 1. 将韭菜洗净，切段；胡萝卜洗净，去皮，切丝；鸡蛋打入碗内，搅匀备用。

2. 炒锅置火上，倒油烧热，将姜丝炝香，放入胡萝卜略炒，再放入韭菜，倒入水，调入盐、味精，大火烧开，倒入鸡蛋液，淋入香油即可。

雪菜豆腐汤 难易度

原料 豆腐200克，雪菜100克

调料 盐、葱花、味精、色拉油、香菜末各适量

做法 1. 豆腐下沸水锅稍氽，捞出控净水，切1厘米见方的丁；雪菜洗净，切丁。

2. 起油锅烧热，放入葱花煸炒，至出香味后放适量水，水沸后放入雪菜、豆腐丁，改小火炖15分钟，加入盐、味精，撒香菜末即可。

皮蛋雪菜汤 难易度

原料 腌雪菜100克，松花蛋2个

调料 色拉油、味精、葱、姜、香油各适量

做法 1. 将腌雪菜用清水略去盐分，洗净，切小末；松花蛋剥洗干净，切小丁备用。

2. 炒锅置火上，倒入色拉油烧热，葱、姜炝香，放入雪菜煸炒片刻，再放入松花蛋略炒，倒入水，调入味精烧沸，淋入香油即可。

蘑菇莼菜汤 难易度

原料 莼菜250克，鲜蘑菇50克，熟冬笋50克，水发香菇50克，番茄40克，绿叶菜40克

调料 素鲜汤、植物油、香油、盐、味精、黄酒、生姜末各适量

做法 1. 将莼菜用沸水焯水后捞出沥干；水发香菇、熟冬笋、鲜蘑菇切成细丝；番茄切片；绿叶菜洗净切段。

2. 锅置火上，放油烧至五成热，加入素鲜汤、香菇、熟冬笋、鲜蘑菇、莼菜、番茄烧开，再放入盐、、味精生姜末、黄酒，投入绿叶菜略烧一下，淋上香油即成。

蘑菇韭菜汤 难易度

原料 鲜蘑菇150克，韭菜30克，鸡蛋2个

调料 花生油、盐、味精、香油、葱、姜、酱油各适量

做法 1. 将鲜蘑菇洗净，撕成丝；韭菜洗净，切成段；鸡蛋打入碗内，搅匀备用。

2. 炒锅置火上，倒入花生油烧热，将葱、姜炝香，烹入酱油，放入鲜蘑菇煸炒片刻，倒入水，调入盐、味精烧开，倒入鸡蛋液和韭菜，淋入香油即可。

香菇煮嫩豆角 难易度

原料 嫩豆角300克，香菇200克，罐头冬笋150克

调料 盐、白糖、味精、香油、辣椒油各适量

做法 1. 香菇洗净，放水中泡发，捞出切成细丝，倒入泡香菇的水，置小火上将香菇煮熟，立即离火，晾凉。

2. 嫩豆角择去两端，清洗干净，放沸水中烫熟即捞出，放凉水中漂凉，捞出，切成细丝，放入盘中。

3. 罐头冬笋切成细丝，放入豆角丝盘中，再放入煮熟的香菇丝，加盐、白糖、味精拌匀，腌20分钟，再淋上香油、辣椒油即可。

奶汤素烩 难易度

原料 蘑菇、水发香菇各75克，白萝卜、胡萝卜各100克

调料 口蘑、油菜心、高汤、鲜奶、盐、味精、白糖、料酒、葱、姜、湿淀粉各适量

做法
1. 将蘑菇、香菇和口蘑切成小块，萝卜改成滚刀块，葱切段，姜切片。
2. 净锅置火上，加清水，再加入少许盐和味精，下入萝卜块焯至断生捞出，再分别下入口蘑、香菇、蘑菇和菜心焯透捞出。
3. 葱姜入油锅爆香，倒入上述焯好的用料，烹入料酒，加入高汤，下入盐、味精、白糖和鲜奶调味，用湿淀粉勾薄芡即成。

风衣雪耳汤 难易度

原料 净鸡皮150克，水发雪耳75克（银耳），火腿、水发香菇各50克，净笋尖25克

调料 盐、味精、料酒各适量，上汤750克

做法
1. 雪耳除去杂质，洗净，放碗中，加盐、料酒、上汤（少许），上笼蒸透，滗去汤汁备用。
2. 鸡皮洗净，切成菱形小片，汆水后捞出。
3. 将香菇、火腿、笋尖分别切成菱形小片。
4. 锅中加入上汤烧沸，加入笋片、火腿片、香菇片、鸡皮，加盐、味精烧开，浇在盛放雪耳的碗中即成。

香干二菇汤 难易度

原料 五香豆腐干4块，泡好的冬菇5只，鲜草菇100克，泡好的凤尾笋干6条，粉丝25克，虾米15克，紫菜适量

调料 盐、味精、油各适量

做法
1. 冬菇、凤尾笋干、鲜草菇下入沸水锅内稍焯，洗净去蒂。五香豆腐干切成细丝。虾米泡软。
2. 粉丝剪段，用清水浸泡6分钟，捞出待用。
3. 炒锅加热，放入少许油，下入虾米、冬菇、凤尾菇，加适量清水，煮沸约15分钟，下入五香豆腐干、粉丝和紫菜，煮沸后再加入鲜草菇，再次煮沸时用盐、味精调味即可。

富贵玉米汤 难易度

原料 玉米罐头200克，鲜蘑菇60克，青豌豆70克，胡萝卜100克

调料 花生油、太白粉、盐、味精、清汤各适量

做法 1. 胡萝卜洗净，切小丁；蘑菇洗净，切小丁。

2. 炒锅加油烧热，下入豌豆和胡萝卜丁炒1分钟，放入蘑菇丁和玉米，加盐、味精炒匀。

3. 锅中注入清汤烧开，用太白粉勾薄芡，起锅装入汤碗中即成。

玉米蔬菜汤 难易度

原料 熟玉米棒、土豆、青椒各1个，鲜蘑菇100克，胡萝卜半根

调料 盐、鸡精、高汤各适量

做法 1. 熟玉米棒切段，土豆去皮切块；青椒洗净去籽，切块；胡萝卜去皮，切块；鲜蘑菇去蒂洗净，撕成条。

2. 砂锅中倒入8碗高汤，放入所有原料煮熟，加盐、鸡精煮至入味即可。

玉米山药杏仁汤 难易度

原料 玉米、杏仁各100克，山药250克

调料 白糖适量

做法 1. 杏仁去皮炒熟，切成米粒大小；玉米炒熟，研成粉末；山药洗净去皮，切成丁。

2. 山药丁放入锅内，加水煮熟，投入杏仁粒、玉米粉同煮，加入适量白糖，再煮沸片刻即成。

玉米羹 难易度

原料 玉米粒（罐装）150克，青豆10粒，鸡蛋1个

调料 白糖、湿淀粉各适量

做法 1. 玉米粒、青豆均冲洗一下，鸡蛋打入碗内搅匀。

2. 炒锅置火上，倒入水，放入玉米粒、青豆烧沸，调入白糖搅匀，再调入湿淀粉勾芡，打入鸡蛋即可。

泰汁煮双瓜 难易度

原料 南瓜350克，苦瓜100克，虾仁、白果各适量

调料 玉米油、泰式鸡酱、番茄酱、盐、味精、上汤、蒜蓉、姜末、葱花、蛋清、淀粉各适量

做法 1. 南瓜去皮、瓤，苦瓜去瓤，均洗净切菱形块，入锅中焯水。

2. 虾仁去沙线洗净，用蛋清、淀粉上浆。

3. 锅加玉米油烧热，放蒜蓉、姜末、葱花爆香，加入泰式鸡酱、番茄酱炒匀，加入上汤，放入南瓜、苦瓜块调味煮透，加入虾仁煮熟，出锅即可。

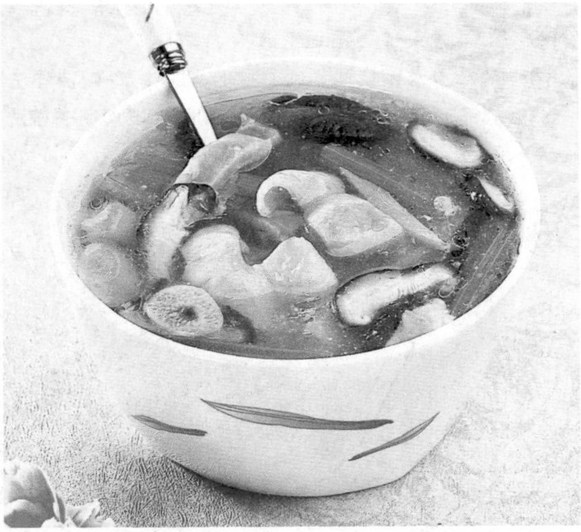

老少平安汤 难易度

原料 卤水豆腐100克，猪大肠50克，香菇2朵，火腿30克，芹菜20克

调料 色拉油、盐、味精、胡椒粉、料酒、花椒油、蒜、姜各适量

做法 1. 将卤水豆腐、猪大肠、香菇、火腿、芹菜处理干净，均切条备用。

2. 炒锅置火上，倒入色拉油烧热，蒜、姜炝香，烹入料酒，放入猪大肠、香菇、火腿、芹菜煸炒片刻，倒入水，放入豆腐烧沸，调入盐、味精、胡椒粉，淋入花椒油即可。

酸辣汤 难易度

原料 卤水豆腐100克，香菇2朵，粉丝10克，鸡胸肉30克，鸡蛋1个

调料 色拉油、盐、味精、鸡精、胡椒粉、醋、葱、姜末、湿淀粉、香油、香菜、酱油各适量

做法 1. 将豆腐、香菇、鸡胸肉均切成丝；粉丝泡软，切段；鸡蛋打入碗内，搅匀备用。

2. 炒锅置火上，倒入色拉油烧热，葱、姜炝香，放入香菇、鸡胸肉煸炒至熟，烹入酱油，放入卤水豆腐、粉丝，倒入水，调入盐、味精、鸡精，调入湿淀粉勾芡，打入鸡蛋，关火装盘。

3. 调入胡椒粉、醋、香油搅匀，撒入香菜即可。

腐竹黑耳汤 难易度

原料 腐竹75克，木耳50克

调料 素油、酱油、盐、味精、葱、姜、香油、湿淀粉各适量

做法 1. 将腐竹用温水泡开，切小段；木耳泡开，撕成小朵备用。

2. 炒锅置火上，倒入油烧热，葱、姜爆香，放入腐竹、木耳同炒，倒入水，调入盐、味精烧沸，加入湿淀粉勾芡，淋入香油即可。

金钩豆腐煲 难易度

原料 黄豆芽200克，豆腐100克

调料 素油、盐、味精、酱油、葱、姜、八角、香菜各适量

做法 1. 将黄豆芽洗净，豆腐切成小长条备用。

2. 炒锅置火上，倒入色拉油烧热，葱、姜、八角炝香，烹入酱油，放入黄豆芽煸炒片刻，倒入水，放入豆腐，调入盐、味精，小火煲10分钟，撒入香菜即可。

腐竹瓜片汤 难易度

原料 腐竹100克，黄瓜150克

调料 葱花、姜丝、盐、味精、清汤、色拉油各适量

做法 1. 腐竹用温水泡开，切段；黄瓜洗净，切片备用。

2. 热锅中倒入色拉油，下葱花、姜丝爆香，注入清汤，放入腐竹段、黄瓜片烧开，撇去浮沫，加入盐、味精调味，再煮2分钟即可出锅。

草菇汤 难易度

原料 草菇200克，青菜心100克

调料 花生油、盐各适量

做法 1. 草菇洗净，切片；青菜心择洗干净。

2. 炒锅置火上，加入花生油烧热，倒入草菇翻炒片刻，加入青菜心再炒几分钟。

3. 炒锅中倒入清水烧沸，加适量盐烧至入味，盛入大汤碗中即可。

油麦汤 难易度

原料 油麦菜100克，豆腐50克，海米30克

调料 色拉油、盐、味精、葱、姜、蒜、香油各适量

做法 1. 将油麦菜洗净，切段；豆腐切条；海米泡开，洗净备用。

2. 炒锅置火上，倒入色拉油烧热，葱、姜、蒜、海米炝香，放入豆腐煎炒，倒入水，放入油麦菜，调入盐、味精烧沸，淋入香油即可。

南瓜蔬菜汤 难易度

原料 南瓜、胡萝卜各100克，长豆角、山药各50克，香菇3朵

调料 盐、鸡汁各适量

做法 1. 胡萝卜、南瓜去皮，切片；长豆角洗净切段；香菇去柄洗净，在菌盖上剞十字花刀；山药去皮，切厚片，用清水浸泡。

2. 将上述蔬菜放入锅中，加入适量清水，大火煮沸，改小火煮15分钟，加入盐、鸡汁调味即可。

鸡毛菜肉丝汤 难易度

原料 鸡毛菜50克，鸡胸肉20克

调料 花生油、盐、味精、香油、葱各适量

做法 1. 将鸡毛菜择好，洗净，控水；鸡胸肉洗净，切丝备用。

2. 锅置火上，倒入花生油烧热，葱炝香，放入鸡胸肉炒至断生，放入鸡毛菜同炒片刻，倒入水，调入盐、味精至熟，淋入香油即可。

绿豆南瓜汤 难易度

原料 老南瓜500克，绿豆250克

调料 盐适量

做法 1. 绿豆用清水淘去泥沙，沥干水分，加少许盐拌和，腌约3分钟，用清水漂净。

2. 南瓜削皮，挖去瓜瓤，冲洗干净，切成方块。

3. 锅内放水烧沸，放入绿豆，烧开后煮约2分钟，淋少许凉水再烧开，放入南瓜块，加盖，小火煮约30分钟至绿豆开花，加盐即可。

土豆芸豆煲茄子 难易度

原料 茄子200克，土豆、芸豆各100克

调料 色拉油、盐、味精、酱油、八角、红干椒、姜各适量

做法 1. 茄子洗净，撕成条；土豆去皮，洗净，切条；芸豆择洗干净，掰成段，备用。

2. 炒锅置火上，倒油烧热，下姜、红干椒、八角爆香，放入芸豆、茄子、土豆煸炒片刻，烹入酱油，倒入水，调入盐、味精，用小火煲10分钟即可出锅。

爱心提醒

一定要将芸豆炒熟，差不多快熟时先尝一下。芸豆未煮熟透时不宜食用，否则易引起中毒。

土豆菠菜汤 难易度

原料 菠菜300克，土豆半个

调料 面粉、淀粉、葱、醋、盐、油（建议用粟米油、山茶油或橄榄油）各适量

做法 1. 菠菜择洗净，切段；土豆切薄片，放入盘中，加入面粉、适量水搅拌。

2. 起油锅烧热，将土豆片拖面粉糊，放入锅中，加盐，炸至呈金黄色时倒掉多余的油，加2～3碗水煮沸，放入择洗净的菠菜，加盐、葱花和1大勺醋，再次开锅时勾芡，煮至土豆较面时出锅即可。

马铃薯玉米浓汤 难易度

原料 马铃薯300克，玉米罐头1瓶，莴苣100克，胡萝卜半根

调料 清汤、咖喱粉、鱼露、柠檬汁、盐各适量

做法 1. 马铃薯去皮切块；莴苣去老皮切块，莴苣叶留用。

2. 玉米粒从罐头中捞出控水；胡萝卜去皮切块。

3. 汤锅中加8杯清汤煮沸，下入上述原料，调入咖喱粉、鱼露、柠檬汁、盐，煮至原料熟透入味即可。

营养功效

补气健脾。

胡萝卜粉丝汤 难易度

原料 胡萝卜100克，粉丝50克，鸡蛋1个

调料 色拉油、盐、味精、胡椒粉、香油、葱、姜、湿淀粉各适量

做法 1. 将胡萝卜洗净，去皮切丝；粉丝泡开，切段；鸡蛋磕入碗中，搅匀备用。

2. 炒锅倒油烧热，爆香葱、姜，放入胡萝卜丝炒至变色，加水，放入粉丝烧开，调入盐、味精、胡椒粉，勾薄芡，打入鸡蛋，淋香油即可。

奶汁炖萝卜块 难易度

原料 胡萝卜500克，牛奶100克

调料 猪油、鸡汤、盐、味精、香菜、料酒各适量

做法 1. 将胡萝卜洗净去皮，切成段，再改刀成2厘米见方的块，用开水焯烫透，捞出，用凉水投凉，控净水分，备用。

2. 炒锅内加油烧热，放入鸡汤、盐、料酒、胡萝卜块，待胡萝卜块煮熟后放入牛奶，微开时放入味精，淋上香油，撒上香菜，出锅即可。

清炖莲藕煲 难易度

原料 莲藕400克，胡萝卜50克

调料 花生油、盐、味精、葱、姜、香油各适量

做法 1. 将莲藕、胡萝卜分别去皮，洗净，切片备用。

2. 炒锅置火上，倒入花生油烧热，炝香葱、姜，放入胡萝卜炒1分钟，加入莲藕同炒，倒入水，调入盐、味精煲熟，淋入香油即可。

泡菜素花煲 难易度

原料 菜花150克，泡白菜70克，黄豆芽40克

调料 花生油、盐、味精、鸡粉、绍酒、葱、姜、辣椒油、高汤、花椒油各适量

做法 1. 菜花洗净，掰小块；泡白菜切块；黄豆芽洗净。

2. 炒锅倒油烧热，爆香葱、姜，烹绍酒，放入菜花、黄豆芽、泡白菜煸炒2分钟，倒入高汤，调入盐、味精、鸡粉煲熟，淋辣椒油、花椒油即可。

豆干萝卜汤 难易度

原料 豆腐干100克，白萝卜75克

调料 素油、盐、味精、香油、芹菜末、葱、酱油各适量

做法 1. 将豆腐干、白萝卜处理干净，均切丝备用。

2. 炒锅置火上，倒入油烧热，将葱爆香，放入白萝卜煸炒至断生，烹入酱油，放入豆腐干略炒，倒入水，调入盐、味精烧开，淋入香油，撒入芹菜末即可。

白萝卜海带汤 难易度

原料 白萝卜、海带各适量

调料 盐适量

做法 1. 将海带洗净，用温水浸泡数小时。白萝卜洗净，去皮，切片。

2. 海带和水一起放入砂锅中，加入盐，用武火煮沸，再将白萝卜入锅，改用文火煨炖至原料熟烂即可。

虾皮粉丝萝卜汤 难易度

原料 白萝卜200克，虾皮、粉丝各80克

调料 盐、料酒、味精、花生油、葱姜丝、胡椒粉、香菜段、鸡汤各适量

做法 1. 白萝卜洗净，切丝；粉丝用开水烫软。

2. 起油锅烧热，用葱姜丝炝锅，放入虾皮煸炒数下，下入萝卜丝再煸炒数下，加入鸡汤、粉丝烧开，打去浮沫，加盐、料酒、味精、胡椒粉调味，撒上香菜段即成。

萝卜蛏子汤 难易度

原料 蛏子300克，白萝卜150克

调料 料酒、盐、味精、鲜汤、葱段、姜片、蒜末、胡椒粉、熟猪油各适量

做法 1. 将蛏子洗净，放入淡盐水中泡约2小时，下入沸水锅中略烫一下，捞出，取出蛏子肉。

2. 萝卜削皮，切细丝，入沸水锅中略烫，捞出沥水。

3. 净锅放熟猪油烧热，爆香葱、姜，倒入鲜汤，加料酒、盐烧沸，放入蛏子肉、萝卜丝、味精再烧沸，拣去葱、姜，盛出，撒蒜花、胡椒粉即成。

藕粉水果羹

难易度

原料 雪梨、苹果、菠萝各100克，葡萄干、桂花、白芝麻各适量

调料 藕粉、白糖、薄荷汁各适量

做法

1. 雪梨、苹果洗净，去皮，除核，切小块。菠萝去皮，切小块。葡萄干拣去杂质，洗净。藕粉加适量清水调匀成芡汁。
2. 锅置火上，倒入清水，放入雪梨块、苹果块和菠萝块，加入白糖和葡萄干，大火烧沸后再煮3分钟，转小火，用藕粉调的芡汁勾芡，撒入桂花和白芝麻，淋上薄荷汁即可。

爱心提醒

① 葡萄干应提前一些时间放入锅中煮软，并将其酸味煮进汤汁中。

② 如果家里没有薄荷汁，可以去超市买一些新鲜的薄荷叶煮一下，自制薄荷汁。薄荷汁的用量不宜过多，不然水果羹的味道会发苦。

营养功效

藕粉能清热、润肺、止渴、镇静，焦躁的人常吃些藕粉，可安定身心。雪梨、苹果、菠萝富含多种维生素，可清肺润燥。

步骤图

巧克力什锦甜汤 难易度

原料 西瓜300克，木瓜1/3个，猕猴桃1个，火龙果1/2个，柠檬半个，樱桃1串，杏仁巧克力少许

调料 奶酪、牛奶、白糖各适量

做法 1. 所有水果洗净，猕猴桃、火龙果、西瓜和木瓜分别去皮，然后用挖球器挖球；柠檬切丝，巧克力用刀刮下碎屑。

2. 奶酪、牛奶、白糖、适量清水一同放入锅中加热搅匀，放入所有水果煮滚，晾凉，出锅后放上柠檬丝、樱桃，撒上巧克力屑即可。

爱心提醒

做这道甜汤的原料，可以根据手头现有的食材和自己的口味偏好来自行调整，不必拘泥于给出的配方。

榨菜肉丝汤 难易度

原料 青榨菜150克，猪里脊肉50克

调料 色拉油、盐、味精、葱、姜、川椒面、老醋、香菜、香油、料酒、湿淀粉各适量

做法 1. 将青榨菜、猪里脊肉洗净，均切成丝备用。

2. 炒锅置火上，倒入色拉油烧热，葱、姜炝香，烹入料酒，放入猪里脊肉煸炒至变色，放入青榨菜煸炒片刻，倒入水，调入盐、味精、老醋、川椒面烧沸，加入湿淀粉勾芡，撒入香菜，淋入香油即可。

皮蛋瘦肉羹 难易度

原料 猪里脊肉150克，松花蛋2个，鸡蛋清1个，菠菜20克

调料 素油、盐、味精、鸡精、湿淀粉、香油、葱各适量

做法 1. 将猪里脊肉洗净，切小丁；松花蛋剥好，洗干净，切小丁；菠菜洗净，切碎；鸡蛋清打入碗内，搅匀备用。

2. 炒锅置火上，倒入油烧热，葱花炒香，放入猪里脊肉煸炒至变色时，放入松花蛋略炒，倒入水，调入盐、味精、鸡粉烧沸，撇去浮沫，调入湿淀粉勾芡，打入蛋清，撒入菠菜，淋入香油即可。

五花白菜炖粉条 难易度

原料 猪五花肉500克，白菜叶250克，粉条100克，香菜10克

调料 花生油、酱油、绍酒、白糖、盐、味精、花椒、八角、桂皮、葱段、姜块各适量

做法 1. 猪肉用火燎去皮上的毛，放温水中刮洗干净，切成4厘米长、3厘米宽的块，拌少许酱油略腌，下七成热的油中炸至金黄色，倒入漏勺，控净油分。

2. 粉条洗净，用温水泡软备用。白菜叶洗净，切成8厘米长的段。香菜切末。花椒、八角、桂皮装入纱布袋中，扎紧袋口备用。

3. 将猪肉块、粉条放入锅中，加绍酒、白糖、酱油、葱段、姜块、香料袋，添汤，旺火烧沸，撇净浮沫，转小火炖至猪肉熟烂，加入白菜段，下盐、味精调好口味，拣出葱段、姜块和香料袋，撒香菜末，出锅装碗即可。

白菜香菇煲五花 难易度

原料 猪五花肉200克，白菜100克，粉条30克，香菇1朵

调料 色拉油、盐、味精、酱油、葱、姜、香油、八角各适量

做法 1. 将猪五花肉洗净，切片；白菜洗净，改刀；粉条用温水泡软，切成段；香菇泡发，切块。

2. 炒锅置火上，倒入色拉油烧热，葱、姜、八角炝香，放入猪五花肉煸炒至熟，调入酱油，放入白菜、香菇略炒，倒入水，调入盐、味精小火炖至熟，淋入香油即可。

五花芋头粉条煲 难易度

原料 猪五花肉100克，芋头200克，粉条30克

调料 色拉油、盐、味精、八角、酱油、蚝油、葱、姜、香菜末各适量

做法 1. 将猪五花肉洗净，切片；芋头去皮，洗净，切条；粉条泡软，切段备用。

2. 净锅倒油烧热，放葱、姜、八角炝香，放入猪五花肉煸炒至熟，烹入酱油，调入蚝油，放入芋头略炒，倒入水，调入盐、味精，小火煲8分钟，放入粉条再煲1分钟，撒入香菜末即可。

里脊黄瓜榨菜汤 难易度

原料 猪里脊100克，黄瓜1根，榨菜25克，清汤700克

调料 盐、味精、料酒、香油各适量

做法 1. 黄瓜、猪里脊分别洗净切片，将里脊肉片放入沸水锅内煮片刻，捞出待用。

2. 锅内倒入适量清汤，放入里脊肉片、黄瓜片、榨菜，煮沸后调入盐、味精、料酒，淋入适量香油即可。

土豆番茄里脊汤 难易度

原料 土豆100克，番茄75克，猪里脊50克

调料 葱油、盐、味精、香菜、香油各适量

做法 1. 将土豆、番茄切块；猪里脊肉处理干净。三者均切片备用。

2. 炒锅置火上，倒入葱油，放入猪里脊肉煸炒片刻，再放入土豆、番茄同炒，倒入水，调入盐、味精至熟，淋入香油，撒入香菜即可。

肉末茄条汤 难易度

原料 茄子250克，猪肉200克

调料 蒜末、香葱末、酱油、色拉油、黄油、盐、味精、料酒、高汤各适量

做法 1. 茄子洗净去蒂，一半去皮，一半带皮，切长条。猪肉洗净，剁成肉末。

2. 煎锅内放色拉油烧热，下茄条煎至脱水，捞出沥油。

3. 另起锅，加黄油烧热，下入肉末炒匀，加蒜末、酱油炒至上色，放入煎好的茄条，烹入料酒翻炒片刻，倒入适量高汤煮开，加盐、味精调味，撒上香葱末即可。

瘦肉莲藕瑶柱汤 难易度

原料 莲藕350克，瘦肉200克，瑶柱30克

调料 姜、盐、味精、料酒各适量

做法 1. 瘦肉入沸水中略烫，捞起洗净，切成大块。瑶柱入温水浸软，待用。莲藕切成大块，待用。

2. 锅中入适量清水烧沸，放入瘦肉、瑶柱和莲藕，用中火煮约2小时，改小火煲8分钟至软熟、汤浓，加调料调味，装入容器中上桌即可。

五花肉豆角煲 难易度

原料 猪五花肉200克，豆角250克，胡萝卜30克

调料 色拉油、盐、味精、葱、姜、香油、酱油各适量

做法 1. 将猪五花肉洗净，切片；豆角洗净，切段；胡萝卜去皮，洗净，切条备用。

2. 炒锅倒油烧热，炝香葱、姜，放入猪五花肉煸炒片刻，烹酱油，放入豆角、胡萝卜条炒1分钟，倒入水，调入盐、味精煲熟，淋入香油即可。

培根卷心菜汤 难易度

原料 培根、卷心菜各200克，小番茄40克，山药50克

调料 盐、姜丝、味精、料酒各适量

做法 1. 将培根切成3厘米长的片；小番茄洗净，从中间纵切两半。卷心菜洗净切块；山药去皮切薄片，浸于水中，待用。

2. 锅内放入清水煮滚，放入所有原料，调入盐、姜丝、味精、料酒，煮15分钟即可。

黄豆排骨汤 难易度

原料 猪排骨500克，黄豆100克，大枣50克，黄芪30克，通草20克

调料 姜片、盐各适量

做法 1. 排骨剁块，汆水后捞出，冲洗去血沫，控水；黄豆、大枣洗净；黄芪、通草洗净，用纱布包起。

2. 锅内加适量水，放入排骨、黄豆、大枣、生姜和药包，用旺火烧开后，改用文火煮约2小时，拣去药包，加盐调味即成。

泡菜煲排骨 难易度

原料 鲜猪仔排700克，土豆200克，泡子姜、泡酸菜、泡红辣椒各30克

调料 葱结、蒜片、香菜段、老抽、盐、味精、鸡精、胡椒粉、香油、植物油各适量

做法 1.将猪仔排剁成段，洗净；土豆切块；泡子姜、泡酸菜、泡红辣椒分别切碎，成三泡粒，待用。

2.排骨冷水入锅，烧沸后煮约5分钟捞出，撇去污沫，捞出沥水，装在砂锅内。土豆块入六成热的油锅中炸成金黄色，待用。

3.炒锅中加适量植物油上火，入葱结、姜片炸香，再入三泡粒炒香，加入适量清水，调入老抽、胡椒粉，沸后倒在砂锅内，置小火上，炖至排骨软烂，放土豆块，加盐、味精、鸡精调味，煲约10分钟，离火，淋香油，撒香菜段即成。

老藕炖排骨 难易度

原料 藕750克，猪肋排250克

调料 姜片、盐、味精各适量

做法 1. 藕去皮，切块，放入盐水中浸泡半小时。肋排洗净，切小块。

2. 锅中倒入清水，放入肋排氽水待用。

3. 煲中加清水煮开，放入藕、肋排、姜片，小火煲2小时至藕块、肋排熟透，加入盐、味精调味即可。

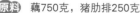

玉米排骨白菜汤 难易度

原料 猪肋排300克，玉米棒1个，白菜叶50克

调料 盐、味精、酱油、葱、姜、色拉油各适量

做法 1. 玉米棒洗净，切段；白菜叶洗净，撕成小块。

2. 将猪肋排洗净，剁块，放入开水锅氽去血色，洗净备用。

3. 净锅置火上，倒入色拉油烧热，葱、姜炝香，放入排骨、玉米棒同炒2分钟，倒入水，调入盐、味精、酱油，慢火烧20分钟，放入白菜烧沸即可。

排骨海带汤 难易度

原料 猪肋排300克，海带结100克

调料 色拉油、盐、味精、剁椒、山椒、老醋、葱、姜各适量

做法 1. 将猪肋排洗净，剁成段；海带结洗净，备用。

2. 炒锅置火上，倒入水烧沸，放入猪肋排，汆水至没有血色，捞起冲净备用。

3. 净锅置火上，倒入油烧热，葱、姜、剁椒、山椒炒香，再放入排骨煸炒3分钟，放入海带翻炒片刻，倒入水，调入盐、味精、老醋，小火20分钟至熟即可。

脊骨白菜煲 难易度

原料 猪脊骨200克，白菜叶450克

调料 清汤、盐、味精、胡椒粉各适量

做法 1. 将白菜叶洗净，盛入盆内，放入大汤碗内。

2. 将猪脊骨剁成块，倒入锅内，加入盐、味精、胡椒粉，大火烧约1小时，倒入白菜，再煲5分钟，出锅装碗即成。

黑豆排骨汤 难易度

原料 排骨500克，鸡爪10个，黑豆150克，大枣10枚，橘皮1角，龙眼肉20克

调料 盐、味精各适量

做法 1. 将黑豆炒至壳裂，取出清洗。

2. 鸡爪、排骨用滚水汆5分钟，取出沥水。橘皮泡开刮去瓤，大枣洗净。

3. 汤锅内添适量清水烧沸，放入上述原料，小火煮至排骨、鸡爪酥熟，加盐、味精调味即可。

腊肉双瓜煲 难易度

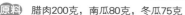

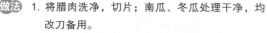

原料 腊肉200克，南瓜80克，冬瓜75克

调料 猪油、盐、味精、白糖、老醋、葱各适量

做法 1. 将腊肉洗净，切片；南瓜、冬瓜处理干净，均改刀备用。

2. 锅置火上，倒入猪油烧热，葱炝香，放入腊肉煸炒片刻，调入老醋，放入南瓜、冬瓜稍炒，倒入水，调入盐、味精、白糖煲熟即可。

腊肠煲年麸 难易度

原料 腊肠200克，年糕150克，烤麸80克，芹菜50克

调料 猪油、盐、味精、葱段、姜片、白醋、高汤各适量

做法 1. 将腊肠洗净，切片；烤麸泡开；年糕切片；芹菜择洗干净，切段备用。

2. 锅置火上，倒入猪油烧热，爆香葱段、姜片，放入腊肉煸炒片刻，倒入高汤，放入年糕、烤麸、芹菜煲至熟，调入盐、味精、白醋即可。

酸菜肥肠鸡丸煲 难易度

原料 潮州酸菜150克，猪肥肠100克，鸡丸（袋装）30克

调料 色拉油、盐、味精、鸡精、白糖、香油各适量

做法 1. 将潮州酸菜略洗，切段；猪肥肠洗净，切段；鸡丸取出备用。

2. 炒锅倒油烧热，放入潮州酸菜、猪肥肠同炒，放入鸡丸，倒入水，调入盐、味精、鸡精、白糖，小火煲15分钟，淋入香油即可。

肥肠海带煲 难易度

原料 猪肥肠250克，海带结100克，火腿20克

调料 色拉油、盐、味精、酱油、葱、姜、香油各适量

做法 1. 将猪肥肠洗净，切菱形块；海带结洗净；火腿切成菱形片备用。

2. 炒锅置火上，倒入色拉油烧热，葱、姜炝香，放入猪肥肠、海带结、火腿略炒，倒入水，调入盐、味精、酱油煲15分钟，淋入香油即可。

清煮猪肚汤 难易度

原料 猪肚400克，豆芽200克，萝卜50克

调料 盐、葱花、花椒粒、水煮料、高汤、色拉油各适量

做法 1.猪肚入沸水中氽烫，切成条，待用。将萝卜切碎制成泥，加入葱花拌匀；豆芽洗净，待用。

2.锅入油烧热，下入花椒粒炒香捞出，入葱花、水煮料炒香，倒入高汤，放入所有原料煮至入味，加盐调味，出锅盛入汤碗中，放上萝卜泥即成。

爱心提醒

将猪肚用清水洗几次，然后放进水快开的锅里，经常翻动，不等水开就把猪肚取出来，再把猪肚两面的污物除掉，即可去净猪肚的异味。

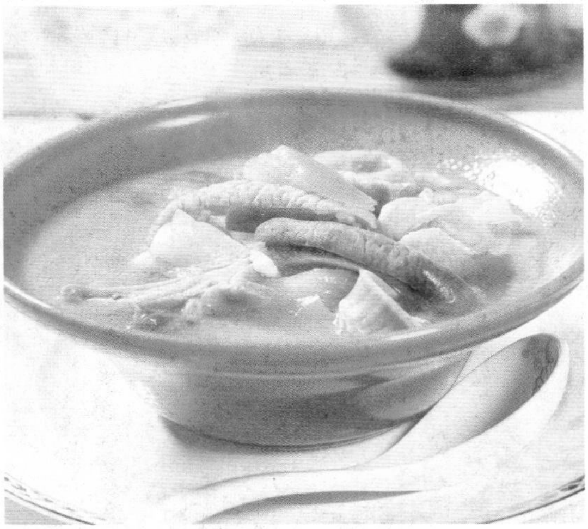

芥菜猪肚汤 难易度

原料 鲜猪肚1个，芥菜150克，粉肠300克

调料 潮州咸菜、姜片、葱段、白胡椒粒、粗盐、生粉、熟油、生抽各适量

做法 1. 潮州咸菜用水略浸泡，洗净，切条。

2. 粉肠治净，放沸水中略烫，捞起晾凉，用粗盐及生粉将猪肚内外擦净，待用。

3. 锅内加清水烧开，放入所有原料及姜、葱，烧开后改文火煲至肚肠熟、汤浓，加盐调味。

4. 将猪肚和粉肠切条，拌熟油和生抽，装盘即成。

猪肝菠菜汤 难易度

原料 猪肝150克，菠菜200克，火腿丝适量

调料 酱油、盐、花椒水、葱丁、姜末、味精、香菜段、鸡汤、香油各适量

做法 1. 猪肝洗净，切成小薄片。菠菜洗净，切成2厘米长的段。

2. 锅置火上，添鸡汤烧开，放入猪肝、菠菜，加入酱油、盐、花椒水、葱丁、姜末、味精，待汤沸后把猪肝和菠菜捞出，放入大汤碗内，撇去汤内浮沫，淋香油，倒入汤碗内，加香菜段、火腿丝即成。

心心相莲煲 难易度

原料 猪心1个，鸡心20个，莲藕200克

调料 猪油、盐、味精、酱油、红干椒、葱、姜、红椒粒各适量

做法 1. 将猪心洗净，切块；鸡心洗净，片开一面，切十字花刀；莲藕去皮，洗净，直刀切成滚刀块，备用。

2. 炒锅置火上，倒入水，放入猪心、鸡心汆水，捞起冲净，备用。

3. 锅入猪油烧热，下葱、姜、红干椒爆香，放入猪心、鸡心煸炒片刻，烹入酱油，放入莲藕略炒，倒入水，调入盐、味精煲熟，撒入红椒粒即可。

多菌粉丝火腿汤 难易度

原料 火腿100克，多菌菇50克，粉丝20克，鸡蛋1个，韭菜10克

调料 色拉油、盐、味精、葱、姜、香油各适量

做法 1. 将火腿切丝；多菌菇洗净；粉丝泡软，切段；韭菜洗净，切段备用。

2. 炒锅置火上，倒入色拉油烧热，葱、姜爆香，放入多菌菇、火腿炒制1分钟，倒入水，放入粉丝烧沸，调入盐、味精，打入鸡蛋成形至熟，放入韭菜，淋入香油即可。

口蘑煮牛肉 难易度

原料 五香牛肉1罐，口蘑150克，大白芸豆80克

调料 盐、葱花、大蒜、胡椒粉各适量

做法 1. 大白芸豆浸透，入沸水锅中煮熟，捞出沥水。口蘑洗净，切成瓣。

2. 将五香牛肉罐头连汤倒入锅中，加入清水混匀，再放入口蘑、大白芸豆，调入盐、胡椒粉煮至原料软烂，放入葱花、蒜瓣再煮2分钟即成。

牛肉豆腐平菇汤 难易度

原料 豆腐150克，牛肉50克，平菇、洋葱、陈皮、油菜各20克

调料 盐、白糖、酱油、姜、料酒各适量

做法 1. 豆腐切块，入沸水锅中焯烫去豆腥味，捞出沥水，待用。洋葱去皮切块。平菇洗净，撕开。

2. 起油锅烧热，放入洋葱稍炒，锅中加入酱油、料酒、盐、白糖、陈皮煮开，再放入平菇、豆腐、牛肉煮至入味，最后放入油菜煮开即可。

爱心提醒

陈皮是橘子及其栽培变种的成熟果皮。每年10至12月果实成熟时，摘下果实，剥取果皮，阴干或通风干燥。

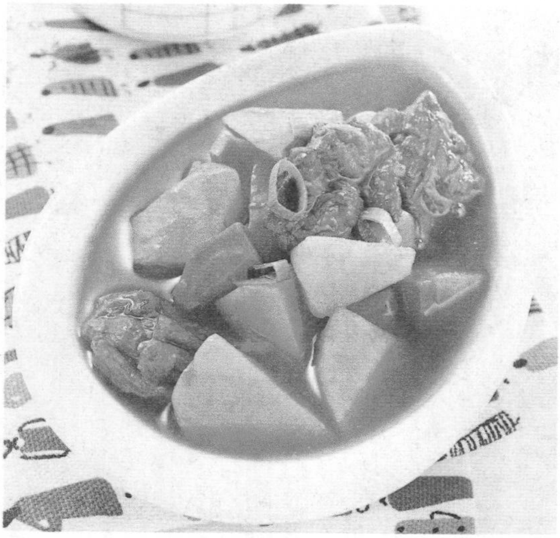

土豆焖牛腩 难易度

原料 土豆200克，牛腩肉300克，胡萝卜100克

调料 葱段、姜片、盐、糖色、料酒、花椒、味精、花生油、蒜各适量

做法 1. 牛肉切成块，用清水泡约半小时后捞出，控去水分；土豆去皮，切成滚刀块，用油炸至半熟时捞出。

2. 锅内加水烧开，下入牛肉再煮开，撇净浮沫，加入葱、姜、花椒、料酒、蒜末、味精、盐、糖色，改用小火炖至九成烂，加入土豆、胡萝卜，炖至土豆熟烂即可。

茄汁黄豆牛腩 难易度

原料 牛腩200克，黄豆60克，土豆80克，西红柿100克，青豆30克

调料 盐、味精、鸡粉、生粉、香油、香料包、高汤、淀粉、花生油各适量

做法 1. 牛腩加香料包煮熟，切块。土豆、西红柿分别切丁，土豆丁焯熟，捞出。黄豆用清水泡发。

2. 起油锅烧热，放入西红柿丁炒香，加入黄豆、青豆、土豆丁，调入盐、味精、鸡粉，淋入少许高汤，放入牛腩块烧至入味，勾芡，淋香油，翻匀出锅即可。

口蘑牛肉羹 难易度

原料 新鲜牛肉50克，草菇、豆腐各100克，蒜黄末适量

调料 香菜末、盐、味精、水淀粉、香油各适量

做法 1. 牛肉洗净，剁成末，加少许盐、味精、水淀粉拌匀略腌。豆腐、草菇洗净切末，焯水待用。

2. 锅内加清水烧开，下牛肉末氽水，捞出沥水。

3. 锅内加鲜汤，调入盐、味精烧开，放入牛肉末、豆腐末、草菇末煮沸，用水淀粉勾芡，出锅前撒蒜黄末、香菜末，淋香油即可。

营养功效

补中益气。

苹果百合牛肉汤 难易度

原料 新鲜牛肉600克，苹果2个，百合100克，陈皮1块

调料 盐适量

做法 1. 牛肉用清水洗净，切小块。苹果洗净去核，连皮切大块。百合和陈皮分别用清水洗净。

2. 砂锅内加入适量清水，文火煲至水开，放入苹果、牛肉、百合、陈皮炖煮。

3. 待水滚起，改用中火继续煲3小时左右，以少许盐调味即可。

青红萝卜牛腩汤 难易度

原料 牛腩300克，青、红萝卜各50克，蜜枣1颗，陈皮3克，南北杏少许

调料 盐、米酒各适量

做法 1. 牛腩切块洗净，入沸水锅中氽烫一下。

2. 青、红萝卜切滚刀块备用。

3. 汤锅内加适量清水，放入牛腩、蜜枣、南北杏、陈皮，以大火煮沸后加盖改小火煮1小时。加入青、红萝卜块再煮1小时，最后加入盐、米酒调味即可。

番茄土豆牛尾汤

难易度

原料 牛肉150克，新鲜去皮牛尾1条，圆白菜150克，番茄、土豆、红萝卜各200克，青豆50克

调料 盐、味精、生姜各适量

做法 1. 圆白菜切丝，番茄切片，土豆和红萝卜去皮切粒，姜拍烂。

2. 牛肉洗净，剁成泥，加盐、味精拌匀。牛尾洗净，斩段，放入滚水锅中煮5分钟，取出过凉。

3. 汤锅内加入适量清水，煲滚后放入牛尾、姜煲2小时，加入红萝卜煲30分钟，再加番茄、土豆煲至土豆熟烂，加入盐、味精调味，下入牛肉泥和圆白菜丝煮滚，最后加入青豆，待汤再次沸腾即可。

锅仔山珍牛骨髓

难易度

原料 牛骨髓200克，崂山菇60克，滑子菇50克，水发木耳40克

调料 盐、味精、蘑菇粉、白胡椒粒、高汤、葱、姜、香菜段、花生油各适量

做法 1. 牛骨髓汆水后捞出，切成段待用；崂山菇、滑子菇和木耳择洗干净，汆水待用。

2. 锅内加底油烧热，下葱、姜爆锅，加入高汤，放入牛骨髓、崂山菇、滑子菇、木耳，加盐、味精、蘑菇粉、白胡椒粒煮至熟透入味，撒香菜段，出锅即可。

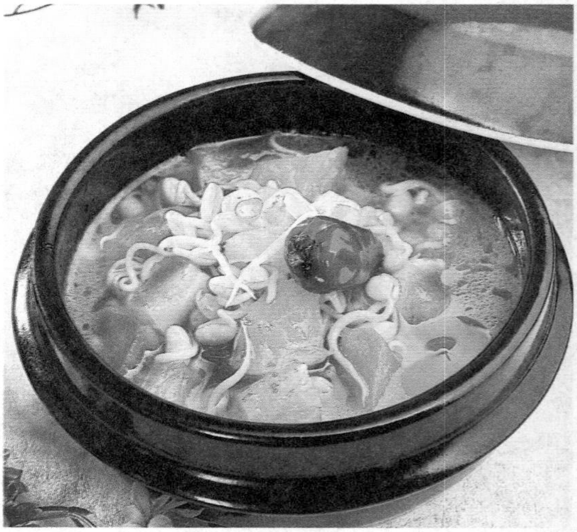

金钩煲蹄筋

难易度

原料 牛蹄筋400克，黄豆芽50克，胡萝卜20克

调料 色拉油、盐、味精、花椒、川椒、老醋、葱、姜、香油、香葱、高汤、鸡精各适量

做法 1. 将牛蹄筋洗净，改刀；黄豆芽洗净；胡萝卜去皮，洗净，切小块备用。

2. 炒锅置火上，倒入色拉油烧热，葱、姜、花椒、川椒爆香，放入胡萝卜、黄豆芽煸炒片刻，倒入高汤，放入牛蹄筋，调入盐、味精、鸡精、老醋煲熟，淋入香油，撒入香葱即可。

蒜薹煲牛杂 难易度

原料 牛杂150克，蒜薹70克

调料 高汤、盐、酱油、干椒、鸡精、葱油各适量

做法 1. 将牛杂洗净，切块；蒜薹洗净，切段备用。

2. 锅置火上，倒入葱油、干椒、牛杂炒一下，再放入蒜薹，倒入高汤，调入盐、鸡精、酱油煲熟即可。

三色牛肚煲 难易度

原料 牛肚200克，白萝卜100克，胡萝卜、芹菜各50克

调料 盐、味精、鸡粉、高汤各适量

做法 1. 将牛肚洗净煮至熟；白萝卜、胡萝卜、芹菜均处理干净，切小块备用。

2. 炒锅置火上，倒入高汤，调入盐、味精、鸡粉，放入牛肚、白萝卜、胡萝卜、芹菜煲3分钟即可。

三色丸子汤 难易度

原料 羊肉150克，鱼肉、蟹肉各100克，菠菜30克

调料 盐、味精、香油、高汤各适量

做法 1. 将羊肉、鱼肉、蟹肉洗净剁成泥，制成丸子，入水汆出；菠菜择洗干净，切小段备用。

2. 炒锅置火上，倒入高汤，放入羊肉丸、鱼肉丸、蟹肉丸，调入盐、味精烧沸2分钟，放入菠菜，淋入香油即可。

烤麸煲羊排 难易度

原料 烤麸150克，羊排100克，黄瓜20克

调料 盐、味精、葱、香菜各适量

做法 1. 将烤麸发开，切条；黄瓜洗净，切条；羊排洗净，斩块，焯水备用。

2. 锅置火上，倒入水，放入羊排，调入葱、盐，煲15分钟，放入烤麸续煲至熟，放入黄瓜，调入味精，撒入香菜即可。

白煮羊肉 难易度

原料 带骨羊肉350克

调料 蒜泥、盐、辣椒面、孜然粉、醋、酱油、香油、香菜末、葱末、姜各适量

做法 1. 将带骨羊肉剁成块，入锅中汆水。

2. 蒜泥加醋、酱油、香油调匀，将辣椒面、孜然粉加盐调匀，与蒜泥分装成两个味碟。

3. 锅加清水，放入羊肉，加少许葱、姜，慢火煮至软烂后调味，将羊肉捞出装盆，烫过滤后装入汤碗中，食用时与味碟、香菜末、葱末一同上桌，吃肉喝汤即可。

花生羊肉猪脚汤 难易度

原料 羊肉600克，猪脚1只，花生仁150克，桂圆肉15克

调料 陈皮1块，盐少许

做法 1. 花生仁（带红衣）用清水浸透洗净，桂圆肉和陈皮分别用清水浸洗干净。

2. 羊肉和猪脚斩件，放入开水中滚5分钟左右捞起，用清水洗净。

3. 砂锅内加入适量清水，先用文火煲至水开，放入上述原料，待水再滚起，改用中火继续煲3小时左右，以少许盐调味即可。

萝卜羊肉汤 难易度

原料 熟羊肉300克，萝卜200克

调料 生姜、香菜、盐、胡椒粉、醋各适量

做法 1. 熟羊肉洗净，切成2厘米见方的小块。

2. 萝卜洗净，切成3厘米见方的小块。香菜洗净，切成段。

3. 将羊肉、生姜、盐放入锅内，加适量水，旺火烧开后改小火煮至羊肉熟烂，再放入萝卜块煮熟，加入香菜段、胡椒粉、醋搅匀即成。

莲藕羊肉汤

难易度

原料 莲藕200克，羊肉50克，枸杞子10粒，大枣5颗

调料 色拉油、盐、味精、醋、胡椒粉、香菜各适量

做法

1. 将莲藕、羊肉洗净，切片；枸杞子、大枣均用温水泡开，洗净备用。
2. 炒锅置火上，倒入色拉油烧热，葱爆香，放入羊肉煸炒片刻，再放入莲藕炒至熟，倒入水，放入大枣、枸杞子，调入盐、味精、胡椒粉、醋烧沸，撒入香菜即可。

葱头萝卜羊骨汤

难易度

原料 羊排骨300克，白萝卜、胡萝卜各80克，葱头50克

调料 盐、料酒、老姜各适量

做法

1. 羊排剁成块，氽水后捞出洗净。胡萝卜、白萝卜分别洗净，切块。葱头切段，备用。
2. 羊排放入锅中，加适量清水，大火烧沸，撇去浮沫，加姜、料酒，转小火煮30分钟，加入胡萝卜、白萝卜、葱头再煮90分钟，出锅前加盐调味即可。

酸菜羊肚煲

难易度

原料 东北酸白菜200克，羊肚150克

调料 大豆油、盐、味精、红干椒、葱、高汤各适量

做法

1. 酸白菜洗净，切片；羊肚洗净，煮熟，切块。
2. 炒锅置火上，倒入大豆油烧热，下红干椒、葱炝香，放入酸白菜炒1分钟，放入羊肚，倒入高汤，调入盐、味精煲至熟透即可。

白萝卜羊杂煲

难易度

原料 羊杂400克，白萝卜200克，粉丝20克

调料 盐、味精、胡椒粉、醋、葱、香菜、高汤各适量

做法

1. 将羊杂洗净，切碎；白萝卜洗净，去皮，切成丝；粉丝泡软，切段备用。
2. 高汤倒入锅中，放入羊杂、白胡萝卜，调入盐、味精、胡椒粉、醋煲熟，撒葱、香菜即可。

萝卜炖野兔 难易度

原料 野兔肉300克，白萝卜200克

调料 干辣椒节、八角、蒜段、葱段、姜片、盐、料酒、味精、酱油、白糖、香油、植物油各适量

做法 1. 野兔肉剁成块，洗净。白萝卜去皮，切块。

2. 锅入油烧热，下干辣椒、八角、蒜、葱、姜爆锅，放入兔块煸炒，烹料酒、酱油炒匀，放入萝卜块翻炒，加入鲜汤、盐、白糖慢火炖至萝卜熟烂，加入味精、香油即可。

炖兔肉 难易度

原料 兔肉1000克，酱油150克，葱段、姜片各50克

调料 蒜瓣、八角、清油、面酱、料酒各适量

做法 1. 将兔肉洗净，切成4厘米见方的块，用开水氽过，备用。

2. 锅内加油，用八角爆锅，下葱段、姜片、蒜瓣，下面酱，把面酱炒熟，烹入料酒，加酱油，把兔肉下锅，加汤，用旺火烧开，改小火炖烂，出锅即成。

蚝香兔肉煲 难易度

原料 兔肉500克，笋尖、马蹄、冬菇各50克

调料 蚝香汁、料酒、盐、味精、姜片、葱段、尖椒、蒜瓣、花生油各适量

做法 1. 兔肉切块，氽水。笋尖、马蹄、冬菇、尖椒切丁。

2. 起油锅烧热，用葱段、姜片爆锅，放入所有原料及盐、味精和料酒炒香，倒入蚝香汁爆炒至原料熟透，转入烧热的砂锅内即可。

兔肉汤 难易度

原料 兔肉200克，马蹄80克，桂圆50克，枸杞30克

调料 姜、小茴香、葱、盐、香油各适量

做法 1. 桂圆去壳，取肉；枸杞用温水泡好；马蹄洗净切片。

2. 兔肉治净，切成块，加水熬成半黏稠状，拣去兔骨，加入其他原料和调料，煮沸即成。

柚子肉炖鸡 难易度

原料 柚子1只、雄鸡1只（约500克）

调料 盐、姜片各适量

做法 1. 将鸡宰杀，洗净，切块。

2. 将柚子去皮取肉，放入鸡肚内，一起放入大碗中，加适量清水，投入姜片，入砂锅中隔水蒸熟，调入少许盐即可。

鲜奶炖鸡汤 难易度

原料 土鸡600克，鲜奶1000毫升

调料 高汤1000毫升，红枣5颗，姜、盐各适量

做法 1. 土鸡洗净切块，入沸水中汆烫一下。姜切片。

2. 汤锅内倒入高汤、鲜奶，放入土鸡块、红枣及姜片，大火煮开后加锅盖，改小火煮2小时，起锅前加入盐调味即可。

平菇烩鸡翅 难易度

原料 平菇200克，熟鸡翅250克，油菜心100克

调料 熟猪油、鸡清汤、料酒、盐、味精、湿淀粉各适量

做法 1. 将平菇去蒂，洗净，入沸水锅中焯水后迅速捞出，沥干水分，切成片。熟鸡翅拆去骨。

2. 炒锅置火上，加熟猪油烧热，放入鸡清汤、熟鸡翅、平菇、油菜心，烧沸后加料酒、盐、味精，用湿淀粉勾芡，再淋上熟猪油，起锅装深盘内即可。

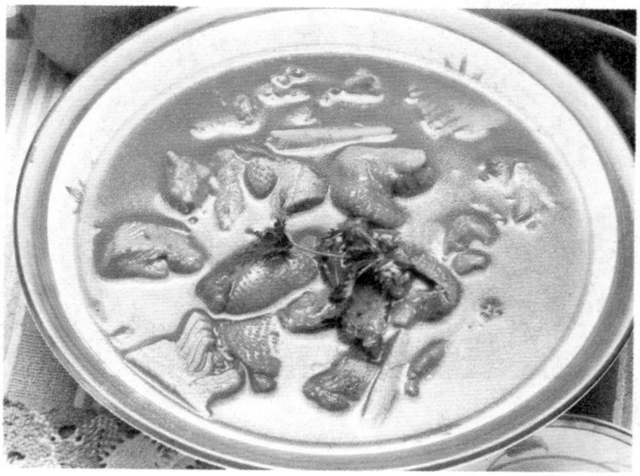

炖淡糟鸡 难易度

原料 母鸡500克，冬笋40克

调料 料酒、葱白、瘦肉汤、白糖、猪油、味精、姜、红糟各适量

做法 1. 把葱白切成段。姜剁成细末。冬笋切成片。

2. 将鸡治净，剁成长方形块，冲洗干净。

3. 起油锅烧热，加入姜末、葱段、红糟稍煸炒，放入鸡块、冬笋翻炒一会儿，加白糖、料酒、酱油、瘦肉汤煮30分钟，加入味精调味即成。

鸽蛋烩三冬 难易度

原料 鸽蛋200克，冬笋、水发香菇各150克，川冬菜（四川特有腌菜）100克

调料 盐、味精、香油、花生油、湿淀粉各适量

做法 1. 鸽蛋洗净煮熟，去皮。冬笋切片，用开水煮熟，入凉水中过凉。香菇择洗干净。川冬菜洗净，挤干水分，斩成碎末。

2. 炒锅置火上，加入花生油烧热，下入冬笋滑油后倒出，趁热再投入川冬菜，煸炒几下，放入冬笋、香菇略炒几下，烹入料酒，加入鸽蛋汤、盐、味精，烩几分钟后用湿淀粉勾芡，淋香油，装盘即成。

砂锅鸭 难易度

原料 净鸭1只，熟冬笋片100克

调料 葱、姜、酱油、白糖、盐、料酒、香油、湿淀粉、熟猪油各适量

做法 1. 葱、姜洗净，葱切成段，姜切成片。

2. 将鸭洗干净，放入沸水锅中，在鸭脯上用铁钎子扎几下，排出肉内血污，洗净，放入砂锅内。

3. 将砂锅置火上，加清水淹没鸭身，放葱段、姜片烧沸，撇去浮沫，加入料酒，盖上砂锅盖，用小火焖烧约90分钟后放上冬笋片，加入酱油、白糖、盐、熟猪油烧沸，淋入香油即成。

鸭子煲萝卜 难易度

原料 鸭肉200克，白萝卜180克

调料 色拉油、盐、味精、剁椒、野山椒、老醋、葱、姜、香菜、绍酒各适量

做法 1. 鸭肉洗净切块；白萝卜洗净，去皮切滚刀块。

2. 炒锅置火上，倒入水，放入鸭肉汆去血色，捞起冲净备用。

3. 净锅置火上，倒入色拉油烧热，放入葱、姜、剁椒、野山椒炝香，烹入绍酒，放入鸭肉煸炒3分钟，放入白萝卜翻炒片刻，倒入水，调入盐、味精、老醋煲20分钟，撒入香菜即可。

年糕煲老鸭 难易度

原料 老鸭300克，年糕70克，木耳菜10克

调料 猪油、盐、味精、剁椒、葱、姜各适量

做法 1. 老鸭洗净剁块，汆水；年糕改刀；木耳菜洗净。

2. 锅置火上，倒入猪油，葱、姜、剁椒煸香，放入老鸭干炒2分钟，倒入水，放入年糕，调入盐、味精煲熟，再放入木耳菜即可。

老鸭猪蹄煲 难易度

原料 老鸭250克，猪蹄半个

调料 色拉油、盐、味精、鸡精、剁椒、姜、山椒、醋各适量

做法 1. 将老鸭、猪蹄洗净，斩块，汆水备用。

2. 炒锅倒油烧热，爆香姜、山椒、剁椒，放入老鸭、猪蹄稍炒，加水，调味煲熟，淋醋即可。

酸菜老鸭煲 难易度

原料 东北酸菜200克，烤鸭肉100克

调料 色拉油、盐、味精、白糖、红干椒、葱、姜、香油各适量

做法 1. 将东北酸菜洗净，切丝；烤鸭肉剁块，备用。

2. 炒锅置火上，倒入色拉油烧热，葱、姜、红干椒炝香，放入酸菜煸炒片刻，倒入水，放入烤鸭肉，调入盐、味精、白糖，中火煲5分钟，淋入香油即可。

冬瓜老鸭煲 难易度

原料 烤鸭肉200克，冬瓜150克

调料 花生油、盐、味精、胡椒粉、香葱、小米椒、醋各适量

做法 1. 烤鸭肉剁块；冬瓜处理干净，切滚刀块备用。

2. 炒锅置火上，倒入花生油烧热，放入冬瓜煸炒1分钟，倒入水，放入烤鸭肉，调入盐、味精、胡椒粉，小火煲至汤色乳白时，撒入香葱、小米椒，淋入醋即可。

烩腐皮鸭丁 难易度

原料 豆腐皮250克，熟鸭肉200克，青豆100克

调料 熟猪油、酱油、盐、味精、葱丁、姜块、湿淀粉、料酒、鲜汤各适量

做法 1. 豆腐皮切成小方块，放锅内炸至金黄色。熟鸭肉切成小方丁。

2. 炒锅置火上烧热，加熟猪油，用葱丁、姜块（拍松）炝锅，烹入料酒，添入鲜汤，捞出葱、姜。

3. 锅中加入酱油、盐、味精，烧开后放入豆腐皮、鸭肉丁和青豆，用湿淀粉勾芡，淋入鸡油，撒上胡椒粉，装入汤盘中即可。

老鸭煲红薯 难易度

原料 老鸭300克，红薯200克

调料 色拉油、盐、味精、酱油、葱、姜、香菜、八角各适量

做法 1. 老鸭洗净，剁块；红薯去皮洗净，切滚刀块。

2. 炒锅置火上，倒入水，放入老鸭汆水，捞起冲净备用。

3. 净锅置火上，倒入色拉油烧热，葱、姜、八角爆香，放入老鸭、红薯同炒，倒入水，调入酱油、盐、味精，小火煲20多分钟，撒入香菜即可。

莴笋干煲鸭肠 难易度

原料 鸭肠200克，莴笋干100克

调料 色拉油、盐、味精、鸡精、野山椒、彩椒粒、胡椒粉、老醋、葱、姜各适量

做法 1. 将莴笋干泡开，洗净；鸭肠洗净，切段备用。

2. 炒锅置火上，倒入色拉油烧热，葱、姜、野山椒爆香，放入鸭肠、莴笋干同炒半分钟，倒入水，调入盐、味精、鸡精、胡椒粉、老醋煲熟，撒入彩椒粒即可。

萝卜酸菜煲鸭肠 难易度

原料 鸭肠250克，萝卜120克，酸菜100克

调料 色拉油、盐、味精、剁椒、葱、姜、胡椒粉、红干椒、老醋、高汤各适量

做法 1. 将鸭肠洗净，切段；萝卜、酸菜洗净，改刀备用。

2. 炒锅置火上，倒入色拉油烧热，葱、姜、红干椒爆香，放入萝卜、酸菜、鸭肠煸炒片刻，倒入高汤，调入盐、味精、胡椒粉、老醋、剁椒，小火煲3分钟即可。

凉瓜鸭肠煲 难易度

原料 鸭肠250克，凉瓜30克，火腿20克

调料 油、盐、味精、鸡粉、白糖、香油、葱、姜、酱油各适量

做法 1. 将凉瓜处理干净，切块；鸭肠洗净，切段；火腿切块备用。

2. 炒锅置火上，倒入色拉油烧热，葱、姜炝香，烹入酱油，放入鸭肠煸炒1分钟，放入火腿、凉瓜，倒入水，调入盐、味精、鸡粉、白糖煲熟，淋入香油即可。

鸭蛋三丝汤 难易度

原料 鸭蛋清2个，鸡蛋、番茄各1个，水发木耳2朵

调料 盐、味精、香油、鸡油各适量

做法 1.将番茄洗净，用开水烫一下，去皮和籽，切成丝；水发木耳择洗干净，切丝；鸡蛋磕入碗中，打散，放入热油锅中摊成蛋皮，切成丝。

2.锅置火上，放入鸡汤烧开，下入蛋皮丝、木耳丝、番茄丝烫一下，捞出，放入鸭蛋清，用盐、味精、香油调味，待蛋清片浮起后起锅，倒入汤碗内，将蛋皮丝、木耳丝、番茄丝依次码在蛋清上即可。

黄鱼羹 难易度

原料 净黄鱼肉150克，嫩笋100克，熟火腿60克，鸡蛋1个

调料 葱、姜、姜汁水、料酒、盐、味精、香油、清汤、湿淀粉、花生油各适量

做法
1. 将净黄鱼肉洗净，切成4厘米长、2厘米宽的厚片；嫩笋、熟火腿均切成末，鸡蛋磕入碗内打散搅匀；葱一半切成段，一半切成末；姜切成末。
2. 炒锅上火，倒入花生油烧热，下葱段、姜末爆锅，放入鱼片，烹入料酒、姜汁水，加入清汤、笋末、熟火腿末、盐，烧沸后撇去浮沫，勾芡，淋入蛋液，放味精小火煲10分钟，淋入香油，撒入葱花即成。

木瓜黄鱼汤 难易度

原料 黄鱼2只，木瓜150克

调料 盐适量

做法
1. 黄鱼治净，剞花刀；木瓜洗净去皮，切成小块备用。
2. 将木瓜块放入锅中，加水煮45分钟后投入黄鱼。
3. 以慢火继续炖2小时至熟透，加盐调味即可。

鱼片香汤 难易度

原料 鲈鱼200克，胡萝卜100克

调料 高汤、香菜梗、姜片、葱白、盐、料酒各适量

做法
1. 鲈鱼宰杀，处理干净，斩掉头，剔骨，取鱼肉切片；葱白切丝；胡萝卜去皮，切丝；香菜梗洗净切段。将葱丝、胡萝卜丝、香菜梗加少许盐拌匀。
2. 汤锅中加8杯高汤煮沸，下入鱼片、姜片，烹入料酒，将鱼片煮熟，以盐调味，撒入拌好的三丝稍煮即可。

青豆鱼头汤

难易度

原料 鱼头、鱼骨、青豆、蘑菇各适量

调料 葱段、料酒、生姜水、植物油、盐、鸡精、香菜各适量

做法

1. 鱼头、鱼骨洗净。青豆洗净。蘑菇洗净，切块。香菜择洗净，切段。
2. 锅内倒油烧至六七成热，放入葱段煸香，放入鱼头、鱼骨翻炒，加料酒、生姜水和适量清水，大火烧开，放入青豆和蘑菇煮5分钟至青豆熟透，调入盐、鸡精，撒上香菜即可。

爱心提醒

青豆为鲜豆类，蛋白质、钙质丰富，富含不饱和脂肪酸和大豆磷脂，有保持血管弹性、健脑的功效。

高手支招

① 烹入料酒，可以去掉鱼头和鱼骨的腥味。

② 青豆虽然很嫩，但因其属于豆类，故一定要煮5分钟让其完全熟透才可食用。

③ 鱼主要食用的是鱼肉部分，很多人将剩下的鱼骨和鱼头丢掉或喂猫狗。其实，这些边角料入肴，一样可以做成美味。您可以仿照这道青豆鱼头汤，做出更多的佳肴。

营养功效

鲑鱼头富含卵磷脂，卵磷脂被人体代谢后能分解成胆碱，最后合成乙酰胆碱。乙酰胆碱是神经元之间传递信息的一种最主要的“神经递质”，可增强记忆力和分析能力，让人变得聪明。另外，鱼头含有丰富的不饱和脂肪酸，对脑的发育极为重要。

步骤图

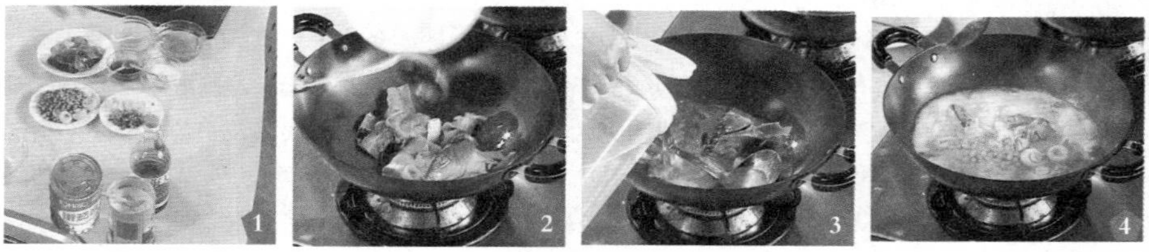

青瓜冬笋鱼块煲 难易度

原料 草鱼400克，冬笋50克，青瓜30克

调料 盐、味精、鸡精、葱段、姜片、胡椒粉、香油、高汤各适量

做法 1. 将草鱼治净，切块；冬笋、青瓜均切块备用。

2. 炒锅置火上，倒入高汤，调入盐、味精、鸡精，放入葱段、姜片、鱼块、冬笋、青瓜，小火煲10分钟，调入胡椒粉，淋入香油即可。

酸菜鲤鱼煲 难易度

原料 鲤鱼1尾，酸菜50克

调料 色拉油、盐、味精、鸡精、川椒、花椒、葱、姜、蒜、绍酒、香葱各适量

做法 1. 将鲤鱼治净，剁块；酸菜切段备用。

2. 炒锅置火上，倒入色拉油烧热，葱、姜、蒜、花椒、川椒炝香，放入酸菜煸炒片刻，倒入水，调入盐、味精、鸡精、绍酒，放入鲤鱼，小火煲熟，撒入香葱即可。

木瓜煲带鱼 难易度

原料 带鱼350克，木瓜200克

调料 素油、葱、姜、盐、味精、白糖、醋、干淀粉各适量

做法 1. 带鱼治净，斩段，调入盐，加干淀粉拍匀。木瓜处理干净，切成滚刀块。葱切段，姜切片。

2. 炒锅置火上，倒入油烧热，葱段、姜片爆香，放入带鱼煎至金黄，放入木瓜，倒入水，调入盐、味精、白糖、醋，小火煲12分钟即可。

千张金针鱼块煲 难易度

原料 草鱼250克，豆腐皮150克，干黄花菜30克

调料 色拉油、盐、味精、醋、葱、姜、料酒各适量

做法 1. 将草鱼治净剁块，调入盐、味精、料酒腌渍10分钟；豆腐皮切条；干黄花菜泡开，洗净备用。

2. 炒锅置火上，倒入色拉油烧热，葱、姜炝香，放入豆腐皮、黄花菜煸炒片刻，倒入水，调入盐、味精、醋烧沸，放入鱼块煲熟即可。

杏仁煲黑头鱼 难易度

原料 黑头鱼1尾，杏仁20克

调料 花生油、盐、白糖、姜、杏仁露各适量

做法 1. 将黑头鱼治净，在鱼身两侧斜切几刀；杏仁洗净备用。

2. 锅置火上，倒入花生油烧热，姜炝香，放入黑头鱼稍煎一下，撒入杏仁，倒入杏仁露烧沸，调入盐、白糖，小火煲熟即可。

爱心提醒

在煲的过程中要小火慢煲，以防煳锅。

锅煲鱼头 难易度

原料 鲢鱼头1个，冻豆腐50克，猪血30克，卷心菜15克

调料 色拉油、绍酒、淀粉、盐、味精、鸡精、酱油、花椒、葱、姜、干椒各适量

做法 1. 将鲢鱼头处理干净，剁块，调入盐，加入干淀粉拍匀；冻豆腐、猪血、卷心菜洗净，切块。

2. 炒锅置火上，倒入色拉油烧热，放入鲢鱼头炸至变色，捞起控油待用。

3. 锅留底油，放入葱、姜、花椒、干椒炝香，烹入绍酒、酱油，倒入水，放入鲢鱼头、冻豆腐、猪血、卷心菜烧沸，调入盐、鸡精、味精煲熟即可。

菠菜汆鱼片 难易度

原料 草鱼200克，菠菜75克

调料 色拉油、盐、味精、姜、鸡蛋清、淀粉、香油、清汤各适量

做法 1. 将草鱼治净，去骨片，打入鸡蛋清，加入淀粉抓匀上浆；菠菜洗净，切段备用。

2. 炒锅置火上，倒入色拉油烧热，放入鱼片滑油，捞起控油待用。

3. 锅留底油用姜爆香，放入菠菜煸炒片刻，倒入清汤，放入鱼片，调入盐、味精烧沸至熟，淋入香油即可。

家乡鱼头煲 难易度

原料 鲢鱼头1个，豆腐皮30克，竹笋20克，火腿20克

调料 色拉油、盐、味精、胡椒粉、醋、白糖、香油、姜片各适量

做法 1. 将鲢鱼头处理好，洗净，切块；豆腐皮、竹笋、火腿均片成片备用。

2. 炒锅倒油烧热，下姜片爆香，加水，放入所有原料，调味煲熟，淋入香油即可。

鱼头豆腐煲 难易度

原料 鲢鱼头1个，豆腐100克

调料 色拉油、盐、味精、胡椒粉、醋、香油、彩椒粒、葱、姜各适量

做法 1. 将鲢鱼头处理好，洗净，切块；豆腐切块。

2. 炒锅倒油烧热，炝香葱、姜，放入鱼头稍炒，加水，放入豆腐，调入盐、味精、胡椒粉，小火煲15分钟，调入醋、香油，撒彩椒粒即可。

美味鱼头煲 难易度

原料 鲢鱼头1个，枸杞10粒

调料 盐、味精、葱段、姜片、胡椒粉、醋、香油、芹菜末各适量

做法 1. 将鲢鱼头治净，从中间一分为二。枸杞泡开。

2. 炒锅置火上，倒入高汤，调入盐、味精、葱段、姜片、胡椒粉、醋烧沸，放入鱼头、枸杞，小火煲20分钟，淋入香油，撒上芹菜末即可。

萝卜墨鱼汤 难易度

原料 墨鱼仔200克，青萝卜100克，粉丝20克

调料 葱油、盐、味精、鸡粉、胡椒粉、姜、香油各适量

做法 1. 将墨鱼仔治净；青萝卜洗净，切丝；粉丝用温水泡软，切段备用。

2. 炒锅置火上，倒入葱油，放入姜、青萝卜煸炒至变色时，放入粉丝、墨鱼仔翻炒片刻，加水，调味烧熟，淋香油即可。

双丸煮年糕 难易度

原料 鱼肉丸100克，蟹肉丸75克，年糕50克，菜胆10克

调料 花生油、清汤、盐、味精、葱、姜、香油、鸡蛋、淀粉各适量

做法 1. 将鱼肉、蟹肉处理干净，剁成泥，调入盐，打入鸡蛋，加入淀粉，搅拌上劲挤成丸子，入水氽出；年糕改刀；菜胆洗净备用。

2. 炒锅倒油烧热，炝香葱、姜，倒入清汤，调入盐、味精，放入年糕、鱼肉丸、蟹肉丸煲8分钟，放入菜胆，淋香油即可。

炝锅面条鱼汤 难易度

原料 面条鱼100克

调料 猪油、盐、味精、姜、蒜、胡椒粉、香醋、彩椒粒、料酒各适量

做法 1. 将面条鱼处理干净，备用。

2. 炒锅置火上，倒入猪油烧热，姜、蒜炝香，烹入料酒，放入面条鱼煸炒片刻，倒入水，调入盐、味精，小火至熟，再调入胡椒粉、香醋，撒入彩椒粒即可。

海鲜豆腐煲 难易度

原料 鱿鱼100克，虾仁50克，蟹柳30克，豆腐150克

调料 盐、味精、高汤、香菜各适量

做法 1. 将鱿鱼治净，改出花刀，再切成小块；虾仁洗净；蟹柳切小块；豆腐切块备用。

2. 炒锅置火上，倒入高汤，放入豆腐，调入盐、味精烧沸，放入鱿鱼、虾仁、蟹柳，小火煲3分钟，撒入香菜即可。

鱿鱼木耳汤 难易度

原料 鱿鱼200克，木耳100克

调料 色拉油、盐、味精、葱、姜、香油、香菜各适量

做法 1. 将鱿鱼治净，片成薄片；木耳洗净，撕成小朵备用。

2. 炒锅置火上，倒入色拉油烧热，葱、姜炝香，放入鱿鱼、木耳烹炒，倒入水，调入盐、味精烧沸，撇去浮沫，淋入香油，撒入香菜即可。

青苹果鲜虾汤 难易度

原料 大虾200克，青苹果100克

调料 高汤、香菜、姜片、盐、胡椒粉、橙汁、鱼露各适量

做法 1. 大虾洗净，剥去外壳，剔除虾线；苹果洗净去皮，切块；香菜洗净，切碎末。

2. 锅中加高汤煮沸，下入虾壳、姜片煮10分钟，滤去渣质，留清汤，下入青苹果，加盐、胡椒粉、橙汁、鱼露调味，煮沸，再放入鲜虾汆煮至变红，盛出前撒入香菜末即可。

虾仁鱼片羹 难易度

原料 鲜虾仁200克，鱼肉150克，青菜心80克

调料 香菜末、熟猪油、淀粉、盐、味精、香油、葱末、姜末、肉汤各适量

做法 1. 虾仁洗净，滑油后捞出；鱼肉洗净，片成片，入沸水内略氽一下捞出；青菜心择洗净，切成段。

2. 锅中加熟猪油烧热，葱姜末爆锅，放青菜叶稍炒，倒入肉汤烧沸，放虾仁、鱼片烧开，勾芡，加盐、味精、香油调味，撒香菜末即成。

虾仁豆苗汤 难易度

原料 小蛎虾仁100克，豆苗75克，鸡蛋清1个

调料 色拉油、盐、味精、姜、香油各适量

做法 1. 将小蛎虾仁洗净；豆苗去根，洗净备用。

2. 炒锅置火上，倒入色拉油烧热，姜炝香，放入虾仁略炒，再放入豆苗翻炒至变色时，倒入水，调入盐、味精烧沸，打入鸡蛋清，淋入香油即可。

黄瓜虾仁蛋汤 难易度

原料 蛎虾仁300克，黄瓜50克，鸡蛋1个

调料 色拉油、盐、味精、葱、姜、醋、胡椒粉、香油各适量

做法 1. 将蛎虾仁洗净，黄瓜洗净，切片备用。

2. 炒锅倒油烧热，爆香葱、姜，放入虾仁炒至断生，放入黄瓜翻炒片刻，加水，调入盐、味精、胡椒粉、醋，烧开后打入鸡蛋，淋香油即可。

白菜豆腐鲜虾煲

难易度

原料 鲜虾300克，白菜50克，豆腐30克

调料 花生油、盐、姜丝、香油各适量

做法 1. 将鲜虾剪去虾须洗净，从中间切开；白菜洗净，撕成块；豆腐切片备用。

2. 炒锅置火上，倒入花生油烧热，姜丝炝香，放入鲜虾烹炒，再放入白菜略炒，倒入水，放入豆腐，调入盐，小火煲5分钟，淋入香油即可。

萝卜粉丝煲草虾

难易度

原料 草虾150克，青萝卜100克，粉丝30克

调料 色拉油、盐、味精、葱、姜、香油各适量

做法 1. 将草虾洗净；青萝卜洗净，去皮，切丝；粉丝泡软，切段备用。

2. 炒锅置火上，倒入色拉油烧热，葱、姜炝香，放入青萝卜煸炒1分钟，放入草虾略炒，倒入水，调入盐、味精，放入粉丝，小火煲5分钟，淋入香油即可。

蛤蜊疙瘩汤

难易度

原料 净蛤蜊肉100克，西红柿2个，鸡蛋1个，面粉30克

调料 花生油、盐、葱、香油、香菜各适量

做法 1. 西红柿洗净，切丁；取一容器内加入面粉，加入蛋液，调成小面疙瘩备用。

2. 炒锅倒油烧热，爆香葱花，放洗净的蛤蜊肉略炒，加水和盐烧沸，放入面疙瘩煮熟，淋香油，撒香菜即可。

羊肉蛤蜊煲豆腐

难易度

原料 羊肉200克，蛤蜊150克，豆腐100克

调料 花生油、盐、胡椒粉、葱、醋、香油、香菜各适量

做法 1. 将羊肉洗净，切片；蛤蜊洗净；豆腐切块备用。

2. 炒锅置火上，倒入花生油烧热，葱炝香，放入羊肉煸炒至变色，倒入水，放入豆腐、蛤蜊，调入盐、胡椒粉、醋煲熟，淋入香油，撒入香菜即可。

黄豆文蛤汤

难易度

原料 文蛤、黄豆各适量

调料 葱、姜、香菜段、鸡精、胡椒粉、料酒、盐、植物油各适量

做法
1. 文蛤洗净泥沙。黄豆洗净，浸泡，放入水中煮熟，捞出过凉，剥去豆皮。姜洗净，切大片。葱洗净，切葱花。
2. 锅内倒油烧热，放姜片、葱花煸香，放文蛤，烹入料酒，加入清水烧开，加盐、鸡精调味，加入黄豆稍煮，调入胡椒粉，撒香菜段即可。

高手支招

·加快文蛤吐沙速度的妙招·

在浸泡文蛤的水中放入生锈的铁器，文蛤闻到铁锈的气味，3~4小时便会吐净泥沙。

高手支招

·蛤蜊的挑选·

蛤蜊要挑选活的，活蛤蜊双壳紧闭，用手掰不开，壳开时触之则会合拢，两壳相击会发出清脆的实声；弱蛤蜊闭壳肌松弛，用指甲能轻易插入壳缝；破裂蛤蜊有孔洞或裂缝，拨动时会发出破壳声；死蛤蜊自动开口或用手拨即张开，不会闭合，壳表面脏污，相互敲击时发出哑声。

营养功效

文蛤富含锌元素，锌对稳定血脂有很重要的作用，缺锌会干扰体内脂肪代谢；文蛤还含有蛋白质、碳水化合物、铁、钙、磷、碘、维生素、氨基酸和牛磺酸等多种营养成分。黄豆含有的大豆蛋白质和豆固醇可明显改善和降低血脂。

步骤图

海带螺片汤 难易度

原料 海螺2个，海带100克

调料 花生油、葱、姜、盐、香油各适量

做法 1. 将海螺用刀拍开螺壳，海螺肉洗净，片成片；海带洗净，切片备用。

2. 炒锅置火上，倒入花生油烧热，葱、姜炝香，放入海螺片略炒，再放入海带翻炒片刻，倒入水，调入盐烧沸，淋入香油即可。

青菜鲍鱼汤 难易度

原料 鲍鱼2只，油菜30克

调料 高汤、盐、鸡精各适量

做法 1. 将鲍鱼、油菜洗净备用。

2. 炒锅置火上，倒入高汤，放入鲍鱼，调入盐、鸡精，烧沸至熟，撒入油菜即可。

莴笋煲鲍鱼 难易度

原料 鲍鱼2只，莴笋75克

调料 盐、味精、清汤、香油各适量

做法 1. 将鲍鱼洗净，莴笋去皮，切滚刀块备用。

2. 锅置火上，倒入清汤，放莴笋，加盐、味精，煲2分钟，放入鲍鱼再煲至熟，淋入香油即可。

爱心提醒

鲍鱼火候不宜过大，否则肉质变老，而且萎缩，影响食用效果。

扇贝菜胆汤 难易度

原料 扇贝400克，菜胆100克

调料 色拉油、盐、味精、香油、葱、姜各适量

做法 1. 将扇贝、菜胆洗净备用。

2. 炒锅置火上，倒入水，放入扇贝，煮至开口，捞起取肉，将原汤过滤备用。

3. 炒锅洗净另上火，倒入色拉油烧热，将葱、姜炝香，放入菜胆略炒，倒入原汤，放入扇贝肉，调入盐、味精烧开，淋入香油即可。

比管白菜豆腐煲 难易度

原料 比管鱼200克，豆腐100克，白菜叶30克

调料 花生油、盐、味精、葱、香菜、香油各适量

做法 1. 将比管鱼治净，改刀；豆腐切成见方的块；白菜叶洗净，撕成小块备用。

2. 炒锅置火上，倒入花生油烧热，葱爆香，放入白菜煸炒片刻，倒入水，放入豆腐，调入盐、味精，小火煲3分钟时，放入比管鱼煲熟，淋入香油，撒入香菜即可。

北极贝汤 难易度

原料 北极贝75克，冬笋20克，菜胆10克

调料 高汤、盐、味精、白糖、姜、香油各适量

做法 1. 北极贝片开，洗净；冬笋切片；菜胆洗净备用。

2. 锅置火上，倒入高汤，放入冬笋、姜，调入盐、味精、白糖烧沸，再放入菜胆、北极贝，淋入香油即可。

番茄八爪鱼汤 难易度

原料 番茄100克，八爪鱼350克，法香适量

调料 盐、香醋、辣椒酱、清汤、胡椒粉、味精、酱油、料酒、色拉油各适量

做法 1. 将八爪鱼洗净、改刀，加入辣椒酱、料酒、酱油、香醋腌渍入味，待用。

2. 将番茄洗净，去皮切块，待用。

3. 锅入色拉油烧热，下八爪鱼、番茄炒软，倒清汤煮滚，加调料煮至汤汁入味时撒法香即可。

滋补甲鱼煲 难易度

原料 甲鱼1只，当归10克，枸杞3克，大枣6颗

调料 色拉油、盐、姜各适量

做法 1. 当归、枸杞、大枣均用温水略泡，洗净备用。

2. 将甲鱼治净，剁成块。炒锅置火上，倒入水，放入甲鱼氽水，捞起冲净备用。

3. 净锅置火上，倒入色拉油烧热，姜爆香，放入甲鱼煸炒2分钟，倒入水，放入枸杞、当归、大枣，调入盐，小火煲30分钟即可。

Part 3

111道顺应时节的 四季养生汤

111 DAO SHUNYINGSHIJIE DE SIJI YANGSHENG TANG

四季养生就是按照春、夏、秋、冬四季温、热、凉、寒的变化来养生，要和天时气候同步。春季食物由温补、辛甘逐渐转为清淡养阴之品；夏季养生应该以清淡食物为主，避免伤津耗气；秋季养生应注意保养肺气，避免发生呼吸系统疾患，饮食以润燥为主；冬季养生重在滋补，忌食寒性食物。

春季进补原则

1. 春季肝旺之时，要少食酸性食物，否则会使肝气更旺，伤及脾胃。

2. 中医认为“春以胃气为本”，故应改善和促进消化吸收功能。不管食补还是药补，都应有利于健脾和胃、补中益气，保证营养能被充分吸收。

3. 因为春季湿度相对冬季要高，易引起湿温类疾病，所以进补时一方面应健脾以燥湿，另一方面食补与药补也应注意选择具有利湿渗湿功效的食材或中药材。

4. 食补与药补补品的补性都应较为平和，除非必要，否则不能一味使用辛辣温热之品，以免在春季气温上升的情况下加重内热，伤及人体正气。

春季进补适用食物

糯米、粳米、栗子、莲子、大枣、菱角、菠菜、荠菜、韭菜、油菜、香椿、牛肉、猪肝、猪肚、羊肚、牛肚、鸡肉、鸡肝、驴肉、鸭血、鲫鱼、黄鳝、青鱼、熊掌等。

春季进补适用中药

茯苓、白术、黄精、山药、熟地、太子参、地丁、蒲公英、败酱草等。

春季养生明星食材 鸡肉

春季气温变化大，人体免疫力降低，容易患感冒。春季进补可以选择能提高免疫力、预防感冒的食材，例如鸡肉就是不错的选择。鸡肉入脾经、胃经，有温中益气、活血强筋、健脾养胃、补虚填精的功效，适合营养不良、畏寒怕冷、乏力疲劳、月经不调、贫血、虚弱等人群食用。

相关人群

◎ 适宜人群：一般人群均可食用，最宜气血不足、营养不良、产后无乳、贫血患者食用。

◎ 不宜人群：高血压、冠心病、胆结石、胆囊炎患者宜少食。

鸡丸菜胆汤 难易度

原料 鸡肉200克，菜胆50克

调料 盐、味精、香油、高汤、胡椒粉各适量

做法

1. 将鸡肉洗净，剁成泥，做成丸子，入水氽熟；菜胆洗净备用。
2. 炒锅置火上，倒入高汤，放入鸡丸，调入盐、味精、胡椒粉烧沸1分钟，放入菜胆，淋入香油即可。

春季养生明星食材 荠菜

我国民间素有“农历三月三，荠菜赛灵丹”的说法，春秋战国时期成书的《诗经》里有“甘之如荠”之句，宋代大诗人陆游曾吟诗赞美“手烹墙阴荠，美若乳下豚。”

中医认为，春季是阴气渐弱阳气渐强的时期，阴为聚、阳为散，冬季进补后很多毒素积聚体内，此时正好把内毒排出，所以在春季最适宜排毒强身。春天万物生发，最好利用蔬果排毒，而在此时节较好的选择是多吃荠菜。

荠菜又名护生草，是脍炙人口的野菜，富含蛋白质、碳水化合物、钙、磷、铁、胡萝卜素、维生素B_1、维生素B_2、尼克酸、维生素C、黄酮苷等，其中维生素C和胡萝卜素含量尤其丰富。荠菜具有清热止血、清肝明目、利尿消肿之功效，《名医别录》言其“主利肝气，和中”，《陆川本草》则认为它能“消肿解毒，治疮疖、赤眼”，孙思邈的《千金食治》中说荠菜有“杀诸毒”的功效。

荠菜食疗方法很多，可炒，可煮，可炖，可做馅，均鲜嫩可口、风味独特。

古时南方民间有风俗，逢到每年的农历三月初三（古称“上巳之日”），家家户户都要将荠菜花置于灶头。据说这样一来，灶上可以一年没有蚂蚁。直到现在，仍有许多百姓保留有此习俗。

荠菜豆腐羹 难易度

原料 嫩豆腐200克，荠菜100克，胡萝卜20克，水发冬菇15克，竹笋25克，水面筋50克

调料 葱末、姜末、盐、味精、香油、湿淀粉、植物油各适量

做法

1. 将嫩豆腐、水发冬菇、胡萝卜（焯熟）、竹笋及面筋均切成小丁；荠菜洗净去杂，切成末。
2. 炒勺上火放油，烧至七成热时下葱姜末爆香，加入清汤、盐，投入嫩豆腐丁、冬菇丁、胡萝卜丁、笋丁、面筋丁、荠菜末，小火炖煮半小时，加入味精，用湿淀粉勾芡，淋上香油，起锅装入大汤碗即成。

荠菜鸡蛋汤 难易度

原料 荠菜250克，鸡蛋2个

调料 盐、味精各适量

做法

1. 将荠菜洗净，放入砂锅内。
2. 加适量清水煎一段时间，打入鸡蛋液，加入盐、味精稍煮，盛入碗中即成。

营养功效

清肺、明目、降压、补心、安神、益血，特别适宜高血压、动脉硬化患者食用，常人也可食之。民间常用本汤辅助治疗虚劳发热、乳糜尿等病症。

春季养生明星食材 韭菜

韭菜一年四季都有上市，但以春秋季时所生的营养价值为最高，味道也最好。

中医认为，冬春换季时节是阳气上升的季节，按照“天人相应”的养生原则，此时要特别注意养护人体的阳气，多吃葱、姜、蒜、韭菜等温性食物，不仅能祛阴散寒，还有杀菌防病的功效。韭菜是冬春换季时“养阳”的佳肴，不仅有调味、杀菌的功效，还含有蛋白质、维生素A、钙、磷等，营养非常丰富。

配膳指导

最佳搭配

◎ 韭菜+绿豆芽：下气通便。

◎ 韭菜+蘑菇：通便解毒，提高免疫力。

◎ 韭菜+豆腐：益气宽中，健胃提神。

◎ 韭菜+鸡蛋：滋阴壮阳。

◎ 韭菜+肉类、猪肝：促进营养素的吸收。

不宜和禁忌搭配

◎ 韭菜+蜂蜜：功效相悖。

◎ 韭菜+牛奶：影响钙吸收。

◎ 韭菜+牛肉：发热动火，引起牙龈发炎、口疮。

◎ 韭菜+白酒：引起胃炎、溃疡病复发。

相关人群

◎ 适宜人群：一般人群均可食用。最适宜慢性腰腿痛、阳痿、跌打损伤者食用。

◎ 不宜人群：属阴虚内热，身有疮疡，平素脾胃积热、性功能亢进者不宜食用。

韭菜蛏子汤 难易度

原料 海蛏350克，韭菜100克

调料 色拉油、盐、味精、姜、香油各适量

做法
1. 将海蛏洗净；韭菜洗净，切段；姜洗净，去皮，切丝备用。
2. 炒锅置火上，倒入水，放入海蛏煮至熟取肉，过滤原汤备用。
3. 净锅置火上，倒入色拉油烧热，将姜丝炝香，倒入原汤，放入海蛏肉，调入盐、味精烧开，放入韭菜，淋入香油即可。

蘑菇韭菜蛋汤 难易度

原料 鲜蘑菇150克，韭菜30克，鸡蛋2个

调料 花生油、盐、味精、香油、葱、姜、酱油各适量

做法
1. 将鲜蘑菇洗净，撕成丝；韭菜洗净，切成段；鸡蛋打入碗内，搅匀备用。
2. 炒锅置火上，倒入花生油烧热，将葱、姜炝香，烹入酱油，放入鲜蘑菇煸炒片刻，倒入水，调入盐、味精烧开，倒入鸡蛋液和韭菜，淋入香油即可。

春季养生明星食材 油菜

中医认为"肝主青色"，也就是说青色食物能起到养肝的作用，适宜春季适当多吃。常见的青色食物有香菜、菠菜、芹菜、小油菜、青椒、韭菜、葱、丝瓜、黄瓜、青笋、芦笋等，这些食物都有很好的舒肝养血、滋阴明目的作用。

春季时天气干燥，很容易出现上火症状。一些富含维生素的蔬菜，如早春的油菜等，有清热解毒的功效，可防治春天里易发生的口角炎、口腔溃疡及牙龈出血等疾病，如能经常食用，可帮助安然度过这个干燥的季节。

配膳指导

最佳搭配

◎ 油菜+豆腐：生津润燥，清热解毒。

◎ 油菜+猪肝：有利于钙的吸收，提高营养价值。

◎ 油菜+鸡肉：强化肝功能，美化肌肤。

◎ 油菜+香菇、蘑菇：抗衰老，润肤，润肠通便。

◎ 油菜+虾：清热解毒，消肿散血。

不宜和禁忌搭配

◎ 油菜+南瓜：破坏营养素。

◎ 油菜+山药：功效不同，影响营养素的吸收。

相关人群

◎ 适宜人群：一般人群均可食用。特别适合产后、丹毒、肿痛脓疮、术后刀口不愈合患者。

◎ 不宜人群：脾胃虚弱、慢性腹泻者不宜食用。

二冬油菜涡蛋 难易度

原料 麦冬、天冬、油菜叶各20克，鸡蛋2只

调料 盐、味精、香油各适量

做法 1. 麦冬、天冬挑去杂质，洗净，用温水泡软，切丝或薄片，放入锅中。

2. 将油菜取嫩叶用清水洗净。鸡蛋打散成蛋液。

3. 取蛋液搅匀。将盛有麦冬、天冬的锅内加水1000毫升煎煮，待煎液煎至500毫升时，将蛋液涡在药液中，加上油菜叶、盐、香油、味精等，蛋熟即成。

白斩木耳油菜煲 难易度

原料 白斩鸡250克，木耳20克，油菜50克

调料 花生油、盐、味精、鸡精、花椒油、川椒、葱、姜、蒜、绍酒、黄醋各适量

做法 1. 将白斩鸡剁块，木耳撕成小朵，油菜洗净备用。

2. 炒锅置火上，倒入花生油烧热，花椒油、葱、姜、蒜、川椒爆香，放入白斩鸡、木耳炒透，倒入水，调入盐、味精、鸡精、黄醋、绍酒，烧沸捞起，再放入油菜，捞起垫在煲底，再将白斩鸡、木耳盖在煲内加入原汤，上火煲2分钟即可。

春季养生明星食材 鲫鱼

春天容易出现春困、腿重等症状，这在中医来看其实就是“湿”的一种表现。由于春季肝气旺、脾气弱，而脾胃主四肢，脾气不旺，四肢就会酸软无力，所以春季应当补脾。药补不如食补，鲫鱼就是一种很好的健脾食物。

鲫鱼是春季食补的佳品，其特点是营养素全面，含蛋白质多、矿物质多、脂肪少，还含有多种维生素、微量元素及人体所必需的氨基酸，所以吃起来既鲜嫩又不肥腻。常吃鲫鱼不仅能健身，还有助于降血压和降血脂，使人延年益寿。

配膳指导

最佳搭配

◎ 鲫鱼+韭菜：润肠止泻。

◎ 鲫鱼+蘑菇：滋补强身，健脑益智。

◎ 鲫鱼+番茄：补中益气，养肝补血，通乳增乳。

◎ 鲫鱼+豆腐：促进营养素的吸收。

◎ 鲫鱼+木耳：温中补虚，养颜。

不宜和禁忌搭配

◎ 鲫鱼+冬瓜：导致身体脱水。

◎ 鲫鱼+蒜：使人体力下降，伤身体。

◎ 鲫鱼+蜂蜜：易致中毒。

◎ 鲫鱼+猪肝、鸡肉：易致生痈疮。

相关人群

◎ 适宜人群：一般人均可食用，最适宜脾胃虚弱、食欲不振、产后乳汁缺乏、小儿麻疹初期者食用。

◎ 不宜人群：感冒患者不宜食用。

鲫鱼木耳汤 难易度

原料 鲫鱼1尾，木耳30克

调料 色拉油、盐、味精、葱、姜、香菜、香油、胡椒粉、醋各适量

做法
1. 将鲫鱼治净，在鱼身两侧切上斜刀；木耳洗净，撕成小朵备用。
2. 炒锅置火上，倒入色拉油烧热，葱、姜炝香，放入鲫鱼烹一下，倒入水，放入木耳，调入盐、醋炖至熟，调入味精、胡椒粉，淋入香油，撒入香菜即可。

鲫鱼豆腐汤 难易度

原料 鲫鱼、猪肉、豆腐各适量

调料 香菜段、葱段、姜片、花椒水、肉汤、植物油、盐、料酒、鸡精各适量

做法
1. 猪肉洗净，切小片。鲫鱼洗净，在鱼背上切几刀。豆腐洗净，切大块。
2. 砂锅里放油烧至七成热，炒香葱段和姜片，加料酒、花椒水和肉汤，下肉片，待汤开后放入鱼和豆腐，加鸡精、盐调味，再加入适量白开水烧开，撒上香菜段即可。

鲜奶鲫鱼汤 难易度

原料 鲫鱼、鲜香菇、豆腐各适量

调料 葱、姜、香菜、盐、牛奶、植物油各适量

做法 1. 鲫鱼去鳞，除鳃和内脏，洗净，沥干水分。鲜香菇择洗干净，切块。豆腐洗净，切块。葱洗净，切段。姜洗净，切片。香菜择洗干净，切段。

2. 炒锅置火上烧热，倒入植物油，放入鲫鱼煎至两面色泽微黄，盛入汤锅中，放入葱段、姜片，冲入清水（使没过鲫鱼），煮至鲫鱼八成熟后下入香菇和豆腐，煮开后再煮3分钟，淋入牛奶，加盐调味，撒上香菜段即可。

节瓜鲫鱼汤 难易度

原料 节瓜100克，鲫鱼300克

调料 蒜、姜、盐、味精、香油、花生油各适量

做法 1. 鲫鱼去鳞、鳃、内脏，洗净；节瓜刮去外皮，去瓤洗净，切成片；蒜、姜去皮洗净，切成丝。

2. 锅置火上，注入花生油烧热，放入鲫鱼，把两面各煎一下，推至一边，下蒜姜丝爆锅，加入适量清水烧沸，倒入节瓜片，煮至鱼熟烂时加入盐、味精、香油调味即成。

鲫鱼枸杞汤 难易度

原料 鲫鱼1尾，枸杞20克

调料 盐、味精、醋、葱、姜、香菜各适量

做法 1. 将鲫鱼处理好，洗净，在鱼身两侧分别切十字花刀；枸杞泡开，洗净备用。

2. 炒锅置火上，倒入水，放入葱、姜、枸杞，大火烧沸，调入盐、醋，放入鲫鱼慢火炖至汤色乳白，调入味精，撒入香菜即可。

春季养生明星食材 猪肚

春季肝气旺盛，而肝气旺会影响到脾，所以春季易出现脾胃虚弱之症，养生保健需特别注重健脾养胃。

猪肚即猪胃，营养丰富，含有蛋白质、脂肪、碳水化合物、维生素及钙、磷、铁等营养成分，具有补虚损、健脾胃的功效，特别适宜气血虚损、身体瘦弱者食用，对于春季养生也是非常不错的选择。

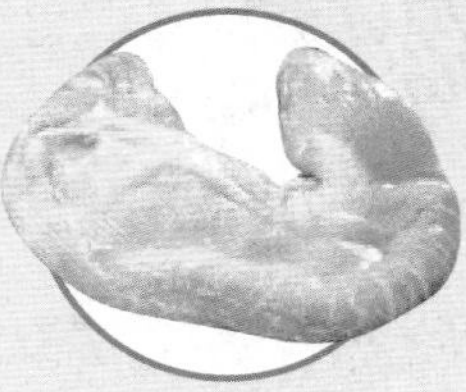

配膳指导

最佳搭配

◎ 猪肚+绿豆芽：补虚损，健脾胃，助消化。

◎ 猪肚+糯米：益气补中，杀虫。

◎ 猪肚+莲子：补虚损，健脾胃。

◎ 猪肚+金针菇：助消化，增食欲，改善肠胃不适。

不宜和禁忌搭配

◎ 猪肚+豆腐：一凉一温，不利健康。

相关人群

◎ 适宜人群：一般人群均可食用，最宜脾胃虚弱、腹泻、慢性胃炎患者食用。

◎ 不宜人群：湿热内蕴、肥胖、便秘、高脂血症患者应少食。

银芽猪肚汤 难易度

原料 猪肚200克，银芽50克，香菜20克

调料 色拉油、盐、味精、葱、姜、香油、酱油各适量

做法 1. 将猪肚治净；银芽、香菜洗净，切段备用。

2. 炒锅置火上，倒入水，放入猪肚炒至熟，捞起切丝备用。

3. 净锅置火上，倒入色拉油烧热，葱、姜炝香，烹入酱油，放入银芽煸炒片刻，倒入水，放入猪肚，调入盐、味精烧沸，撒入香菜，淋入香油即可。

泡菜猪肚煲 难易度

原料 泡白菜200克，猪肚150克

调料 猪油、盐、味精、红干椒、胡椒粉、蒜子、香油各适量

做法 1. 将泡菜略洗，改刀；猪肚洗净，煮熟，切块备用。

2. 炒锅置火上，倒入猪油烧热，蒜子、红干椒爆香，放入泡白菜略炒，倒入水，调入盐、味精、胡椒粉，放入猪肚煲入味，淋入香油即可。

娃娃菜烩肚片 难易度

原料 娃娃菜、猪肚各适量

调料 姜片、葱花、香葱末、花椒、盐、白糖、醋、料酒、水淀粉、鸡汤、鸡油、植物油各适量

做法 1. 娃娃菜择洗干净，在顶部切“十”字花刀。猪肚用盐和醋揉搓去黏液，洗净。

2. 锅内倒入清水烧开，放入娃娃菜煮软，捞出晾凉。原锅烧开，淋入料酒，放入猪肚略烫，捞出晾凉，切成抹刀片。

3. 锅入油烧至温热，下姜片和葱花煸香，放入肚片炒匀，淋入料酒和开水烧开，稍煮后捞出，沥干水分，放入另一沸水锅中，加花椒，将肚片汆熟后捞出。

4. 锅置火上，倒入鸡汤，淋入鸡油，用盐和白糖调味，将娃娃菜和肚片放入汤中煮开，勾芡，撒香葱末即可。

什锦猪肚煲 难易度

原料 猪肚200克，豆苗100克，火腿30克，冬笋20克，芹菜20克

调料 色拉油、盐、味精、葱、姜、香油各适量

做法 1. 将猪肚洗净，切丝；豆苗去根，洗净；火腿切丝；冬笋切片；芹菜择洗干净，切段备用。

2. 炒锅置火上，倒入色拉油烧热，葱、姜炝香，放入猪肚、豆苗、冬笋、火腿、芹菜同炒1分钟，倒入水，调入盐、味精，小火煲3分钟，淋入香油即可。

猪肚菌菇煲 难易度

原料 猪肚150克，菌菇100克

调料 色拉油、盐、味精、香油、高汤各适量

做法 1. 将猪肚洗净，切条；菌菇用清水浸泡，去盐分备用。

2. 炒锅置火上，倒入水，放入猪肚焯水备用。

3. 净锅置火上，倒入色拉油烧热，放入猪肚煸炒片刻，倒入高汤，调入盐、味精，小火煲10分钟，再放入菌菇煲3分钟，淋入香油即可。

春季养生明星食材 动物肝脏

四季之中，论五行春天属木，而人体的五脏之中，肝也是木性，因而春气通肝，春季易使肝脏火旺。肝脏在人体内是主理疏泄与藏血，非常重要，故养肝应从春天开始。

中医认为，以脏补肝，鸡肝为先。鸡肝味甘而性温，可补血养肝，为食补养肝之佳品，较其他动物肝脏的作用更强，并且还可温胃。

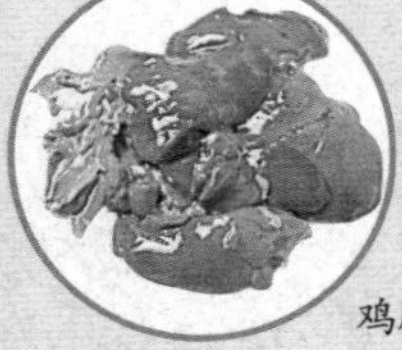
鸡肝

猪肝

配膳指导

最佳搭配

◎ 猪肝+葱、蒜、韭菜：促进营养素吸收。

◎ 猪肝+菠菜：营养素互补，补血。

◎ 猪肝+洋葱：补虚损。

◎ 猪肝+苦瓜：抗癌效果更佳。

不宜和禁忌搭配

◎ 猪肝+山楂、番茄、菜花：影响营养素吸收。

◎ 猪肝+绿豆芽：产生色素沉着。

◎ 猪肝+鲫鱼、鲤鱼：易致生痈疮。

相关人群

◎ 适宜人群：一般人群均可食用，贫血的人和常在电脑前工作的人尤为适合食用。

◎ 不宜人群：高胆固醇血症、肝癌、高血压病和冠心病患者应少食。

银耳猪肝汤 难易度

原料 银耳10克，猪肝、小白菜各50克，鸡蛋1个

调料 姜、葱、盐、酱油、淀粉、素油各适量

做法
1. 银耳用温水泡发，去根后撕成瓣；猪肝洗净切片；小白菜洗净，切长段；姜切片，葱切段。
2. 猪肝放在碗内，加入淀粉、盐、酱油，打入鸡蛋拌匀，待用。
3. 炒锅置武火上烧热，加入素油，至六成热时下入姜、葱爆香，注入300毫升清水，烧沸，下入小白菜、银耳、猪肝煮10分钟即成。

豆苗鸡肝汤 难易度

原料 嫩豆苗150克，鸡肝50克

调料 生姜10克，料酒、盐、味精、香油、胡椒粉、鸡汤各适量

做法
1. 鸡肝洗净，切成薄片，加入料酒和适量清水浸泡2分钟，入沸水锅内烫一下捞出，控净水。
2. 豆苗择洗干净，切成段。生姜去皮，切成末。
3. 净锅置火上，倒入鸡汤烧至微沸，放入鸡肝、豆苗、姜末，烹入料酒、盐烧沸，调入味精、胡椒粉，淋香油即成。

杏仁猪肝汤 难易度

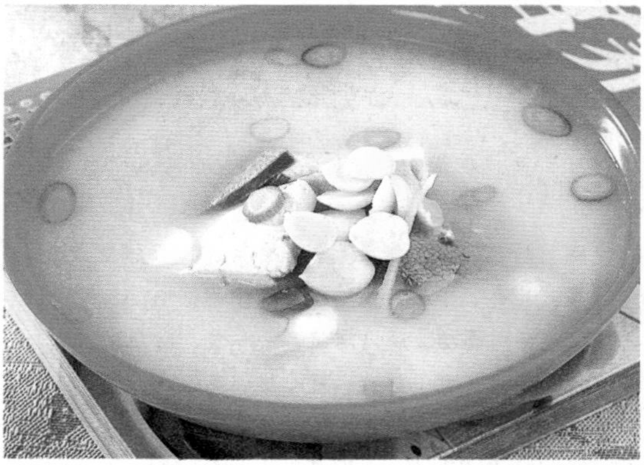

原料 猪肝150克，杏仁30克，豆腐50克

调料 色拉油、盐、味精、葱、姜、香油、淀粉、料酒各适量

做法 1. 将猪肝洗净，切片，加入淀粉抓匀；杏仁洗净；豆腐洗净，切片备用。

2. 炒锅置火上，倒入色拉油烧热，葱、姜炝香，烹入料酒，放入猪肝煸至熟，放入豆腐、杏仁同炒1分钟，倒入水，调入盐、味精烧沸，淋入香油即可。

豆腐猪肝汤 难易度

原料 豆腐、猪肝各适量

调料 盐、姜片、葱段、味精、水淀粉各适量

做法 1. 猪肝洗净，切成薄片，加水淀粉抓匀上浆；豆腐洗净，切花片。

2. 锅置火上，加入适量水，放入豆腐片，加少许盐，煮开后再放入猪肝，加盐、味精、葱段、姜片，再煮5分钟即可。

爱心提醒

猪肝的腥膻味较重，应先放入沸水中汆烫去异味，再下锅烹煮。

高手支招

1.选购猪肝要注意，注水的猪肝颜色显白，用手指按压出指印，片刻后才复原；切开处会有水外溢，做熟后味道差。

2.在购买豆腐时，首先要摸一下豆腐，看是否有弹性；其次要看其表面是否有黏性，如果有黏稠感说明豆腐已变质；三要看豆腐的色泽，正常的颜色应为乳白色或豆黄色；四要闻豆腐的气味，新鲜豆腐散发出来的应是淡淡的豆香味。

春季养生明星食材 春笋

笋，在我国自古被当作“菜中珍品”，含丰富的蛋白质、氨基酸、脂肪、糖类、钙、磷、铁、胡萝卜素、维生素B_1、维生素B_2、维生素C等，具有低脂肪、低糖、高纤维的特点，食笋能促进肠道蠕动、帮助消化、去积食、防便秘、预防大肠癌，对肥胖症、冠心病、高血压、糖尿病和动脉硬化等患者有一定的食疗作用。

立春后采挖的笋名为“春笋”，笋体肥大、洁白如玉、肉质鲜嫩、美味爽口，是极好的应节食物，不可错过。

配膳指导

最佳搭配

◎ 笋+鸡肉：益气，补精，填髓。

◎ 笋+猪肉：清热化痰，解渴益气，有保健作用。

◎ 笋+猪肾：补肾利尿。

◎ 笋+鲍鱼：滋阴益精，清热利尿。

不宜和禁忌搭配

◎ 笋+羊肉：可能引起中毒。

◎ 笋+羊肝：破坏维生素A。

相关人群

◎ 适宜人群：一般人群均可食用，肥胖和习惯性便秘的人尤为适合。

◎ 不宜人群：胃溃疡、胃出血、肾炎、肝硬化、肠炎、尿路结石、低钙、骨质疏松、佝偻病患者。

春笋猪血汤 难易度

原料 春笋100克，猪血150克，芹菜10克

调料 色拉油、盐、味精、老醋、剁椒、辣妹子酱、小米椒各适量

做法
1. 将春笋洗净，切段；猪血洗净，切条；芹菜择洗干净，切段备用。
2. 炒锅置火上，倒入色拉油烧热，剁椒、辣妹子酱炒香，放入笋段、芹菜炒至断生，倒入水，放入猪血，调入盐、味精、老醋烧沸1分钟，撒入小米椒即可。

春笋鱼头汤 难易度

原料 鲢鱼头1个，春笋30克，火腿20克

调料 色拉油、盐、味精、胡椒粉、醋、葱、姜片、香菜、香油各适量

做法
1. 将鲢鱼头治净，剁块；春笋洗净，切片；火腿切片备用。
2. 炒锅置火上，倒入色拉油烧热，葱、姜爆香，放入鱼头烹炒，倒入水，调入盐、味精、胡椒粉、醋烧沸6分钟，放入笋片，淋入香油，撒入香菜即可。

夏季进补原则

1. 宜清淡可口，避免用黏腻、难以消化的进补食材或药材。

2. 重视健脾养胃，促进消化吸收功能。

3. 宜清心、消暑、解毒，避免暑邪。

4. 宜清热利湿，生津止渴，以平衡高温带来的体液的消耗。

夏季进补适用食物

薏米、蚕豆、莲子、荞麦、白扁豆、绿豆、大枣、菱角、莲藕、丝瓜、苦瓜、冬瓜、西瓜、西瓜皮、芦荟、黑木耳、银耳、猪肚、猪肉、牛肉、牛肚、鸡肉、鸽肉、鹌鹑肉、鹌鹑蛋、皮蛋、鲫鱼、龙眼肉、莲子、蜂乳、蜂蜜、鸭肉、牛奶、鹅肉、豆浆、豆腐、甘蔗、梨等。

夏季进补适用中药

西洋参、太子参、黄芪、茯苓、石斛、地骨皮、黄精、香薷、鲜荷叶、鲜竹叶、鲜藿香、鲜薄荷等。

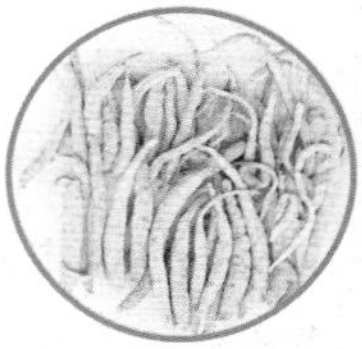

冬瓜荷叶排骨汤 难易度

原料 猪排骨、冬瓜各750克，海带25克，绿豆50克，嫩荷叶（清早采摘未展开的最佳）1张，无花果6颗

调料 香油、盐各适量

做法
1. 猪排骨洗净后斩成大块，用开水汆烫后捞出。
2. 冬瓜洗净后连皮切成大块。荷叶洗净，切块。海带、绿豆、无花果用温水稍浸后淘洗干净，海带切成大片。
3. 煲内加3000毫升清水烧开，倒入原料煮开，改文火煲3小时，拣出渣，以香油、盐调味即可。

夏季养生明星食材 荷叶

荷叶味苦，性平，有清热解暑、升发清阳、凉血止血的功效。其干品和鲜品均可入药，常用来治疗暑热烦渴、暑湿泄泻及血热引起的各种出血症。

荷叶有一种独特的清香味道，善于化解夏季的暑邪气，所以常用来制作夏季解暑饮料，或者煮汤、煮粥，常饮对中暑、头晕脑胀、胸闷烦渴、小便短赤等有较好的改善效果。

相关人群

◎ 适宜人群：适宜炎夏天热中暑、眩晕脑涨、头昏头痛和暑湿泄泻者，肥胖症、高脂血症、动脉硬化、脂肪肝患者服用。

◎ 不宜人群：素有胃寒疼痛，或体虚气弱之人，忌用荷叶。

夏季养生明星食材 西瓜

西瓜瓜瓤部分的94%是水分，还含有糖类、维生素、多种氨基酸以及少量的无机盐，这些是高温时节人体非常需要的营养；其次，所摄入的水分和无机盐通过代谢，还能带走多余的热量，达到清暑益气的作用。夏季中暑或其他急性热病出现的发热、口渴、尿少、汗多、烦躁等症，可通过吃西瓜来进行辅助治疗。

此外，西瓜的入药部分还有被中医称作"西瓜翠衣"的瓜皮。其实，瓜皮在清暑涤热、利尿生津方面的作用远胜于瓜瓤，瓜皮只要稍加烹调，就能成为夏季里一道难得的解暑菜品。

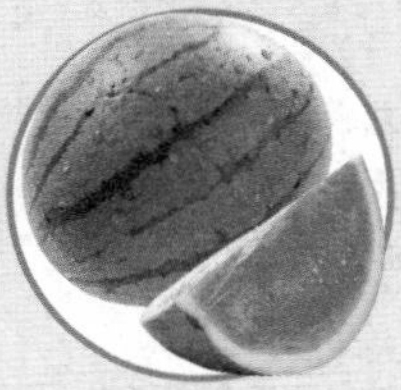

相关人群

◎ 适宜人群：一般人群均可食用。

◎ 不宜人群：感冒初期患者（感冒出现高热、口渴、咽痛、尿黄赤等热症时除外）、肾功能不全者、口腔溃疡患者、糖尿病患者，均不宜吃西瓜。脾胃虚寒、消化不良、大便滑泄者少食为宜，多食会加重症状。

贴心提示

1. 感冒初期患者不宜吃西瓜，但当感冒出现高热、口渴、咽痛、尿黄赤等热症时，可在吃药的同时适当吃些西瓜，帮助减轻症状。

2. 西瓜不宜与油腻之物一同食用，若与温热的食物或饮料同吃，则寒热两不调和，易使人呕吐。

3. 西瓜切开后应尽快吃完，否则瓜瓤极易成为细菌理想的"培养基"；而冰箱里存放的西瓜，取出后一定要在常温中放置一会儿再吃，以免损伤脾胃。

鸡片西瓜煲 难易度

原料 鸡胸肉100克，西瓜80克，莼菜10克

调料 盐、白糖、清汤各适量

做法 1. 将鸡胸肉洗净，切片；西瓜切滚刀块；莼菜洗净备用。

2. 锅置火上，倒入清汤，调入盐、白糖烧沸，放入西瓜、鸡片至熟，再放入莼菜稍炖即可。

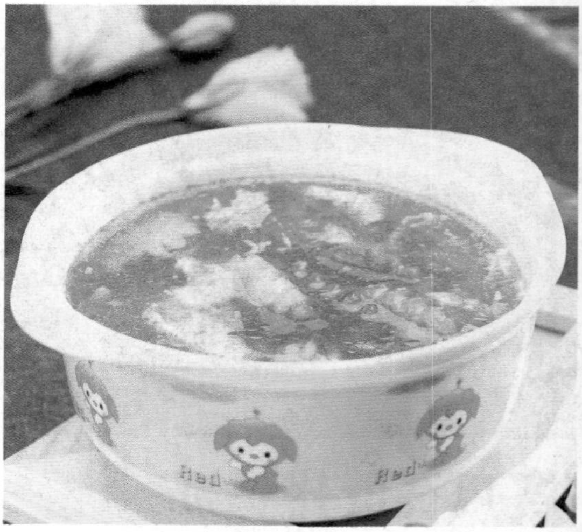

蛋花瓜皮汤 难易度

原料 西瓜皮80克，西红柿150克，鸡蛋1个

调料 盐、香油、葱花各适量

做法 1. 西瓜皮洗净，削去外皮，留部分果肉，改刀成形；西红柿切片；鸡蛋打散，待用。

2. 炒锅置火上，加适量清水烧沸，放入瓜皮、西红柿片略煮，加盐，淋入蛋液，撒葱花，淋香油，出锅即可。

夏季养生明星食材 菠萝

菠萝原名凤梨，岭南四大名果之一。菠萝含用大量的果糖、葡萄糖、维生素B、维生素C、磷、柠檬酸、蛋白酶等营养成分，味甘性平，具有解暑止渴、消食止泻之功，为夏令时节医食兼优的时令佳果。

配膳指导

最佳搭配

◎ 菠萝+茅根：清热利尿，止血。

◎ 菠萝+冰糖：生津止渴，醒酒开胃。

不宜和禁忌搭配

◎ 菠萝+萝卜：诱发甲状腺肿大。

相关人群

◎ 适宜人群：身热烦躁、消化不良者，肾炎、高血压、支气管炎患者。

◎ 不宜人群：溃疡病、高热、湿疹、疥疮、肾脏病患者，凝血功能障碍者。

菠萝梨汁 难易度

原料 菠萝50克，梨1个

调料 白糖适量

做法 1. 菠萝去皮，榨汁。梨去皮、核，榨汁。

2. 菠萝汁和梨汁倒入容器中，加白糖调匀即成。

营养功效

生津、化痰止咳，适用于辅助治疗咯唾脓痰、味腥臭、久涎不净、心烦口渴、口干咽燥、自汗盗汗等症。

菠萝胡萝卜鲜汁 难易度

原料 菠萝、胡萝卜各150克

调料 蜂蜜、柠檬汁各适量

做法 1. 将胡萝卜清洗干净，切成小块。

2. 菠萝去皮去硬心后切块，与胡萝卜、冰水一起放入豆浆机中，按下“果蔬汁”键制成鲜汁，再加入蜂蜜和柠檬汁，搅匀即可饮用。

营养功效

菜汁红润，口感黏糯，微酸清香，甘甜。

夏季养生明星食材 豆腐

豆腐是人们食物中植物蛋白质的最好来源，有“植物肉”的美誉。豆腐所含豆固醇能降低胆固醇，抑制结肠癌的发生，预防心血管疾病。此外，豆腐中的大豆卵磷脂，还有益于神经、血管、大脑的发育生长。

传统中医认为，春夏肝火比较旺，应少吃酸辣、多吃甘味食物来滋补，豆腐就是不错的选择。它味甘性凉，具有益气和中、生津润燥、清热下火的功效，可以消渴、解酒等。

配膳指导

最佳搭配

◎ 豆腐+鲜蘑、金针菇：益气化痰，滋阴，强身。

◎ 豆腐+白菜：益气补中，清热利尿。

◎ 豆腐+香菇：抗癌，降压，降血脂。

◎ 豆腐+虾：降压，降血脂，促进消化吸收。

◎ 豆腐+鱼：促进营养素吸收。

不宜和禁忌搭配

◎ 豆腐+猪肝：会令人发痼疾。

◎ 豆腐+猪肚：一凉一温，不利于健康。

相关人群

◎ 适宜人群：一般人群均可食用，尤其适宜高脂血症、动脉硬化、老年性痴呆患者食用。

◎ 不宜人群：肾病、缺铁性贫血、痛风病、动脉硬化患者，胃寒者和易腹泻、腹胀者，均不宜多食。

蛤蜊肉豆腐汤 难易度

原料 蛤蜊肉200克，内酯豆腐100克

调料 色拉油、盐、野山椒、红干椒、葱、姜、蒜、香菜各适量

做法 1. 将蛤蜊肉洗净，内酯豆腐切块备用。

2. 炒锅置火上，倒入色拉油烧热，葱、姜、蒜、野山椒、红干椒炝香，倒入水，调入盐，放入豆腐烧沸，再放入蛤蜊烧沸1分钟，撒入香菜即可。

豆腐笋丝蟹肉汤 难易度

原料 净梭子蟹肉100克，豆腐、虾仁各80克，笋肉60克，蛋清1个，水发香菇50克

调料 鲜汤、生油、米醋、胡椒粉、绍酒、盐、味精、生粉、姜丝各适量

做法 1. 笋肉、豆腐和水发香菇洗净，均切细丝；将蛋清打入碗中，搅拌均匀。

2. 炒锅上火，注入生油烧热，放入笋丝、香菇丝、豆腐丝、蟹肉、虾仁、绍酒、姜丝略炒，加鲜汤烧沸，放入盐、味精、胡椒粉调味，以生粉勾芡，再淋入蛋清推匀，烹入米醋即成。

多菌豆腐汤 难易度

原料 多种菌类150克，豆腐100克

调料 色拉油、盐、味精、葱、姜、黄瓜片、香油、高汤各适量

做法 1. 将豆腐切条。菌类浸泡后洗净，入沸水锅中焯水，捞起冲净备用。

2. 净锅置火上，倒入色拉油烧热，葱、姜煸炒片刻出香，放入多菌菇略炒几下，倒入高汤，放入豆腐，调入盐、味精烧沸至熟，淋入香油，撒入黄瓜片即可。

雪里蕻熬豆腐 难易度

原料 雪里蕻150克，豆腐200克

调料 香葱、香菜、盐、味精、花椒粉、香油、鲜汤、花生油各适量

做法 1. 雪里蕻洗净，切段。香葱切段，香菜切末。

2. 豆腐用清水洗一下，切成方块。

3. 锅置火上，加油烧热，下葱段、花椒粉爆锅，放雪里蕻煸炒，加入鲜汤、盐、豆腐块，盖上锅盖烧沸，待豆腐吃进汤汁时放味精，起锅装入深盘中，撒香菜末，淋香油即可。

平菇豆腐汤 难易度

原料 平菇80克，豆腐100克

调料 花生油、葱花、盐、味精各适量

做法 1. 豆腐切成小块；平菇洗净，切成小块。

2. 炒锅置火上，注入花生油烧热，投入平菇块翻炒片刻，加适量清水煮沸，下入豆腐块，再次煮沸后撒入葱花，加盐、味精调味即成。

苦瓜豆腐汤 难易度

原料 豆腐400克，苦瓜150克

调料 素油、黄酒、酱油、香油、盐、味精、湿淀粉各适量

做法 1. 将苦瓜去皮、瓤，洗净，切片；豆腐切成块。

2. 锅上火，放油烧热，放入苦瓜片翻炒几下，倒入开水、豆腐块，加入盐、味精、黄酒、酱油煮沸，用湿淀粉勾薄芡，淋上香油即成。

夏季养生明星食材 苦瓜

夏季温度高，人容易烦躁，这就是“心火旺”的表现。中医的养生原则认为，夏季饮食需“增苦减酸”，这是因为苦味入心，可降心火、除烦躁，而酸味会助心火，增强不舒服的感觉。

夏季要吃苦，当季蔬菜中苦瓜无疑是最好的选择之一，能清暑泻火、解热除烦、解劳乏、清心明目、益气壮阳。从现代医学角度讲，苦瓜含多种氨基酸、膳食纤维、维生素C、B族维生素、苦瓜甙、钙、磷、胡萝卜素等，对于夏季因出汗造成的营养素流失有较好的补充作用。

配膳指导

最佳搭配

◎ 苦瓜+豆腐：清热解毒。

◎ 苦瓜+鸡蛋：有利于骨骼、牙齿及血管的健康。

◎ 苦瓜+瘦肉：提高人体对铁元素的吸收利用率。

◎ 苦瓜+猪肝：抗癌效果更佳。

◎ 苦瓜+青椒：开胃消食，抗衰老。

不宜和禁忌搭配

◎ 苦瓜+滋补药：降低滋补效果。

相关人群

◎ 适宜人群：一般人群均可食用。尤其适宜糖尿病、癌症、痱子患者食用。

◎ 不宜人群：苦瓜性寒味苦，脾胃虚寒者食之会加重症状，不宜多食。

猪蹄炖苦瓜 难易度

原料 猪蹄2只，苦瓜300克

调料 姜20克，葱20克，盐、味精、植物油、汤各适量

做法 1. 猪蹄汆烫后切块。苦瓜洗净、去瓤，切成长条。姜、葱拍破。

2. 锅中放植物油烧热，放入姜、葱煸炒出香味，放入猪蹄和盐稍炒，加汤同煮至猪蹄熟软，放入苦瓜稍煮，用味精调味，出锅即可。

营养功效

猪蹄可滋阴补液，苦瓜能清热凉血。此菜补而不腻，可以经常食用。

河虾苦瓜汤 难易度

原料 河虾150克，苦瓜50克

调料 色拉油、盐、味精、葱、姜、蒜、白糖、川椒面、花椒、绍酒、香油各适量

做法 1. 将河虾洗净；苦瓜洗净，去籽，切片，入盐水内浸泡5分钟，捞起备用。

2. 炒锅置火上，倒入色拉油烧热，将葱、姜、蒜、花椒爆香，放入河虾，炒至变色，再放入苦瓜略炒，倒入水，调入盐、味精、白糖、川椒面、绍酒烧开，淋入香油即可。

苦瓜雪菜煲五花 难易度

原料 猪五花肉150克，苦瓜70克，雪菜60克

调料 色拉油、盐、味精、酱油、葱、姜各适量

做法 1. 将猪五花肉、苦瓜处理干净，均切片；雪菜泡去盐分，洗净，切段备用。

2. 锅置火上，倒入色拉油烧热，葱、姜爆香，放入猪五花肉煸炒片刻，烹入酱油，放入苦瓜、雪菜，调入盐、味精至熟即可。

凉瓜鳝鱼汤 难易度

原料 鳝片200克，凉瓜50克

调料 色拉油、盐、味精、绍酒、淀粉、葱、姜、香油各适量

做法 1. 鳝片处理干净，切段，加入干淀粉抓匀；凉瓜洗净，去籽，切条，入盐水浸泡2分钟，控水。

2. 炒锅置火上，倒入色拉油烧热，将葱、姜炝香，放入凉瓜旺炒，倒入水烧开，调入盐、味精、绍酒，放入鳝片再烧2分钟，淋入香油即可。

肝尖凉瓜汤 难易度

原料 猪肝尖250克，凉瓜100克

调料 色拉油、盐、味精、鸡粉、野山椒、剁椒、醋、葱、姜、蒜、香油、干淀粉各适量

做法 1. 将猪肝尖洗净，切片，加入干淀粉抓匀；凉瓜洗净，去籽，切片，用盐水浸泡3分钟备用。

2. 炒锅倒油烧热，将葱、姜、蒜、野山椒、剁椒炒香，放入猪肝熘炒至熟，放入凉瓜，倒入水，调入盐、味精、醋烧开，淋入香油即可。

山药煲苦瓜 难易度

原料 猪肝200克，苦瓜2根，山药、枸杞各20克，猪瘦肉50克

调料 盐、味精、白胡椒粉、葱、姜、鸡汤、素油各适量

做法 1. 猪肉、猪肝切片，葱、姜切末，待用。

2. 锅入油烧至七成热，放入葱姜末、肉片和猪肝片煸炒出香味，加入适量鸡汤，放入山药片、枸杞、盐、味精、白胡椒粉，用大火煮开，改用中火煮10分钟，放入苦瓜片稍煮即成。

夏季养生明星食材 丝瓜

瓜类性多寒凉，而夏季多雨且炎热，吃瓜有很好的养生作用，收获正当季节又最具清凉解热性质的瓜类蔬菜中，丝瓜是较有代表性的一种。

丝瓜味甘、性凉，有清热凉血、解毒通便、润肌美容、通经络、下乳汁等功效，其中凉血解毒的清热作用比较强，可以作用到血液之中，起到较好的解暑除烦功效。

取丝瓜络煮水服用，还能缓解风湿性关节炎、红肿热痛。

配膳指导

最佳搭配

◎ 丝瓜+毛豆：清热祛痰，通便下乳。

◎ 丝瓜+鸡蛋：清热解毒，滋阴润燥，养血通乳。

◎ 丝瓜+猪肉、鸡肉、鸭肉：清热利肠。

◎ 丝瓜+鱼：清热利肠。

◎ 丝瓜+虾米：滋肺阴，补肾阳，下乳汁。

不宜和禁忌搭配

◎ 丝瓜+菠菜：引起腹泻。

◎ 丝瓜+芦荟：引起腹痛、腹泻。

相关人群

◎ 适宜人群：月经不调、身体疲乏、痰喘咳嗽、产后乳汁不通的妇女适宜多吃丝瓜。

◎ 不宜人群：体虚内寒、腹泻者不宜多食。

虾仁丝瓜鸡蛋汤

难易度

原料 虾仁100克，丝瓜75克，鸡蛋1个，木耳10克

调料 色拉油、盐、味精、葱、姜、湿淀粉、香油各适量

做法 1. 将虾仁去沙线，洗净；丝瓜洗净，去皮，切片；木耳洗净，撕成小朵备用。

2. 炒锅置火上，倒入色拉油烧热，葱、姜炝香，放入虾仁烹炒，再放入丝瓜同炒，倒入水，调入盐、味精烧沸，调入湿淀粉勾芡，打入鸡蛋，淋入香油即可。

丝瓜茶

难易度

原料 丝瓜250克，绿茶2克，枸杞子10粒，菊花2朵

做法 丝瓜去皮榨汁，其他药用沸水冲泡5分钟后，取茶汤加入丝瓜汁调匀即可。

营养功效

清热润肤，美白祛斑。用于内热伴有皮肤干燥、面部色斑者。

爱心提醒

李时珍说，丝瓜能通人脉络脏腑，祛风解毒、消肿化痰、祛痛杀虫，以及治各种血病。

丝瓜鲢鱼滋补汤

难易度

原料 藕、豆腐、丝瓜、活鲢鱼、鸡蛋各适量

调料 醪糟、盐、味精、枸杞、姜丝、茶水、植物油各适量

做法

1. 丝瓜刮去绿皮，洗净，去蒂，切块，放在茶水中浸泡10分钟；鲢鱼宰杀，去鳞，除鳃和内脏，切成两半，剞上花刀，洗净；豆腐洗净，切块；藕去皮，洗净，切片；枸杞用清水泡发，洗净。
2. 锅置火上烧热，倒入适量植物油，磕入鸡蛋炒熟，盛出，留作他用。锅中再倒入适量植物油烧至温热，加入姜丝，放入鲢鱼煎至两面变色，倒入藕片、豆腐、醪糟和适量清水大火煮沸，改小火继续煮15分钟，放入丝瓜块稍煮，用盐和味精调味，撒上枸杞即可。

爱心提醒

① 把切好的丝瓜放到茶水里泡10分钟后再用于烹调，可去掉土腥味。

② 鲢鱼下锅烹制前要在其表面剞花刀，这样不但容易煎透，而且更易入味。

高手支招

用炒过鸡蛋的锅煎鲢鱼不容易粘锅，因为鸡蛋已经把铁锅里的水分吸干了，此时再煎鱼，鱼皮就不容易粘锅了。

步骤图

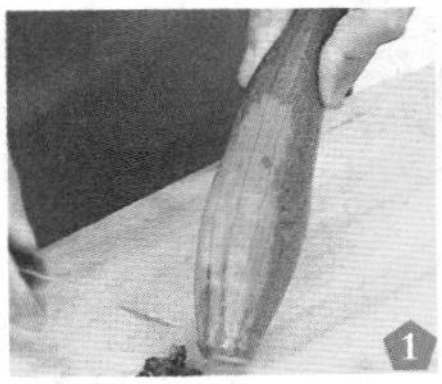
1

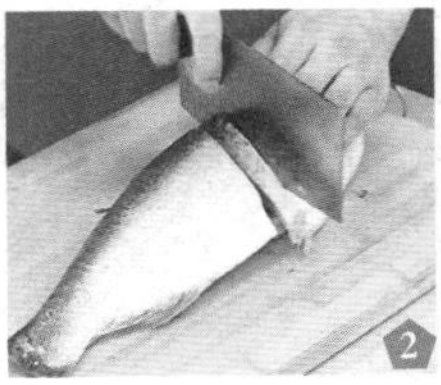
2

3

4

夏季养生明星食材 莲子

莲子味甘涩性平，甘能补益，故莲子可补心，可补脾，可补肾；涩能收敛，固精止带。补心养神以安睡眠，补脾涩肠以止泻，补肾涩精治精不固。早在《神农本草经》就称其“补中养神，益气力，除百疾，久服轻身耐老，不饥延年”。后来《本草纲目》中总结道“交心肾，厚肠胃，固精气，强筋骨，补虚损”。

莲子汤是夏天最佳的清凉食品，尤其是因大肠机能退化而常拉肚子的人应常吃炖莲子，据介绍，中医认为，莲子有益心补肾、健脾止泻、固精安神的作用。《滇南本草》中记载：“（莲子能）清心解热。”《食医心镜》中记载其能“止渴，去热。”《本草拾遗》中说它“令发黑，不老。”

配膳指导

最佳搭配

◎ 莲子+木瓜：养心安神，帮助消化，降压抗衰。

◎ 莲子+桂圆：补中益气。

◎ 莲子+莲藕：补肺益气，除烦止血。

◎ 莲子+银耳：减肥，祛除脸部黄褐斑、雀斑。

◎ 莲子+红薯：润肠通便，美容。

◎ 莲子+山药：健脾补肾，抗衰益寿。

◎ 莲子+南瓜：补中益气，清心利尿。

◎ 莲子+猪肚：补虚损，健脾胃。

◎ 莲子+猪肝：补虚损，益心养血。

◎ 莲子+枸杞：健美抗衰，乌发明目，健身延年。

不宜和禁忌搭配

◎ 莲子+甲鱼：可能引起中毒。

相关人群

◎ 适宜人群：中老年人，体虚、失眠、食欲不振者，癌症患者。

◎ 不宜人群：中满痞胀及大便燥结者忌食，体虚或脾胃功能弱者也不宜食。

相思莲子糊 难易度

原料 红豆、水发莲子、小红枣、芝麻各适量

调料 白糖、水淀粉、蜂蜜各适量

做法

1. 红豆洗净，用清水浸泡12小时，放入电饭锅中，加水，调到煮粥挡煮熟，取出，用料理机打成泥。芝麻用净锅干炒至熟。
2. 将莲子洗净，泡发，放入料理机中打成泥。小红枣洗净，用清水浸泡，去核。
3. 将红豆、莲子、红枣和泡枣的水一起放入料理机中，加红豆汤、白糖和适量蜂蜜打成浆。
4. 锅中倒入适量清水烧开，加入白糖，用水淀粉勾芡，倒入打好的浆推开，关火，撒入炒熟的芝麻即可。

爱心提醒

◎ 红豆和莲子烹调前应先浸泡，更容易煮得软烂。

◎ 芝麻要先炒香。炒芝麻时要用小火，否则容易煳。

◎ 此糊中加入蜂蜜调味，味道更香甜。

夏季养生明星食材 芦荟

进入伏天后，气温持续走高，潮湿闷热的天气让我们的味蕾变得萎靡不振。苦夏让很多人没了胃口，嘴巴发苦，这个时候清新独特的芦荟能激活人们的味蕾，成为盛夏餐桌上的重要角色。

芦荟具有多项保健功能，对人体细胞组织有再生、保护作用，能抗溃疡，调节内脏功能。芦荟中含有木质素、芦荟酸、大黄素、葡萄糖，以及少量的钙和蛋白质、矿物质等，营养成分及活性成分非常丰富，外用具有营养保湿、防晒、清洁、收缩毛孔、淡化色斑等美容功效。

相关人群

◎ 适宜人群：肠燥便秘、十二指肠溃疡、痤疮、溃疡、心血管疾病、糖尿病、癌症、肥胖者。

◎ 不宜人群：脾胃虚寒、食少便溏及孕妇。

贴心提示

◎芦荟品种有很多种，可供食用的却只有木立芦荟、上农大叶芦荟等几个品种，选购时一定要注意，以免误食。

◎不是所有芦荟都可以食用。芦荟有500多个品种，但可以入药的只有十几个，可以食用的就只有几个品种。

◎芦荟有苦味，加工前应去掉绿皮，水煮3~5分钟，即可去掉苦味。

酒酿芦荟 难易度

原料 芦荟、酒酿、玉米粒各适量

调料 白糖、蜂蜜各适量

做法 1. 芦荟洗净，用刀片去外皮，取肉切丁。

2. 将芦荟肉、玉米粒入沸水锅中焯水。

3. 酒酿入锅，加清水烧开，调入白糖、蜂蜜，倒入芦荟丁和玉米粒烧开可。

营养功效

清热通便，排毒抗癌。

青苹果芦荟汤 难易度

原料 青苹果2个，芦荟100克

调料 冰糖适量

做法 1. 苹果削皮，切成小块；芦荟洗净，切成小段。

2. 锅中注入适量清水，放入苹果、芦荟，上火煮15分钟，调入冰糖即可。

夏季养生明星食材 冬瓜

夏季气温高，人体丢失的水分增多，人们容易感到厌食、困乏和烦渴，须及时补充水分。瓜类蔬菜的含水量都在90%以上，不仅天然、洁净，而且具有生物活性，其中冬瓜的含水量居众菜之首。因此在潮热的夏日里多吃冬瓜，便成了清热消暑的好方法之一。

中医认为，冬瓜味甘性凉，有利尿消肿、降火解毒、润肺生津等功效。因其不含脂肪，且含糖量较低，故而对糖尿病、冠心病、高血压、水肿腹胀等疾病均有良好的食疗作用。若需要其发挥利水功效，建议连皮一起使用，效果更佳。

配膳指导

最佳搭配

◎ 冬瓜+芦笋、菜花：降脂降压，清热解毒。

◎ 冬瓜+蘑菇：清热利尿，补肾益气。

◎ 冬瓜+猪肉、火腿：促进营养素的吸收。

◎ 冬瓜+海带：清热利尿，祛脂降压。

◎ 冬瓜+鲤鱼：利水消肿。

不宜和禁忌搭配

◎ 冬瓜+红豆：会造成身体脱水。

◎ 冬瓜+鲫鱼：会造成身体脱水。

相关人群

◎ 适宜人群：一般人群均可食用。肾病、水肿、癌症、高血压、糖尿病、冠心病、肥胖病患者宜多食。

◎ 不宜人群：冬瓜性凉，脾胃虚弱、肾脏虚寒、久病滑泄、阳虚肢冷者忌食。

蛤蜊冬瓜汤

难易度

原料 蛤蜊300克，冬瓜100克

调料 花生油、盐、葱、姜、香菜各适量

做法 1. 将蛤蜊洗净；冬瓜去皮、瓤，洗净，切片备用。

2. 炒锅置火上，倒入花生油烧热，将葱、姜爆香，放入冬瓜煸炒至断生，放入蛤蜊，倒入水，调入盐，待蛤蜊张开口时，撒入香菜即可。

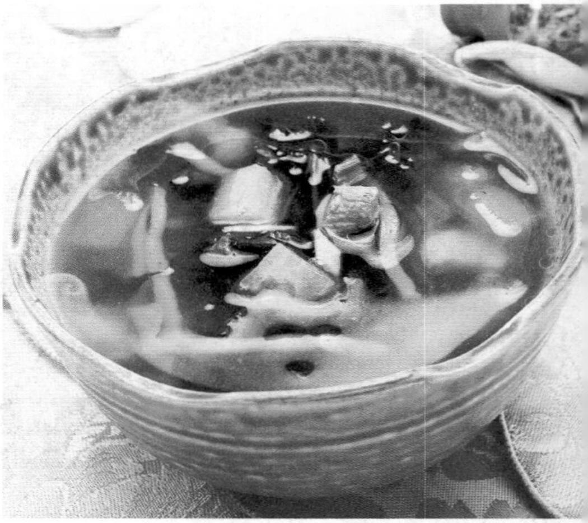

酸菜冬瓜瘦肉汤

难易度

原料 猪瘦肉100克，冬瓜250克，咸酸菜100克，夜花50克

调料 姜片、盐各适量

做法 1. 咸酸菜用清水泡3小时，洗去盐分，沥干，切丝；夜香花洗净，冬瓜去皮切块，猪瘦肉切块。

2. 将咸酸菜、冬瓜、瘦肉、姜放入沸水中煲2小时，加入夜香花再煲10分钟，加适量盐调味即可。

夏季养生明星食材 绿豆

绿豆性凉，作为食物食用可以消暑止渴，食物或药物中毒后喝绿豆汤，还能起到排清体内毒素的作用，对烦渴、热痢、痈疽、痘毒、斑疹等也有一定的疗效。

绿豆的清热之力在其皮，解毒之功在其内。因此，如果只是想消暑，煮汤时将绿豆淘净，用大火煮沸，10分钟左右即可，注意不要久煮。如果是为了清热解毒，最好把豆子煮烂，这样的绿豆汤色泽浑浊，消暑效果较差，但清热解毒作用更强。

配膳指导

最佳搭配

◎ 绿豆+南瓜：清热解毒，补中益气。

◎ 绿豆+百合：养心，健脾，养胃。

◎ 绿豆+木耳：清热凉血，润肺生津。

◎ 绿豆+鸽肉：清除痈疖。

不宜和禁忌搭配

◎ 绿豆+番茄：伤元气，引起身体不适。

◎ 绿豆+狗肉：易导致腹胀。

相关人群

◎ 适宜人群：一般人群均可食用，尤宜中毒者、眼病患者、高血压患者、水肿患者、红眼病患者食用。

◎ 不宜人群：绿豆性寒凉，素体阳虚、脾胃虚寒、泄泻者慎食。

雪耳水晶绿豆爽

难易度

原料 银耳、绿豆、冬瓜、枸杞各适量

调料 盐、白糖、蜂蜜各适量

做法 1. 将冬瓜去皮除瓤，洗净，切成丁，放入开水中焯透，再捞出放入凉水中浸泡。

2. 将银耳泡发，去硬根，蒸熟；绿豆洗净，浸泡2小时，煮熟，备用。

3. 锅中加适量清水，烧开后放入银耳、绿豆、冬瓜丁、枸杞，调入盐、蜂蜜、白糖，略煮即可。

爱心提醒

① 绿豆烹调前要用清水浸泡，易于煮熟。

② 不要用铁锅煮绿豆，否则绿豆的颜色会发黑，影响菜品的美观，且口感不佳。

夏季养生明星食材 薏米

中医认为，薏米味甘淡、性微寒，具有健脾益胃、利水渗湿、除痹、清热等功效，是辅助治疗脾虚湿盛所致的食少、腹胀、泄泻以及小便不利、水肿、身体困痛、肺痈、肠痈等病症的良药，入药入食均适宜。

夏季天气炎热，人体受暑热所伤，会引起全身困重、神疲乏力、头晕心慌、食少纳呆、恶心呕吐等“苦夏”症状，此时吃些薏米，可健脾利湿，起到消暑、清补和健体作用。

配膳指导

最佳搭配

◎ 薏米+香菇：抗癌。

◎ 薏米+银耳：滋补生津，可辅助治疗脾胃虚弱、肺胃阴虚等症。

不宜和禁忌搭配

◎ 薏米+海带：妨碍维生素E的吸收。

相关人群

◎ 适宜人群：脾胃虚弱、便溏腹泻、脾虚温盛水肿、小便不利者，手足拘挛、酸楚疼痛者，肺痈咳唾脓痰、肠痈拘急腹痛者，妇女带下病、消化道肿瘤、子宫颈癌肿瘤、扁平疣患者。

◎ 不宜人群：汗少、便秘者。

淮山薏米瘦肉汤

难易度

原料 猪瘦肉150克，淮山、薏米、芡实、百合、莲子各10克，玉竹5克

调料 盐适量

做法

1. 猪瘦肉洗净，切成粗条，入沸水中汆一下。
2. 将所有辅料洗净。
3. 将全部主、辅料放入锅内，加适量清水，文火煲2小时，加盐调味即可。

爱心提醒

薏米淘洗干净后，可放入温水中浸泡20分钟，然后再放入汤中烹制，制熟后口感软糯。

黄瓜薏米排骨汤

难易度

原料 排骨、老黄瓜、薏米、蜜枣各适量

调料 盐、陈皮各适量

做法

1. 老黄瓜洗净，切长段；薏米淘洗干净；陈皮用温水稍泡后洗净；蜜枣洗净。
2. 排骨洗净，剁小块，入沸水锅中汆一下即捞出，洗净血水。
3. 锅置火上，倒入适量清水，放入排骨、老黄瓜段、薏米、蜜枣、陈皮，用小火炖3小时，撒适量盐调味即可。

夏季养生明星食材 银耳

中医专家介绍，银耳性平无毒，既有补脾开胃的功效，又有益气清肠的作用，还可以滋阴润肺。另外，银耳还能增强人体免疫力，以及增强肿瘤患者对放、化疗的耐受力，适用于虚劳咳嗽、痰中带血、虚热口渴等症。

夏季吃银耳，可起到滋阴补液、防暑降温、止咳润肺等作用，好处更多。

配膳指导

最佳搭配

◎ 银耳+鸭蛋：可治肺阴不足所致的咽喉干燥等。

◎ 银耳+青鱼：可补益肝肾，利水消肿。

◎ 银耳+苹果：可润肺止咳。

◎ 银耳+莲子：可减肥，祛除脸部黄褐斑、雀斑。

不宜和禁忌搭配

◎ 银耳+田螺：易引起中毒。

◎ 银耳+麦冬：易引起胸闷。

◎ 银耳+野鸡：发痔，下血。

相关人群

◎ 适宜人群：老年慢性支气管炎、免疫力低下、内火旺盛、肺热咳嗽、肺燥干咳、胃炎、大便秘结患者。

◎ 不宜人群：外感风寒、出血症、糖尿病患者。

燕窝炖银耳 难易度

原料 燕窝6克，银耳9克

调料 冰糖15克

做法 1. 将燕窝、银耳用清水泡发，洗净。

2. 锅内放入适量清水，放入燕窝和银耳，加入冰糖，隔水炖熟即可。

用法 每周2～3次，连用1月。

营养功效

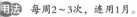

养阴清肺、止咳化痰，适用于辅助治疗慢性支气管炎伴有咳呛、痰黏、面红心烦等症。

银耳冬菇藕汤 难易度

原料 莲藕600克，黄豆250克，银耳60克，冬菇400克，红樱桃1颗

调料 盐、味精各适量

做法 1.莲藕去皮洗净，切小块；银耳洗净，撕成小朵；冬菇洗净，去蒂；黄豆用清水浸泡2小时，清洗干净。

2.将上述原料放入锅内，注入适量清水，以文火煮至原料熟透，加盐、味精调味，装碗，点缀红樱桃即可。

银耳梨片汤 难易度

原料 梨1只，银耳50克

调料 冰糖适量

做法 1. 梨洗净，去皮去核，切成片。

2. 银耳用水泡发，洗净去蒂，撕成小朵。

3. 锅置火上，加入适量水，放入梨片和银耳，加冰糖烧开，撇去浮沫，用小火熬10分钟，起锅盛入汤碗中即可。

雪梨银耳百合汤 难易度

原料 雪梨2个，银耳15克，干百合、枸杞各适量

调料 冰糖适量

做法 1. 雪梨洗净，去皮去核，切块；百合、枸杞洗净；银耳泡发，撕成小朵。

2. 砂锅中倒入适量清水，放入银耳，大火烧开，转小火炖至银耳软烂，放入百合、枸杞、梨块、冰糖，炖至梨熟烂即可。

凤梨煲银耳 难易度

原料 凤梨300克，银耳50克

调料 冰糖、白醋各适量

做法 1. 将凤梨去皮，洗净，切块；银耳洗净，择成小块备用。

2. 炒锅置火上，倒入适量清水，调入冰糖、白醋，放入凤梨、银耳煲熟即可。

冰爽银耳木瓜 难易度

原料 木瓜300克，水发银耳200克

调料 冰糖适量

做法 1. 木瓜洗净，去皮去籽，切块。

2. 银耳择洗干净，撕成小朵，加清水、冰糖，上笼蒸至软烂，加入木瓜块继续蒸20分钟，取出晾凉，放入冰箱中冷藏8小时即可。

秋季进补原则

秋季养阴是顺应四时养生的基本原则，秋季进补的原则为滋阴润燥、养肺。

注意食物的多样化和营养的均衡。

宜多吃耐嚼、富含膳食纤维的食物。选择具有润肺生津、养阴清燥作用的瓜果蔬菜、豆制品及食用菌类。

宜多食粗粮，如红薯等，预防便秘。

秋季进补适用食物

龟肉、鳖肉、黄鳝、牡蛎、猪肝、猪肺、兔肉、鸭肉、鸭蛋、龙眼肉、燕窝、蜂乳、蜂蜜、牛奶、白木耳、香菇、甘蔗、梨、香蕉、枸杞头、马蹄（荸荠）、山药、白果、笋、百合、菠萝等。

秋季进补适用中药

西洋参、百合、蛤蚧、沙参、太子参、地骨皮、阿胶、天冬、麦冬、熟地、枸杞子、黄精、玉竹等。

秋季养生明星食材 兔肉

中医认为，兔肉味甘性凉，具有补中益气、凉血解毒、清热止渴等功效，特别适宜秋季时食用，尤其适宜气血不足的女性食用，有补血养颜的效果。现代医学研究则表明，兔肉较之其他畜肉，有“三高三低”的特点，即高蛋白、高赖氨酸、高消化率和低脂肪、低热量、低胆固醇，是一种非常健康的肉类食物。

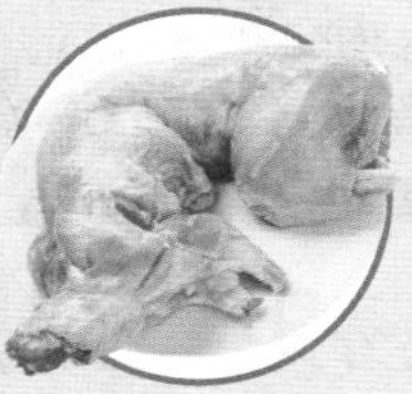

配膳指导

最佳搭配

◎ 兔肉+枸杞：补肺益肾，凉血解毒。

◎ 兔肉+葱：降脂，美容。

不宜和禁忌搭配

◎ 兔肉+白菜、鸭肉：引起腹泻或呕吐。

◎ 兔肉+芹菜：易导致脱皮。

◎ 兔肉+鸡肉、鸡蛋：刺激胃肠道，导致腹泻。

枸杞炖兔肉

难易度

原料 枸杞20克，兔肉250克

调料 盐、味精各适量

做法 1. 枸杞洗净，兔肉切块。

2. 砂锅中加适量水，放入枸杞、兔肉，大火烧沸后改小火炖熟，加盐、味精调味即可。

秋季养生明星食材 白果

白果又名银杏，是秋令补益佳品。白果功效很多，对多种虚证都有补益作用：对肺病久咳、气喘乏力者，有补肺定喘的作用；对体虚、白带多的女子，有补虚止带的作用；对年老力衰、小便清长、夜间尿多者，有补肾缩尿的作用。

需注意的是，生白果含有一定量的毒素，所以千万不要生吃；若用来做菜，则需先去掉壳和附在白果肉上的一层薄膜。

配膳指导

最佳搭配

◎ 白果+芦笋：润肺定喘，对高脂血症及高血压有辅助疗效。

◎ 白果+肉类：使菜肴更加鲜香味美。

不宜和禁忌搭配

◎ 白果+鳗鱼：对健康不利。

相关人群

◎ 适宜人群：尿频者，女性体虚多白带者。

◎ 不宜人群：消化不良、腹胀、发热者，有实邪者，儿童。

白果米糊 难易度

原料 大米100克，袋装白果6颗

调料 白糖适量

做法

1. 大米拣洗干净，控去水分；白果从袋中取出，用沸水焯透，切成小丁。
2. 把大米倒入豆浆机内，注入清水至上下水位线间，浸泡8小时，加入白果粒。
3. 放入机头，按常法反复搅打成糊，倒在碗中，加白糖调味，即可食用。

营养功效

补肾固肺，止咳平喘。

白果雪梨奶汤 难易度

原料 雪梨1个，鲜牛奶80克，银杏60克

调料 蜂蜜、白糖、湿淀粉各适量

做法

1. 雪梨去皮、核，切成小滚刀块；白果取肉，洗净备用。
2. 锅内注入适量清水，放入雪梨块、白果肉煮熟，加入蜂蜜、牛奶搅匀，加白糖调味，用湿淀粉勾芡即成。

营养功效

此汤有滋润皮肤和减淡皱纹的效果，常饮可使皮肤更有弹性。

秋季养生明星食材 荸荠

荸荠又名马蹄，不仅肉质鲜嫩，清甜爽口，其营养丰富程度可与水果相媲美，而且对多种疾病具有辅助治疗作用。现代药理研究发现，荸荠含有丰富的蛋白质、糖类、脂肪，以及多种维生素和钙、磷、铁等矿物质，有清热生津、利咽化痰之功效，对热病烦渴、便秘、阴虚肺燥、痰热咳嗽、咽喉肿痛、肝阳上亢等病症有很好的辅助治疗作用。

秋季天干物燥，人体容易被燥气所伤，而荸荠恰逢秋季上市，其清热生津功效又可解除此种问题，故秋季适宜多吃荸荠。

配膳指导

最佳搭配

◎ 荸荠+杨梅：有助于预防铜中毒。

◎ 荸荠+胡萝卜：健脾养胃。

◎ 荸荠+萝卜：清热生津，化痰消积，明目。

◎ 荸荠+香菇：调理肠胃。

◎ 荸荠+蘑菇：补气益胃，清热生津。

◎ 荸荠+木耳：清热化痰，滋阴生津。

◎ 荸荠+薏米：清热解毒，开胃健脾，利湿。

◎ 荸荠+核桃：促进消化，可缓解荸荠的寒性。

◎ 荸荠+豆浆：清热解毒，改善便血。

◎ 荸荠+海蜇：清热生津，滋阴养胃。

相关人群

◎ 适宜人群：发热、麻疹、咽喉肿痛、口腔炎、高血压、小便不利、肺热咳嗽、流行性脑膜炎患者。

◎ 不宜人群：脾胃虚寒、血瘀者。

荸荠芥菜炖排骨 难易度

原料 芥菜300克，排骨150克，荸荠50克

调料 盐、味精、蒜蓉、生抽、料酒、糖、素油各适量

做法
1. 芥菜洗净，切段；排骨洗净，切块；荸荠去皮，用盐水略泡，切滚刀块。
2. 排骨、芥菜分别放入沸水中氽烫，捞起沥水，待用。荸荠入热油锅中炸1分钟，捞起沥油。
3. 砂锅中入1大匙油烧热，爆香蒜蓉，放入其他各料，加水，炖20分钟至熟，加调料调味即成。

芋头荸荠汤 难易度

原料 芋头、荸荠各适量

调料 花椒粒、盐、味精、植物油各适量

做法
1. 芋头、荸荠分别去皮，清洗干净，切成同样大小的片。
2. 炒锅置火上烧热，倒入植物油，炒香花椒粒，放入芋头片和荸荠片翻炒均匀，淋入适量清水大火烧开，转小火煮至芋头和荸荠熟透，加盐、味精调味即可。

秋季养生明星食材 山药

山药自古就被称为是药食兼备之品，有补脾养胃、生津润肺、补肾涩精的作用，特别适宜秋季食用。秋季皮肤极易干燥，毛发易枯槁，多吃山药能润泽皮肤和毛发。

秋季常见病是腹泻，有些是功能性的，这时吃山药就能发挥作用。平时体虚之人，应趁秋凉时加紧进补，常吃山药有益无害。久病虚损的慢性咳嗽，可以吃山药调养，每天250克左右，坚持服用。遗精、尿频者宜经常吃点山药；妇女白带增多，无色无味者，常食山药可以改善。

配膳指导

最佳搭配

◎ 山药+莲子：健脾补肾。

◎ 山药+杏仁：补肺益肾。

◎ 山药+核桃：补中益气，强筋壮骨，健脑。

◎ 山药+鸭肉：健脾养胃，固肾。

◎ 山药+羊肉：补血，养颜，强身。

不宜和禁忌搭配

◎ 山药+油菜：功效不同，影响营养素吸收。

◎ 山药+香蕉、柿子：引起脘腹胀痛，呕吐。

相关人群

◎ 适宜人群：一般人群均可食用。尤其适宜糖尿病、腹胀、病后虚弱、慢性肾炎、长期腹泻者食用。

◎ 不宜人群：山药有收涩的作用，故大便燥结者不宜食用；有实邪者忌食山药。

山药鸭脯汤 难易度

原料 鸭脯肉150克，山药100克

调料 色拉油、盐、味精、蛋清、淀粉、香油、香葱、白醋、小米椒各适量

做法 1. 将鸭脯肉洗净，切片，打入蛋清，加入淀粉抓匀；山药去皮，洗净，切滚刀块备用。

2. 净锅置火上，倒入色拉油稍微烧热，放入鸭脯肉滑透，捞起备用。

3. 锅留底油，放入山药煸炒片刻，倒入水，放入鸭脯肉，调入盐、味精、白醋烧沸，淋入香油，撒入香葱、小米椒即可。

山药黄豆豆浆 难易度

原料 山药、黄豆各60克

调料 白糖适量

做法 1. 山药去皮，洗净，切块。

2. 黄豆洗净，用清水泡8小时至发软，待用。

3. 将泡好的豆子、山药块和适量清水倒入家用搅拌机内，加盖接通电源，按键打成豆浆。

4. 把豆浆过滤后倒在净锅中，以小火煮约10分钟至熟，加入白糖调味即成。

营养功效

增强体质，提高机体抗病力。

山药烩滑鸡

难易度

原料 鸡脯肉、山药、马蹄、菠菜、枸杞、干笋各适量

调料 姜片、蛋清、淀粉、胡椒粉、盐、料酒、米汤、湿淀粉、香油各适量

做法

1. 鸡脯肉洗净，切成抹刀片，加胡椒粉、盐、料酒抓匀，淋入用蛋清和淀粉调成的糊，拌匀上浆；山药去皮，洗净，切菱形片；马蹄去皮，洗净，切片；干笋用米汤泡发，洗净，切块；菠菜择洗干净；枸杞洗净。
2. 锅置火上，倒入适量清水烧沸，加料酒和盐，依次放山药、马蹄、笋块、鸡肉、菠菜汆水，捞出，菠菜切段。
3. 锅置火上，加入适量清水，依次放入姜片、笋块、马蹄、山药、枸杞，加盐和胡椒粉调味，水烧开后放入菠菜，用湿淀粉勾芡，待锅中的水再次沸腾时迅速放入鸡片，淋入香油即可。

爱心提醒

干笋要用米汤泡发，因为干笋中含有一些酸性物质，加一些米汤水可中和这些酸性物质。

步骤图

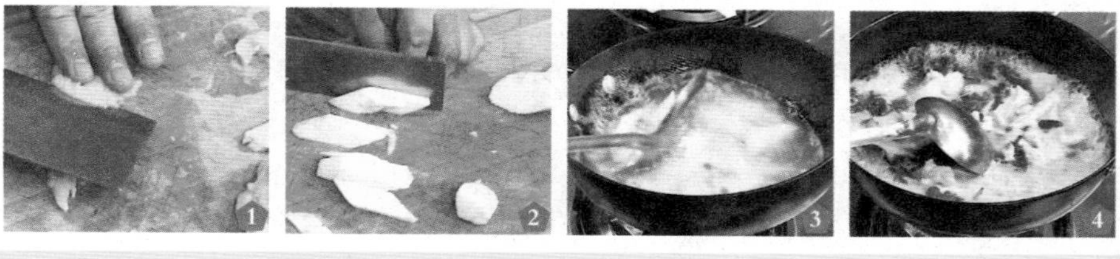

秋季养生明星食材 百合

百合最有价值的部位，是在秋季采挖的根部。秋季，干燥的气候条件特别容易影响到人体的肺部，引起口干咽燥、咳嗽少痰等症状。而此时采挖的百合根，味甘微苦、性平，入心、肺经，能润肺止咳、清心安神，对肺部的燥热病症有较好的治疗效果。单用百合煨烂，加适量白糖，可作为肺结核患者食疗的佳品；百合加绿豆同煮，能除燥润肺，还能清热解暑。

配膳指导

最佳搭配

◎ 百合+鸡蛋、鸭蛋：滋阴，润肺，清热，补血。

◎ 百合+藕：益心润肺，除烦止咳。

◎ 百合+芦笋：清热除烦，安神。

◎ 百合+核桃：润肺益肾，止咳平喘。

◎ 百合+绿豆：养心，健脾，养胃。

相关人群

◎ 适宜人群：一般人群均可食用，尤其适宜病后虚弱之人。

◎ 不宜人群：脾胃虚寒、腹泻、大便稀薄、感冒风寒、咳嗽者不宜多食。

百合菜心米糊 难易度

原料 大米100克，白菜心50克，鲜百合30克，胡萝卜15克

调料 蜂蜜适量

做法

1. 白菜心洗净，切小块；鲜百合分瓣洗净，沥去水分；胡萝卜切小丁；大米淘洗干净，控去水分。
2. 将大米放入豆浆机桶内，注入清水至水位线间泡8小时，再加入白菜心、胡萝卜和鲜百合。
3. 放入机头，按常规打成米糊，盛入碗内，淋入蜂蜜，调匀食用。

营养功效

此米糊在早春食用，可清解内热，滋养肝脏，防止体内郁热而生肝火引发头痛眩晕、目赤咽干等症的发生。

甜味百合蛋花汤 难易度

原料 鸡蛋2个，百合50克

调料 冰糖适量

做法

1. 将百合用清水冲洗干净，捞出，沥干水分，待用；将鸡蛋磕入碗中，搅匀待用。
2. 净锅中放入百合，加入适量清水，放入冰糖烧沸，转小火煮至百合熟烂，将煲端离火口，淋入鸡蛋液，调匀即可。

营养功效

百合有清热解毒、润肺止咳、清心安神、补中益气、止血通便的作用，有良好的营养滋补功效，经常食用可以提高免疫力。

百合荸荠梨羹 难易度

原料 干百合、荸荠、白梨各适量

调料 冰糖适量

做法 1. 干百合用清水泡发，洗净。荸荠去皮，洗净，切碎。白梨洗净，去蒂，除核，切碎。

2. 汤锅置火上，放入百合、荸荠、白梨和适量清水，大火煮沸，转小火煮至食材熟烂、汤变稠，加冰糖煮至溶化，晾至温热后食用。

百合煮香芋 难易度

原料 芋头、百合各适量

调料 白糖、盐、椰汁、牛奶、植物油各适量

做法 1. 芋头洗净，削去皮，从中间一刀切开，切成三角形块。百合泡发，撕开。

2. 锅内倒油烧热，放入芋头块，中火炸2~3分钟，捞出沥油。

3. 锅底留油烧热，放入百合煸炒，再放入芋头块，下椰汁、牛奶、白糖、盐炖5分钟即可。

营养功效

芋头质地软滑，容易消化，并有健胃作用，特别适宜脾胃虚弱者食用。

爱心提醒

① 芋头要切成大小均匀的三角块，否则煮的时候不能同时煮熟。

② 炸芋头时油温不要太高，否则炸不透；芋头不用炸至金黄色，待表面稍微紧绷就可以了。

步骤图

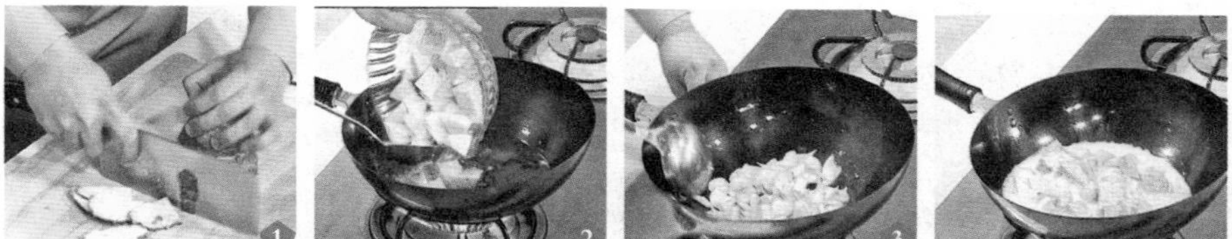

秋季养生明星食材 梨

中医认为，梨味甘、微酸，性寒凉，具有生津止渴、润燥化痰等功效。

梨鲜嫩多汁、酸甜适口，所以又有“天然矿泉水”之称。在秋季气候干燥时，人们常感到皮肤瘙痒、口鼻干燥，梨就是最佳的补水护肤品。梨可生吃，可蒸煮，也可做汤羹，生吃可润六腑，熟吃可滋五脏。

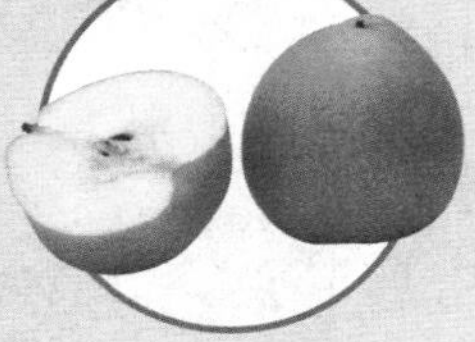

配膳指导

最佳搭配

◎ 梨+冰糖：润肺，解毒。

◎ 梨+蜂蜜：清热化痰，止咳。

◎ 梨+核桃或生姜：清热解毒，止咳化痰。

不宜和禁忌搭配

◎ 梨+胡萝卜：降低营养价值。

◎ 梨+萝卜：诱发甲状腺肿大。

◎ 梨+鹅肉：性味不和，食则伤肾。

◎ 梨+羊肉：阻碍消化，致内热不散。

◎ 梨+螃蟹：伤人肠胃。

◎ 梨+开水：破坏营养，引起腹泻。

清润雪梨鸡片

难易度

原料 鸡胸肉、雪梨、银耳、马蹄、枸杞、豆苗各适量

调料 盐、味精、白糖、白胡椒粉、鸡蛋清、料酒、淀粉、湿淀粉各适量

做法

1. 鸡蛋清打散；鸡胸肉洗净，片成薄片，加少许蛋清、淀粉、盐、白胡椒粉上浆；雪梨去皮除核，切片，放淡盐水中浸泡；银耳泡发，洗净，放沸水中焯烫，捞出；马蹄去皮洗净，切片；枸杞洗净；豆苗洗净，用70℃水焯烫，捞出。
2. 锅内加温水和少许料酒烧开，下鸡片余至八分熟，捞出；再取净锅倒入适量温水烧开，放入银耳、马蹄，加盐、白胡椒粉和白糖调味，加入枸杞，撇净汤面上的浮沫，下入雪梨，用湿淀粉勾芡，迅速搅拌，下入鸡片搅匀，撒入豆苗稍煮。
3. 取大碗，倒入打散的鸡蛋清，将锅中的汤品直接冲入鸡蛋清中（边冲边搅拌）即可。

爱心提醒

1.煮制这道汤的时候要随时撇净汤面上的浮沫，这样汤色才澄清。

2.将烧沸的汤品冲入鸡蛋清中，边冲边搅拌，可使鸡蛋清呈絮状，汤的口感更爽滑。

雪梨橘子鸡块煲 难易度

原料 鸡腿肉250克，雪梨半个，橘子1个，黄瓜片少许

调料 色拉油、盐、味精、白糖、醋、姜各适量

做法 1. 将鸡腿肉洗净，剁块；雪梨洗净，去皮，切滚刀块；橘子剥开，一分为二备用。

2. 炒锅置火上，倒入色拉油烧热，姜爆香，放入鸡块煸炒至变色时，倒入水，放入雪梨、橘子，调入盐、味精、白糖、醋，小火煲15分钟，撒入黄瓜片即可。

小黄瓜梨鲜汁 难易度

原料 梨100克，小黄瓜150克

调料 柠檬汁、蜂蜜各适量

做法 1. 将小黄瓜洗净，切成段。

2. 梨洗净，削皮去核切块，与黄瓜一起放入豆浆机中，加入适量冰水，按下“果蔬汁”键榨成鲜汁，再加入蜂蜜和柠檬汁，搅匀即可。

烩雪梨羹 难易度

原料 黄梨1个，山楂糕适量

调料 白糖、湿淀粉各适量

做法 1. 黄梨去皮、核，切成小丁，待用。

2. 山楂糕切小丁，待用。

3. 锅置火上，加入水，下入白糖，煮至糖化水开时撇去浮沫，放入黄梨丁，用湿淀粉勾芡，起锅盛在汤碗内，撒上山楂糕丁即可。

雪梨番茄汤 难易度

原料 雪梨150克，小番茄100克

调料 冰糖、姜片、盐各适量

做法 1. 将雪梨洗净，去皮，切块；小番茄洗净，一切为二，备用。

2. 炒锅置火上，倒入水，调入冰糖、姜片，烧沸1分钟，放入雪梨，小火煮2分钟，撒入小番茄即可。

秋季养生明星食材 鸭肉

鸭属于水禽，其肉味甘性凉，可补内虚、消热毒、利水道，适用于头痛、阴虚失眠、肺热咳嗽、肾炎水肿、小便不利、低热等症，特别适宜在夏秋的燥热季节食用。

鸭肉营养丰富，其蛋白质和含氮浸出物均比畜肉多，所以肉味尤为鲜美，且老鸭比幼鸭鲜美，野鸭比老鸭更香。

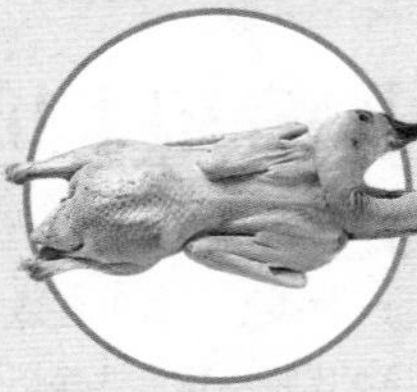

配膳指导

最佳搭配

◎ 鸭肉+山药：健脾，养胃，固肾。

◎ 鸭肉+豆豉：清热除烦。

◎ 鸭肉+酸菜：滋阴养胃，利膈。

不宜和禁忌搭配

◎ 鸭肉+栗子：易引起中毒。

◎ 鸭肉+蒜：功能相克，食则滞气。

◎ 鸭肉+甲鱼：阴盛阳虚，水肿腹泻。

相关人群

◎ 适宜人群：营养不良、病后体虚、低热、水肿者。

◎ 不宜人群：寒性痛经、胃痛、腹泻患者。

土豆老鸭煲 难易度

原料 烤鸭肉250克，土豆200克

调料 色拉油、盐、味精、香葱、姜各适量

做法 1. 将烤鸭肉剁块；土豆洗净，去皮，切块备用。

2. 炒锅置火上，倒入色拉油烧热，姜炝香，放入土豆煸炒片刻，放入烤鸭肉同炒，倒入水，调入盐、味精煲6分钟，撒入香葱即可。

什锦鸭羹 难易度

原料 鸭肉200克，海参2只，火腿、香菇、笋、青豆、口蘑、鱼肚各适量

调料 盐、味精、美极上汤、湿淀粉、清汤、白糖、胡椒粉各适量

做法 1. 主辅料除青豆外全部切成丁，汆水后洗净。

2. 锅内加清汤烧开，放入主辅料，加盐、味精、美极上汤、白糖、胡椒粉调味，用湿淀粉勾芡，盛在汤碗内即可。

双皮老鸭汤

难易度

原料 净老鸭、西瓜皮、薏米、陈皮各适量

调料 植物油、料酒、葱段、姜块、盐、胡椒粉各适量

做法

1. 净老鸭洗净，剁成大小均匀的块；西瓜皮削去绿皮，片去红瓤，洗净，切块；薏米淘洗干净，用清水浸泡。
2. 锅置火上，倒入清水烧沸，淋入适量料酒，放入鸭块氽至水再次沸腾，捞出，沥干水分。
3. 锅置火上，倒入植物油烧热，放入鸭块煸至出油，盛出，用开水再氽一下，捞出，沥干水分。
4. 锅置火上，倒入适量清水，放薏米煮至熟透，放入鸭块、葱段、姜块、陈皮，大火烧沸，放入西瓜皮块，待再次烧沸后转小火煮15分钟，加胡椒粉和盐调味，继续煮5分钟即可。

爱心提醒

① 需要氽水的食材一般开水下锅，氽至水再沸即可。

② 鸭块氽水时加入少许料酒，可以给鸭肉去腥增香。

③ 炖汤的时候一定要先用大火将汤汁烧开，然后转小火熬煮。汤汁大火烧开后可以去掉异味，而小火熬煮能使汤汁更醇香。

④ 鸭块经过两次氽水和一次煸炒，已经基本成熟，待汤汁烧开后再炖上15分钟即可熟透。

步骤图

秋季养生明星食材 牡蛎

经过漫长而炎热的夏季，人们通常身体能量消耗大而进食较少，因而在气温渐低的秋天，就有必要调补一下身体，为寒冬的到来蓄好能量。

秋季是牡蛎非常鲜美的季节，此时的牡蛎处于繁殖期，分泌出一种以葡萄糖为主要成分的乳状液体，因此滋味极为鲜嫩多汁。牡蛎肉富含微量元素锌及牛磺酸等，可以促进胆固醇分解，有助于降低血脂水平，具有极佳的保健功效。

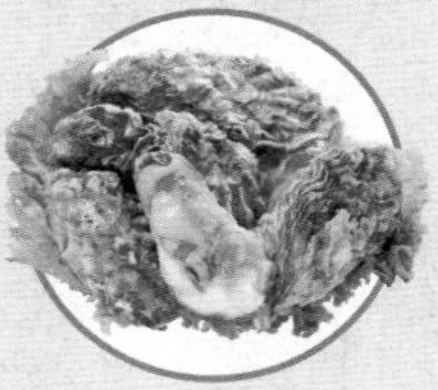

配膳指导

最佳搭配

◎ 牡蛎+菠菜：有助于缓解更年期不适。

◎ 牡蛎+牛奶：强化骨骼及牙齿，促进少年儿童的生长发育。

不宜和禁忌搭配

◎ 牡蛎+芹菜、蚕豆、玉米：影响锌的吸收。

相关人群

◎ 适宜人群：癌症患者、孕妇、妇女更年期综合征者。

◎ 不宜人群：急慢性皮肤病患者，脾胃虚寒、滑精、慢性腹泻、便溏者。

牡蛎白菜汤 难易度

原料 牡蛎肉100克，白菜75克

调料 花生油、盐、味精各适量

做法 1. 将牡蛎肉洗净；白菜取叶，洗净，撕成块备用。

2. 炒锅置火上，倒入花生油烧热，放入白菜煸炒片刻，倒入水，放入牡蛎肉，调入盐、味精，烧沸约1分钟左右即可。

蛎黄炖豆腐 难易度

原料 蛎黄100克，豆腐150克

调料 香菜、葱姜片、花生油、盐、味精、胡椒粉、香油、上汤各适量

做法 1. 蛎黄洗净。

2. 豆腐切2厘米见方的块，香菜切成段。

3. 热锅加油，下葱姜片爆锅，加上汤，放入豆腐块烧开，倒入蛎黄，加盐、味精调味，炖熟，撒香菜段、胡椒粉，淋香油即可。

冬季进补原则

冬季进补应以补肾健身为主，培本固元，增强体质。可以选择补益力较强、针对虚证的补品。只要虚证的诊断结果正确，整个冬季都应坚持进补，必能增强体质，促进健康。

冬季可以服用滋腻的补品，但还是要控制每次的进补量，避免倒胃口，影响正常的饮食和今后的进补。

冬季是老年人容易发病的季节，如恰逢旧病发作或发烧等，进补应暂停，待病情稳定后再结合疾病致虚的情况进补。

冬季进补适用食物

糯米、胡桃肉、羊肉、狗肉、牛肉、鹿肉、虾、猪骨、猪肾、鸽蛋、鹌鹑、鸡肉、黄鳝、海参、鱼鳔、黑豆、黑芝麻、黑米、羊肾、韭菜、萝卜、生姜等。

冬季进补适用中药

冬虫夏草、黄狗肾、海马、旱莲草、人参、鹿茸、补骨脂、益智仁、杜仲、牛膝、山药、何首乌、苁蓉、巴戟天、枸杞子、骨碎补、狗脊、韭子、续断、覆盆子、菟丝子、干姜、辣椒、胡椒、砂仁、草果。

枸杞大枣羊排煲

难易度

原料 羊排500克，枸杞10粒，大枣8颗

调料 色拉油、盐、味精、醋、胡椒粉、葱、香菜各适量

做法

1. 羊排洗净，剁块；枸杞、大枣用温水泡开，洗净。
2. 炒锅置火上，加水，放羊排汆水，捞起备用。
3. 炒锅置火上，倒色拉油油烧热，放入葱爆香，放入羊排略炒，倒入水，放入大枣、枸杞，调入盐、味精、胡椒粉、醋，小火煲30分钟，撒入香菜即可。

冬季养生明星食材 枸杞

枸杞味甘、性平，具有滋补肝肾、养肝明目的功效，尤其适宜冬季进补，可用来入药或泡茶、泡酒、炖汤，如能经常饮用，可起到强身健体的效用。枸杞亦为扶正固本、生精补髓、滋阴补肾、益气安神、强身健体、延缓衰老之良药，对慢性肝炎、中心性视网膜炎、视神经萎缩等疗效显著；对糖尿病、肺结核等也有较好疗效；还可对抗肿瘤、保肝、降压、降血糖，对老年人器官衰退的老化疾病都有很强的改善作用。

相关人群

◎ 适宜人群：癌症、高血压、高脂血症、动脉硬化、慢性肝炎、脂肪肝患者，用眼过度者，老人。

◎ 不宜人群：外感实热、脾虚泄泻者。

枸杞排骨汤 难易度

原料 猪排骨500克，枸杞子25克，生地黄15克

调料 盐5克，酱油10克，味精1克，小葱花10克

做法
1. 枸杞洗净，控干水分。
2. 猪排骨洗净，用肉锤敲一敲，切段备用。
3. 将生地放入砂锅内，加入适量清水煎取药汁，捞去渣子，放入猪排段，置火上煨炖至猪排熟烂，加入葱花、盐、酱油、味精调味即成。

营养功效

补肝益肾，强筋健骨，祛风明目。

杞莲银耳炖雪梨 难易度

原料 莲子、干银耳、雪梨、枸杞各适量

调料 冰糖适量

做法
1.莲子洗净，用清水泡软，去心。银耳用清水泡发，择洗干净，撕成小朵。雪梨洗净，去蒂除核，切成大小均匀的三角块。
2.砂锅中倒入开水，置火上，放入莲子、银耳、雪梨、枸杞、冰糖煮开，送入烧开的蒸锅中蒸2小时即可。

高手支招

·莲子去皮和心的方法·

莲子洗净，放入加有食碱的沸水中煮5~10分钟，关火，盖上锅盖闷一会儿，然后取出莲子，迅速放在手心里用力揉搓，莲子皮很快就会脱落，用针或牙签可以轻松地把莲心捅掉。

营养功效

莲子具有益肺、养心等多重功效；梨清肺化痰的效果显著；银耳能强心、润肺，对肺热咳嗽可起到一定的辅助调养作用；冰糖能润肺，适宜肺燥咳嗽的人食用。

冬季养生明星食材 萝卜

俗话说“冬吃萝卜夏吃姜”，“萝卜上市，郎中下岗。”萝卜是很多家庭冬季餐桌上不可缺少的菜肴。萝卜性清凉，有一定的润肺止咳功效，冬季时天气干燥，室内又多有取暖设施，人们常常会出现燥热痰多、肺部不适等症状，得法地吃一些萝卜，可得到辅助治疗。另外，冬季人们往往吃肉较多，吃肉则易生痰，易上火。在吃肉的时候搭配一点萝卜，或者做一些以萝卜为配料的菜，不但不会上火，更会起到很好的营养滋补作用。

配膳指导

最佳搭配

◎ 萝卜+金针菇：清肺化痰，益智健脑。

◎ 萝卜+豆腐：促进营养素吸收。

◎ 萝卜+猪肉：消食，化痰，顺气。

◎ 萝卜+鸡肉：营养更均衡。

不宜和禁忌搭配

◎ 萝卜+苹果、橘子、梨：易诱发甲状腺肿大。

◎ 萝卜+木耳：易引起皮炎。

◎ 萝卜+人参：一破一补，使人参失去营养价值。

相关人群

◎ 适宜人群：一般人群均可食用，最适宜高脂血症、动脉硬化、胸闷胀气者食用。

◎ 不宜人群：胃及十二指肠溃疡、慢性胃炎、单纯性甲状腺肿、先兆流产、子宫脱垂者不宜食用。脾胃虚寒者不宜多食。服用人参、西洋参者禁食萝卜。

清炖萝卜牛肉 难易度

原料 牛肉、白萝卜各适量

调料 料酒、盐、葱、姜各适量

做法 1. 牛肉洗净，切成块，白萝卜切同样大小的块。

2. 起油锅烧热，倒入牛肉煸炒，烹入料酒，炒出香味，盛起待用。

3. 砂锅中加适量热水，放入葱、姜、料酒烧沸，加入牛肉煮20分钟，转为小火炖至牛肉熟烂，加盐调味，放入白萝卜块炖至入味即成。

香菇萝卜汤 难易度

原料 白萝卜150克，水发香菇80克，豌豆苗50克

调料 料酒、胡椒粉、盐、味精、清汤各适量

做法 1. 白萝卜洗净，切细丝，焯至八成熟，捞碗内；豌豆苗洗净，稍焯捞出；香菇洗净，切成丝。

2. 锅内加清汤、料酒、盐、味精，烧沸后撇净浮沫，将白萝卜丝、香菇丝分别下锅，烫一下捞出，放在汤碗内。汤继续烧沸，撒入豌豆苗，起锅浇在汤碗内，撒上胡椒粉即成。

冬季养生明星食材 生姜

冬季吃些生姜对身体是有好处的，例如冬季吃生姜可以祛寒、促使血液循环，以达到使身体发热的功效；如果因为冬季天气寒冷、人体抵抗力下降而感染病菌，那么吃些生姜能帮助杀菌，使人体更快恢复健康的状态；冬季吃生姜还能促使人们的食欲大增，吃的饱身体才会更暖和，才能增强身体的抵抗力。

烂姜、冻姜不要吃，因为姜变质后会产生致癌物。姜不宜一次吃得过多，以免吸收大量姜辣素，在经肾脏排泄过程中刺激肾脏，并产生口干、咽痛、便秘等上火症状。

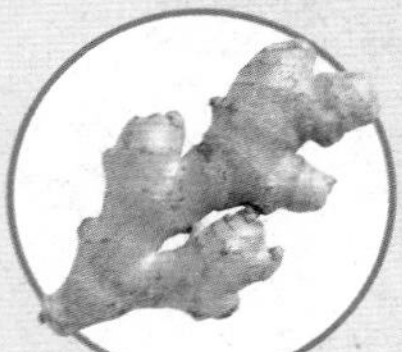

配膳指导

最佳搭配

◎ 生姜+猕猴桃：同榨汁饮服可清胃止呕。

◎ 生姜+莲藕：清热生津，凉血止血。

◎ 生姜+羊肉：温阳散寒。

◎ 生姜+甲鱼：滋阴补肾，填精补髓。

◎ 生姜+牛奶：牛奶加入生姜煮沸后饮用可止吐。

◎ 生姜+红糖：祛寒。

不宜和禁忌搭配

◎ 生姜+兔肉：易导致腹泻。

◎ 生姜+牛肉：发热动火，引起口疮等。

◎ 生姜+狗肉：易导致腹痛。

相关人群

◎ 适宜人群：伤风感冒、寒性痛经、晕车晕船者。

◎ 不宜人群：阴虚内热及邪热亢盛者。

鲜姜橘子汁 难易度

原料 橘子2个，鲜姜50克，苹果100克

做法 1. 将鲜姜、橘子去皮，切成小块。苹果去皮及核，切成小块。

2. 将所有原料一起放入豆浆机中，加适量凉饮用水，按下“果蔬汁”键榨汁后，倒入杯中，加以装饰即可。

苹果鲜姜汁 难易度

原料 苹果、胡萝卜各200克，生姜100克

调料 蜂蜜适量

做法 1. 将胡萝卜、生姜洗净，切小块。

2. 苹果削皮去核，切小块，备用。

3. 将苹果块与胡萝卜、生姜一起放入豆浆机中，加适量凉饮用水，按下“果蔬汁”键榨汁，加入蜂蜜拌匀即可。

冬季养生明星食材 羊肉

寒冬腊月正是吃羊肉的最佳季节。在冬季，人体的阳气潜藏于体内，身体容易出现手足冰冷、气血循环不良的情况。按中医的说法，羊肉味甘而不腻，性温而不燥，具有补肾壮阳、暖中祛寒、温补气血、开胃健脾、补阴虚、壮肾阳、增精血的功效，所以冬天吃羊肉，既能抵御风寒，又可滋补身体，实在是一举两得的美事。

需注意的是，发热病人慎食羊肉；水肿、骨蒸、疟疾、外感、牙痛及一切热性病证者禁食羊肉。红酒和羊肉一起食用后会产生化学反应，因此吃羊肉时最好不要喝红酒。

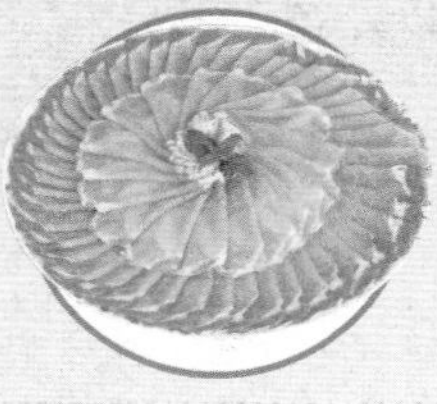

配膳指导

最佳搭配

◎ 羊肉+生姜：温阳散寒。

◎ 羊肉+香菜：固肾壮阳，开胃健力。

◎ 羊肉+杏仁：温补肺气，止咳。

◎ 羊肉+当归：补虚养血。

◎ 羊肉+米酒：温中散寒。

◎ 羊肉+鸡蛋：滋补营养。

不宜和禁忌搭配

◎ 羊肉+西瓜：伤元气。

◎ 羊肉+梨：阻碍消化，致腹内胀痛、内热不散。

◎ 羊肉+茶：易导致便秘。

◎ 羊肉+竹笋：可能引起中毒。

相关人群

◎ 适宜人群：胃寒、气血两虚、体虚、骨质疏松者。

◎ 不宜人群：高血压、感冒、肠炎、痢疾患者。

冬瓜羊排煲 难易度

原料 羊排400克，冬瓜150克，枸杞10粒

调料 色拉油、盐、味精、胡椒粒、葱、花椒、川椒、鸡精、香菜、香葱、老醋各适量

做法 1. 冬瓜处理干净，切块；枸杞泡开备用。

2. 羊排洗净剁块，放入开水锅中汆去血色，冲净。

3. 净锅倒油烧热，爆香葱、花椒、川椒，放入羊排煸炒3分钟，加水，调味，放入枸杞、冬瓜煲25分钟，撒入香葱、香菜即可。

羊肉粉皮山药煲 难易度

原料 羊肉200克，山药100克，粉皮30克

调料 花生油、盐、味精、胡椒粉、醋、香菜、葱各适量

做法 1. 将羊肉洗净，切片；山药去皮，洗净，切成片；粉皮泡软，撕成小块备用。

2. 炒锅置火上，倒入花生油烧热，葱爆香，放入羊肉煸炒至熟，放入山药翻炒片刻，倒入水，放入粉皮，调入盐、味精、胡椒粉、醋，小火煲3分钟，撒入香菜即可。

羊肉酸菜冬笋煲

难易度

原料 羊肉200克，东北酸菜180克，冬笋30克

调料 色拉油、盐、味精、胡椒粉、葱各适量

做法 1. 将羊肉洗净，切片；东北酸菜片成片；冬笋洗净，切片备用。

2. 炒锅置火上，倒入色拉油烧热，葱爆香，放入羊肉煸炒片刻，放入东北酸菜、冬笋同炒1分钟，倒入水，调入盐、味精、胡椒粉煲10分钟即可。

生姜炖羊肉

难易度

原料 羊肉、草菇、竹笋各适量

调料 生姜、香菜末、盐、味精、胡椒粉、香油各适量

做法 1. 羊肉去净筋膜，洗净，切成滚刀块，放入沸水中汆烫去血水。生姜洗净，切块。草菇去蒂，洗净。竹笋洗净，切片。

2. 锅置火上，倒入适量清水，放入羊肉、生姜、草菇、竹笋，大火烧开，转小火炖50分钟至羊肉软烂，用盐、味精和胡椒粉调味，淋入香油，撒上香菜末即可。

爱心提醒

① 炖羊肉时加入些生姜、橘子皮或醋，可使羊肉炖得软烂，且没有腥膻味。

② 羊腩肉适合做馅；羊里脊肉适合炒制；羊腿肉肥瘦相间，最适合烧和炖。

步骤图

山药羊肉汤 难易度

原料 山药150克，羊肉100克，枸杞10粒

调料 色拉油、盐、味精、醋、胡椒粉、香菜、葱各适量

做法 1. 将羊肉洗净，切片；山药去皮，洗净，切滚刀块；枸杞洗净备用。

2. 炒锅置火上，倒入色拉油烧热，葱炒香，放入羊肉煸炒至变色时，放入山药略炒，倒入水，调入盐、味精、枸杞、胡椒粉、醋，撒入香菜即可。

番茄羊肉汤 难易度

原料 羊肉100克，番茄75克，香菜20克

调料 色拉油、盐、味精、白糖、香油、葱各适量

做法 1. 将羊肉洗净，切片；番茄洗净，切片；香菜择洗干净，切段备用。

2. 炒锅置火上，倒入色拉油烧热，葱炝香，放入羊肉煸炒至熟，放入番茄翻炒片刻，倒入水，调入盐、味精、白糖烧沸，淋入香油，撒入香菜段即可。

麻辣羊骨煲 难易度

原料 羊脖骨500克

调料 色拉油、盐、味精、葱、花椒、川椒、香菜各适量

做法 1. 将羊脖骨洗净，剁块，汆水备用。

2. 炒锅置火上，倒入色拉油烧热，花椒、川椒、葱爆香，放入羊脖骨翻炒片刻，倒入水，调入盐、味精，小火煲熟入味，撒入香菜即可。

金针羊杂汤 难易度

原料 羊杂200克，金针菇50克

调料 色拉油、盐、味精、小米椒、剁椒、胡椒粉、香葱、香菜、香油、醋各适量

做法 1. 将羊杂洗净，汆水；金针菇洗净，切段备用。

2. 炒锅倒油烧热，放入小米椒、剁椒煸至变色，加水，放入金针菇，调味，炖熟后停火，调入胡椒粉、醋，撒入香葱、香菜、香油即可。

冬季养生明星食材 猪骨

我们经常食用的猪骨有排骨、脊骨和腿骨。

猪骨性温，味甘、咸，入脾、胃经，有补脾气、润肠胃、生津液、丰肌体、泽皮肤、补中益气、养血健骨的功效。猪骨除含蛋白质、脂肪、维生素外，还含有大量磷酸钙、骨胶原、骨黏蛋白等，煮汤喝能壮腰膝、益力气、补虚损、强筋骨。

冬季是喝汤的好时节，多喝排骨搭配其他食材炖制的汤，更是一个好的选择。猪骨加入冬瓜、海带或者莲藕炖汤，还能起到清热、补气的作用，体虚力乏、腰酸腿疼的人尤其适合。

配膳指导

最佳搭配

◎ 猪骨+蒜：加强维生素B_1及各种营养素的吸收。

◎ 猪骨+南瓜：增加营养价值，降血糖。

◎ 猪骨+白菜：滋阴，润燥，补血。

◎ 猪骨+萝卜：健脾化痰，醒酒，消食，除胀。

◎ 猪骨+芋头：健脾止泻，滋补保健。

◎ 猪骨+蘑菇：加强营养素吸收。

◎ 猪骨+香菇：均衡营养，健身强体。

◎ 猪骨+竹笋：清热化痰，解渴益气。

◎ 猪骨+海带：祛湿，止痒。

不宜和禁忌搭配

◎ 猪骨+百合、鲫鱼：易致中毒。

◎ 猪骨+牛肉：功效相抵。

◎ 猪骨+虾：耗人阴精。

◎ 猪骨+杏仁或驴肉或田螺：易引起腹痛。

滋补大排

难易度

原料 猪排骨、脊骨各适量

调料 红枣、熟地、高汤、川芎、党参、黄芪、肉桂、陈皮、甘草、玉竹、枸杞、米酒、盐各适量

做法

1. 猪排骨、脊骨用开水氽烫，冲冷水洗去浮油，加入高汤和水熬煮。
2. 把川芎、党参、黄芪、肉桂、陈皮、甘草、玉竹用纱布包成香料包。
3. 将香料包、红枣、枸杞、熟地和猪排骨、脊骨一同放入锅中，熬制1～2 小时至香味逸出，加入米酒，再煮约 30 分钟后加盐调味，出锅即可。

排骨白菜粉皮煲

难易度

原料 猪肋排250克，白菜叶50克，粉皮20克

调料 素油、盐、味精、白糖、葱、姜、八角、酱油各适量

做法

1. 将猪肋排洗净，剁块；白菜叶洗净，撕成小块；粉皮泡软，撕成小块备用。
2. 炒锅置火上，倒入水，放入猪肋排氽去血色，捞起冲净备用。
3. 净锅置火上，倒油烧热，葱、姜、八角爆香，放入猪肋排煸炒1分钟，放入白菜叶略炒，倒入水，调入盐、味精、白糖、酱油，小火煲20分钟，放入粉皮煲2分钟即可。

土豆煲排骨 难易度

原料 猪肋排350克，土豆250克

调料 色拉油、盐、味精、葱、姜、八角、酱油、蚝油、香菜、香油、白糖各适量

做法 1. 将猪肋排洗净，剁块；土豆去皮，洗净，切滚刀块备用。

2. 炒锅置火上，倒入水，放入猪肋排氽水，捞起冲净备用。

3. 净锅置火上，倒入色拉油烧热，葱、姜、八角爆香，烹入酱油，放入猪肋排煸炒2分钟，放入土豆翻炒片刻，倒入水，调入盐、味精、蚝油、白糖，小火煲20分钟，撒入香菜，淋入香油即可。

冬笋筒骨煲 难易度

原料 猪筒骨250克，冬笋100克，油菜心180克

调料 盐、味精、浓汤、鸡汁、金华砂锅香料各适量

做法 1. 将猪筒骨斩为两段，入高压锅压15分钟，取出待用；油菜、冬笋均洗净，切段备用。

2. 砂锅中加浓汤、鸡汁、金华砂锅香料，入盐、味精调味，放入筒骨、冬笋煲熟，离火，放入油菜心稍烫即可。

大豆排骨汤 难易度

原料 排骨、大豆各适量

调料 盐、白糖、黄酒、酱油、姜片、清汤各适量

做法 1. 大豆洗净，控干，用小火干炒至熟。

2. 猪排骨治净，剁成3厘米长的段，入沸水锅氽水，捞出后再用冷水洗净。

3. 砂锅置火上，加入清汤，放入大豆、排骨、姜片，调入黄酒、酱油、白糖，大火烧开后撇去浮沫，改小火炖2小时至大豆、排骨酥烂，用盐调味即可。

冬季养生明星食材 鸡肉

中医认为鸡肉具有温中益气、补精填髓、益五脏、补虚损的功效，可用于脾胃气虚、阳虚引起的乏力、胃脘隐痛、浮肿、产后乳少、虚弱头晕的调补。常言道："逢九一只鸡，来年好身体"，即是说冬季人体对能量与营养的需求较多，经常吃鸡进行滋补，不仅可以更好地抵御寒冷，而且可以为来年的健康打下坚实的基础。

冬季是感冒流行的季节，对健康人而言，多喝些鸡汤可提高自身免疫力，将流感病毒拒之门外；对于那些已被流感病毒"俘虏"的患者而言，多喝点鸡汤有助于缓解感冒引起的鼻塞、咳嗽等症状。

配膳指导

最佳搭配

◎ 鸡肉+栗子：健脾补血。
◎ 鸡肉+竹笋：营养更全面、均衡。
◎ 鸡肉+木耳、金针菇：益气养胃，补精填髓。
◎ 鸡肉+人参：补精填髓，活血调经。
◎ 鸡肉+海参：益气润燥，补血健脑。
◎ 鸡肉+菜花：利五脏，益气，壮骨。
◎ 鸡肉+油菜：保肝，护肤美容。
◎ 鸡肉+冬瓜：补中益气，消肿轻身。
◎ 鸡肉+丝瓜：清热利肠。
◎ 鸡肉+萝卜：营养更全面。

不宜和禁忌搭配

◎ 鸡肉+糯米：易引起胃胀、消化不良。
◎ 鸡肉+兔肉：引起腹泻。
◎ 鸡肉+鲫鱼、鲤鱼：致生痈疮。
◎ 鸡肉+李子：引起痢疾。

鸡块煲牛蒡 难易度

原料 鸡腿250克，牛蒡200克

调料 花生油、盐、味精、酱油、葱、姜、蒜、香菜各适量

做法 1. 将鸡腿洗净，剁块；牛蒡去皮，洗净，切滚刀块备用。

2. 炒锅置火上，倒入花生油烧热，葱、姜、蒜炝香，放入鸡块煸炒片刻，烹入酱油，再放入牛蒡略炒，倒入水，调入盐、味精，小火煲15分钟，撒入香菜即可。

冬笋鸡块煲 难易度

原料 鸡腿肉250克，冬笋50克

调料 色拉油、盐、味精、葱、姜、香葱、料酒各适量

做法 1. 将鸡腿肉洗净，剁块；冬笋洗净，切片备用。

2. 炒锅置火上，倒入水，放入鸡块，氽去血色，捞起冲净备用。

3. 净锅置火上，倒入色拉油烧热，葱、姜爆香，烹入料酒，放入鸡块煸炒至变色时，放入冬笋略炒，倒入水，调入盐，小火煲15分钟，调入味精，撒入香葱即可。

冬虫夏草炖小鸡 难易度

原料 小鸡300克，冬虫夏草30克，枸杞10克，大枣50克

调料 盐、味精、料酒、胡椒粉、香菜末、葱段、姜块、清汤各适量

做法 1. 小鸡处理干净，冬虫夏草用温水泡一下。

2. 锅中加清汤，放入冬虫夏草、葱段、姜块、枸杞、大枣、小鸡，中火烧开后转小火炖至鸡熟烂，拣出葱、姜不要，加盐、味精、料酒、胡椒粉调味，撒香菜末即可。

小鸡炖松蘑 难易度

原料 干松蘑150克，小公鸡250克，粉皮100克

调料 八角、葱、姜、酱油、盐、味精、香菜段、香油、鲜汤、料酒各适量

做法 1. 干松蘑用清水泡发，拣去杂质，用清水洗净。

2. 小公鸡斩件备用。粉皮泡软，撕成大块。

3. 锅入油烧热，下八角、葱、姜爆香，放小公鸡煸炒，烹入料酒、酱油，加鲜汤，放入松蘑炖15分钟，加入粉皮稍煮，用盐、味精调味，出锅时撒上香菜段，淋上香油，装入汤碗即可。

小白菜鸡丸汤 难易度

原料 小白菜150克，鸡肉300克

调料 高汤、盐、味精、香油各适量

做法 1. 鸡肉洗净，剁成泥，制成丸子，入沸水锅中氽熟，捞出沥净水分。小白菜洗净，撕成块备用。

2. 炒锅置火上，倒入高汤烧开，下入鸡丸、小白菜块，调入盐、味精烧沸，淋香油即可。

酸菜鸡丸汤 难易度

原料 东北酸菜150克，鸡肉丸50克

调料 色拉油、盐、味精、葱、姜、香油各适量

做法 1. 将东北酸菜洗净，切丝；鸡肉丸备用。

2. 炒锅置火上，倒入色拉油烧热，葱、姜炝香，放入东北酸菜煸炒片刻，再放入鸡肉丸同炒，倒入水，调入盐、味精，烧沸至入味，淋入香油即可。

冬季养生明星食材 牛肉

牛肉含有丰富的蛋白质，氨基酸组成比猪肉更接近人体需要，能提高机体抗病能力，对生长发育及手术后、病后调养的人在补充失血、修复组织等方面特别适宜。寒冬食牛肉，有暖胃作用，为寒冬补益佳品。中医认为，牛肉有补中益气、滋养脾胃、强健筋骨、化痰熄风、止渴止涎的功效。适用于中气下陷、气短体虚，筋骨酸软、贫血久病及面黄目眩之人食用。

配膳指导

最佳搭配

◎ 牛肉+洋葱、葱：功效互补，促进营养素吸收。

◎ 牛肉+白萝卜：清热解毒。

◎ 牛肉+芹菜：健脾，利尿，降压。

◎ 牛肉+芋头：补中益气，通便。

◎ 牛肉+鸡蛋：滋补身体，抗衰老。

◎ 牛肉+仙人掌：治溃疡，补脾胃，益气血。

不宜和禁忌搭配

◎ 牛肉+栗子：降低营养价值，引起呕吐。

◎ 牛肉+韭菜、生姜：发热助火，易引发口疮。

相关人群

◎ 适宜人群：贫血、体虚无力、头晕目眩者。

◎ 不宜人群：过敏、肾炎、痔疮患者及内热盛者。

金橘炖牛腩

难易度

原料 牛腩、金橘、山楂、莲藕各适量

调料 香菜叶、葱花、姜片、番茄酱、料酒、盐、胡椒粉、白糖、植物油各适量

做法

1. 牛腩洗净，切大块；金橘洗净，一切两半；山楂洗净；莲藕去皮，洗净，切片。
2. 锅置火上烧热，倒入适量植物油，加葱花和姜片炒香，淋入料酒，放入牛肉块煸炒至变色，倒入山楂、番茄酱、藕片煸出香味，注入适量热水大火烧沸，撇净浮沫，转小火炖20分钟，放入金橘，加盐、胡椒粉、白糖调味，用小火再炖20分钟，撒上香菜叶即可。

爱心提醒

① 可以用番茄代替番茄酱。

② 炖这道菜要加热水，不宜加凉水，否则会加重牛腩的腥味。锅中汤水烧开后要撇净浮沫，不但可以去除牛腩的腥味，还能将煸出的油脂一起撇掉。

冬季养生明星食材 虫草

冬季是人体阳气内藏、阴精固守、储存能量的阶段，对于身体虚弱的人来说是进补的最佳时节。冬虫夏草可以益肾壮阳、养阴益精，是阴阳并补之佳品，对肾虚阳痿、腰膝酸疼等人群有很好的保健功效。在严冬之际，冬虫夏草能够帮你滋阴补肾，预防因肾气不足而导致的疾病。

配膳指导

最佳搭配

◎ 虫草+淫羊藿：治疗阳痿遗精。

◎ 虫草+胡桃肉：治疗久咳虚喘。

◎ 虫草+鸡肉、鸭肉、猪肉：治疗病后体虚。

相关人群

◎ 适宜人群：各类肝病、肾病患者，心衰、阳痿、红斑狼疮、脉管炎、前列腺炎患者，免疫力低下者。

◎ 不宜人群：儿童、孕妇、哺乳期妇女、感冒发烧、脑出血人群、有实火或邪盛者。

龙眼虫草炖鲍参

难易度

原料 龙眼30克，冬虫夏草3克，鲍鱼肉25克，海参50克，香菇60克

调料 白酒、料酒、盐、上汤各适量

做法 1. 香菇发透，切去根，洗净，一切两半。

2. 龙眼取肉，洗净。海参发透后洗净，切条。

3. 虫草用白酒浸泡，洗净。鲍鱼肉洗净，切片。

4. 所有处理好的原料同放炖锅内，加入料酒、盐、上汤，武火烧沸后改文火炖熟即成。

营养功效

益肾补肺，养血润燥，止血化痰。

步骤图

冬季养生明星食材 海参

海参性温，味甘咸，是高蛋白食物，能够延缓衰老、增强免疫力，有滋阴补肾、养血润燥等功效，对高血压、心血管疾病、肝炎、糖尿病，特别是处于亚健康状态的人群有极好的保健作用，堪称食疗佳品。冬季天气冷，人体抵抗力下降，特别是老年人，更容易生病。海参体内含有50多种天然珍贵的活性物质，以及丰富的维生素和人体所需的各种矿物质，常吃海参可以增加抵抗力、预防感冒、抗疲劳。

将发制好的海参直接食用，或炖鸡汤，或加蜂蜜水，既不破坏海参的营养，又有助于人体吸收。

配膳指导

最佳搭配

◎ 海参+菠菜：补铁补血，生津润燥。

◎ 海参+竹笋：滋阴养血，清热润燥。

◎ 海参+大葱：益气补肾。

◎ 海参+豆腐：健脑益智，生肌健体。

◎ 海参+鸭肉、鸡肉：补元气，补血健脑。

不宜和禁忌搭配

◎ 海参+葡萄、石榴、柿子：易致腹痛、恶心。

◎ 海参+醋：蛋白质凝结紧缩，影响口味。

相关人群

◎ 适宜人群：一般人群均可食用，尤其适宜高血压、冠心病、肝炎、肾炎、糖尿病患者食用。

◎ 不宜人群：感冒未愈、腹泻便溏、肥胖者不宜食用。

海参豆腐羹 难易度

原料 水发海参、火腿片各60克，嫩豆腐100克，青豆50克

调料 葱、姜、盐、香油、花生油、料酒、湿淀粉、高汤、胡椒粉各适量

做法
1. 海参切丝，与葱、姜一同放入锅中煮沸，捞出用清水浸凉；嫩豆腐切条，放入沸水锅中氽一下捞出；青豆放入锅中煲熟，火腿片切成丝。
2. 将锅置火上，注入花生油烧热，烹入料酒，加入高汤、海参丝烧沸，再煮片刻，下入盐，用湿淀粉勾薄芡，放入青豆、火腿丝、豆腐条，烧沸后加入香油和少许胡椒粉即成。

海参首乌红枣汤 难易度

原料 海参60克，何首乌25克，红枣4枚

调料 盐适量

做法
1. 将海参泡发，洗净，切块。红枣去核。
2. 将海参、红枣、何首乌同放炖盅内，加适量水，隔水文火炖约2小时，加盐调味即可。

营养功效

适用于治疗阴亏血少、形瘦乏力、头晕耳鸣、皮肤毛发干枯无华。

Part 4

98道爱意浓浓的全家养生汤

98DAO AIYINONGNONG DE QUANJIAYANGSHENGTANG

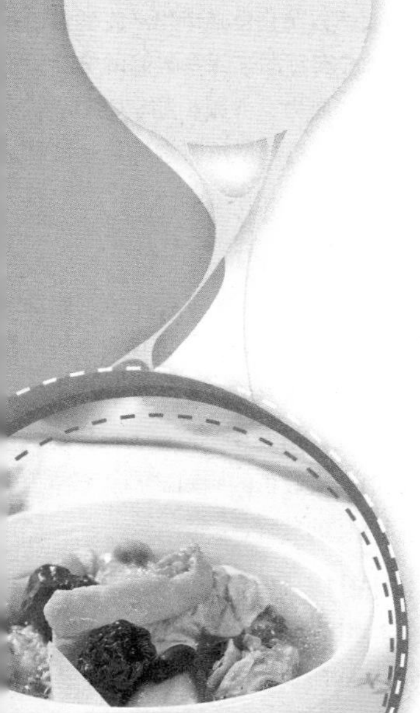

老年人、孕妇、产妇、儿童，他们是家里需要特别呵护的成员，您怎样照顾他们？本章教给您煲各种营养美味的养生汤，帮助他们拥有健康的体魄，愉悦的心情。

老年人的生理特点

1. 代谢与能量消耗改变

据测定，人从出生后，组织耗氧与基础代谢就不断下降。与中年人比较，老年人要降低10%～20%；同时老年人体力活动量相对减少，使总能量代谢明显改变。代谢率的降低，常需一个调节控制的适应期，以维持代谢的平衡。这种调控的失衡，会使体脂含量的比例增高，或者即使减食也不能控制体重的增长。

2. 细胞功能下降

随着年龄增长，体内合成代谢减弱，分解代谢相对增强，以致合成与分解代谢失去平衡，引起细胞功能下降，体成分改变，体脂逐渐增加，出现肌肉萎缩，体内水分减少等改变，对葡萄糖、脂类代谢能力都明显下降；骨骼成分改变，骨密度降低，尤以绝经期妇女骨质减少最明显。已知有众多因素影响，其中膳食营养作用也是非常主要的，如蛋白质过高、低磷、低维生素D都影响着钙的代谢。

3. 器官功能减弱

内脏器官功能随年龄增高而有不同程度的下降。老年人中牙齿疾患较为普遍，严重影响咀嚼功能；味蕾萎缩常影响着甜与咸两种味觉，从而使食欲发生改变；胃肠道消化液分泌减少，消化酶活力下降，导致营养吸收能力降低；肠蠕动减慢，极易发生便秘。肝脏实质细胞数目减少，肝脏功能改变，使老年人在长时间负荷时引起低血糖以及老年人低蛋白血症。肾脏组织结构的改变，如肾单位的萎缩，酶活力下降，常使肾功能有所下降，高蛋白易引起尿毒症；肾羟化25～(OH)D3的能力降低，而增加了对维生素D的需要。

4. 内分泌功能改变

老年人脑下垂体功能的改变最明显是表现在影响基础代谢，使之降低。老年人甲状腺也可能有萎缩，这也是降低代谢率的因素之一。此外糖尿病、肥胖等也无不与激素改变有关。

老年人膳食“金字塔”

1. 保证充足的水分

原有膳食“金字塔”的底部由占份额最大的谷物组成，包括玉米、米饭、面包和面条等。现今，“金字塔”的基底部以8个份额的水、果汁或汤组成，与谷类粮食仅占6个份额的上一层相比，水分占的位置更为重要。因为老年人的生理特点是即使口渴对水分的要求也不如年轻人那样明显，时常有体内缺水的危险。新的膳食“金字塔”强调老年人需多饮水，以防止大便秘结和机体缺少水分。

2. 保证充足的特需营养物质

老年人活动量与食入量日渐减少，为了保持老年人的体重和健康状态，要求每日必须提供充足的特需营养物质，例如提供抗氧化物质，以防止伴随老年产生的自由基损害；提供足够的维生素D和钙质来保持骨骼的健壮；提供丰富的叶酸来维护充沛的脑力，并减少脑卒中和心脏病的发生；补充维生素B能帮助机体维持正常神经功能并减少痴呆的发生。

3. 保证高纤维素的摄入

在新的膳食“金字塔”中，几乎每层都尽可能加入纤维素的象征性标志。多吃全谷类粗粮，选择糙米而不是精米，多吃胡萝卜、橘子而不仅是喝胡萝卜汁和橘子汁，每周至少两次吃豆荚类食物，用大豆、扁豆来代替肉类食品。这些高纤维食物同时含有较低的胆固醇，从而减少了老年人患心血管疾病和癌症的危险性。

4. 限制油脂和甜食的摄入

和传统膳食“金字塔”相同的是，其顶尖部分是份额最小并提倡限制的脂肪和甜食的摄入，如油类、蛋糕、饼干、快餐和各种小吃。这些食品热量高但营养物质不均衡，老年人不宜多吃。摄入蛋白质要注意相互搭配，如谷类、豆类、瘦肉、蛋禽的相互搭配以减少饱和脂肪酸和胆固醇的摄入，从而做到平衡膳食。

大多数营养学家认为，维生素的补充不能取代健康食物，如每日一杯牛奶是钙、钾和维生素B_{12}最好的来源。

老年人饮食原则

1. 减少胆固醇的摄入量。
2. 限制总能量摄入。
3. 限制脂肪的总摄入量。
4. 注意蛋白质的供应。
5. 选择容易消化的食物。
6. 粮、豆或米、面混食为宜，多食粗粮。
7. 提倡营养全面而均衡。

老年人进补禁忌

1. 进补应有针对性，不无故进补。
2. 补勿过度，过犹不及。
3. 服用某些补品时，需注意忌口。
4. 药食之间有禁忌，搭配要合理。
5. 忌过于滋腻厚味。
6. 忌在患外感病时进补。

老年人养生推荐食物

鸽肉、蛋、鹌鹑、金针菇、母鸡、野鸡、鳗鱼、泥鳅、西洋参、南瓜、木耳、豆腐、枸杞、核桃。

元蘑炖山鸡

难易度

原料 山母鸡1只，元蘑300克，油菜100克

调料 熟猪油、米醋、盐、姜、酱油、葱、花椒面、香油各适量

做法

1. 山鸡治净，除去内脏，洗去血污，剁成块，装盘，加少许酱油。油菜切一字块，葱切段，鲜姜、葱段去皮拍松。
2. 元蘑挑净杂质，去除菌根后装盘，加开水浸泡1～2小时，待完全回软后用温水漂洗两遍，再放入冷水浸泡后取出，撇去浮水，将粗长的菌根改成段，厚大的菌伞切成不规则的片。
3. 炒锅置火上烧热，加熟猪油烧至五成热，放入鸡块煸炒出爆炸声，放少许花椒面翻炒，烹酱油着色，加米醋、盐、葱段、姜块，加入清汤，放入元蘑，待汤汁超过主料3.5厘米时为好，烧开后移慢火上炖至汤汁量多少适宜，加香油，取出葱姜块不要，装汤盘即成。

老年人养生明星食材　母鸡

母鸡可养血健脾，更适合阴虚、气虚的人。比起公鸡来，母鸡肉更加老少咸宜，尤其适合体质虚弱的老年人。公鸡可壮阳补气，温补作用较强，对于肾阳不足所致小便频密、精少精冷等有很好的辅助疗效，比较适合青壮年男性食用。

在吃法上，母鸡一般用来炖汤，而公鸡适合快炒。因为母鸡肉脂肪较多，肉中的营养素易溶于汤中，炖出来的鸡汤味道更鲜美。公鸡则肉质较为紧致，很难熬出浓汤，要旺火快炒，保持其鲜嫩的滋味。

烹饪技巧

鸡肉去腥味的窍门

◎ 啤酒法：将宰杀好的鸡放在加有盐和胡椒的啤酒中浸泡1个小时，即可除去腥味。

◎ 酱油法：将鸡肉放入加有少量酒或姜、蒜的酱油里浸泡10分钟左右，腥味即可去除。

◎ 水汆法：炖鸡前，把切好的鸡块放冷水锅中烧开，片刻即捞出鸡块，将锅中的水全部倒掉，换新水再放入鸡块，置火上炖煮，并加调料，这样炖出的鸡醇香无腥味。

竹笋炖土鸡 难易度

原料 净土鸡（母鸡）、竹笋、草菇、火腿各适量

调料 盐、胡椒粉、植物油各适量

做法
1. 土鸡剁块，剔除肥油，洗净；竹笋择洗干净，切块；草菇去蒂，洗净，一切两半；火腿切片。
2. 锅置火上，倒入适量植物油烧至温热，放入鸡块煸炒至吐油且色泽金黄，浸入热水盆中去除多余油脂，立即捞出。锅置火上，倒入适量清水烧沸，放入竹笋和草菇焯至水沸，捞出。
3. 取盘，放入草菇、竹笋、火腿片、鸡块，加盐和胡椒粉，淋入适量清水，用锡纸包住盘口，送入烧开的蒸锅蒸30分钟，取出，揭去锡纸即可食用。

爱心提醒

1. 这道竹笋炖土鸡突出的是竹笋的清香，所以选择了味道同样比较清淡的草菇，才不会把竹笋的鲜香味压下去。不建议用香菇。

2. 烹调时加入火腿，可增加菜肴的香味。

高手支招

1.如果没有锡纸，可用一个带盖的盛器，找一张荷叶或保鲜纸盖住盛器口，用绳子系牢即可。

2.竹笋含有草酸，会影响鸡肉中钙质的吸收，所以要用开水焯烫一下，以去除草酸。

步骤图

老年人养生明星食材 金针菇

金针菇的维生素和蛋白质含量都很高，含有18种氨基酸，其中有8种是人体必需的。氨基酸总量占金针菇干重的20%左右，其中的赖氨酸特别有利于骨骼健康，富含的精氨酸有防治肝脏疾病和胃溃疡的功效。其所含的一种蛋白质可以帮助预防老年人常患的哮喘、鼻炎、湿疹等过敏症，提高机体免疫力，甚至能对抗病毒性感染及癌症，特别适宜老年人食用。

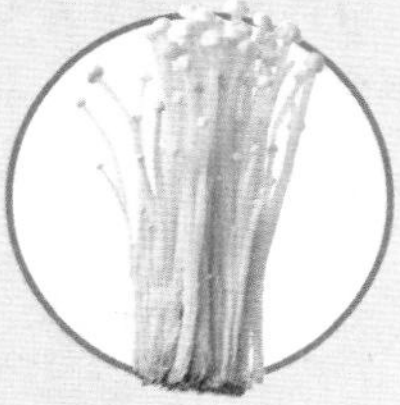

配膳指导

最佳搭配

◎ 金针菇+绿豆芽：清热解毒，预防中毒。

◎ 金针菇+萝卜：清肺化痰，益智健脑。

◎ 金针菇+豆腐：益智强体，抑制癌细胞生长。

◎ 金针菇+猪肚：改善食欲不振、肠胃不适症状。

◎ 金针菇+鸡肉：益气补血。

不宜和禁忌搭配

◎ 金针菇+驴肉：引起腹痛、腹泻。

◎ 金针菇+牛奶：会引起心绞痛。

相关人群

◎ 适宜人群：一般人群均可食用。气血不足、营养不良的老人，儿童，癌症、心脑血管疾病患者尤宜。

◎ 不宜人群：脾胃虚寒者不宜吃得太多。

金针鸡片煲 难易度

原料 鸡胸肉200克，金针菇150克，木耳30克

调料 色拉油、盐、葱、姜、香油各适量

做法 1. 将鸡胸肉切片；金针菇去根，洗净；木耳撕成小朵备用。

2. 炒锅置火上，倒入色拉油烧热，葱、姜炝香，放入鸡胸肉煸炒片刻，再放入木耳、金针菇，倒入水，调入盐煲熟，淋入香油即可。

营养功效

金针菇菌柄中含有一种蛋白，可以抑制哮喘、鼻炎、湿疹等过敏性病症。

金针菇米糊 难易度

原料 鲜金针菇、大米各100克

调料 盐适量

做法 1.鲜金针菇洗净，用沸水略烫后过凉水，挤干水分，切小段；大米淘洗干净，控去水分。

2.将大米放入豆浆机桶内，加入清水至上下水位线之间，浸泡8小时，再加入金针菇和盐。

3.放入机头，接通电源，按“米糊”键，反复搅打、加热和熬煮，约20分钟提示音响后，将米糊倒在碗内即可食用。

老年人养生明星食材 鸽肉、鸽蛋

鸽肉富含蛋白质、脂肪、碳水化合物、多种维生素和矿物质成分，具有滋肾益气、祛风解毒、截疟、养血清热的作用，可用于肾虚及老年体虚、消渴、久疟、恶疮疥癣、妇女血虚经闭等症，尤其适宜老年人或久病体虚者食用，对血脂偏高、冠心病、高血压患者尤为有益。

鸽蛋含优质蛋白质、磷脂、铁、钙、维生素A、维生素B_1、维生素D等营养成分，有改善皮肤细胞活性、改善血液循环、增加血色素等功能，常吃可增强皮肤弹性，改善血液循环。

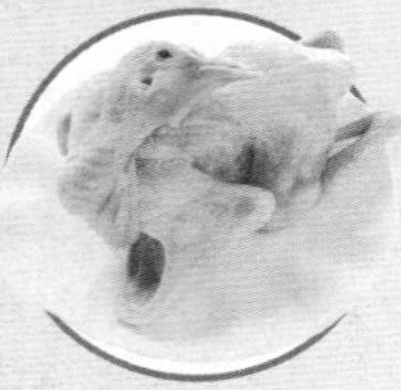

配膳指导

最佳搭配

◎ 鸽肉+鳖肉：滋肾益气，泽肤养颜。
◎ 鸽肉+枸杞：补气养血，尤其适于产妇。
◎ 鸽肉+黄精：滋阴填精，补肾益气。
◎ 鸽肉+绿豆：治疖。
◎ 鸽肉+玉米：健脑效果明显，预防神经衰弱。
◎ 鸽肉+银耳：滋阴润肺，补肾强身。
◎ 鸽蛋+枸杞：补肾润肺。
◎ 鸽蛋+龙眼：益气养血，美容养颜。

不宜和禁忌搭配

◎ 鸽肉+猪肉：易引发滞气。

家常鸽子煲 难易度

原料 鸽子1只，枸杞10粒，百合15克

调料 色拉油、盐、葱段、姜片、香菜各适量

做法 1. 将鸽子治净；百合剥开，洗净；枸杞泡开备用。

2. 炒锅置火上，倒入色拉油烧热，葱段、姜片爆香，倒入水，放入鸽子肉、枸杞，调入盐，小火煲20分钟，放入百合，撒入香菜即可。

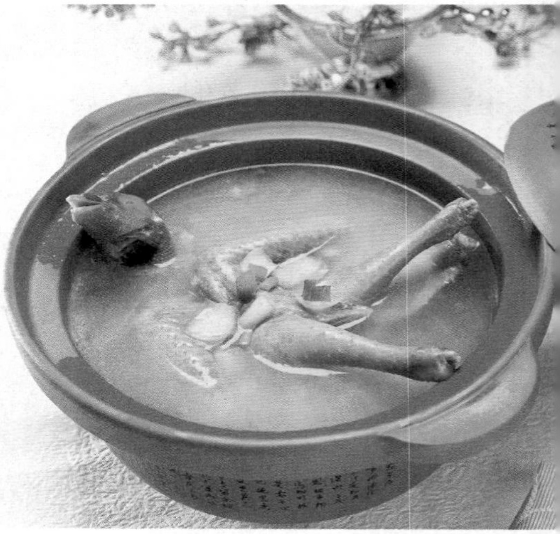

百合炖鸽 难易度

原料 老鸽200克，鲜百合80克

调料 盐、料酒、上汤、葱段、姜片、香葱末各适量

做法 1. 净老鸽改刀，汆水后洗净；百合洗净待用。

2. 将老鸽放入砂锅内，加上汤、料酒、葱段、姜片，急火烧开，慢火炖1.5小时后，放入百合再炖30分钟，去掉葱段、姜片，加盐调味，撒香葱末，上桌即可。

凤尾鸽蛋汤 难易度

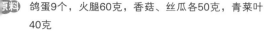

原料 鸽蛋9个，火腿60克，香菇、丝瓜各50克，青菜叶40克

调料 鸡油、盐、料酒、清汤、大油各适量

做法 1. 将火腿、香菇、丝瓜均切成丝。

2. 汤匙内抹上大油，将鸽蛋打入汤匙内，用三种丝在鸽蛋上摆出凤尾状，上笼屉稍蒸，凝固即成凤尾鸽蛋，取出后把凤尾鸽蛋放在汤碗内。

3. 将锅上火，倒入清汤，加料酒、盐烧开，调好口味，浇入碗内凤尾鸽蛋上，淋上鸡油即成。

双色鸽蛋汤 难易度

原料 内酯豆腐、猪血各100克，熟鸽蛋6个

调料 色拉油、盐、川椒、花椒、姜、蒜、绍酒、香油、香葱、酱油各适量

做法 1. 将内酯豆腐、猪血均切成条；熟鸽蛋剥皮，洗净备用。

2. 炒锅置火上，倒入色拉油烧热，放入葱、姜、蒜、川椒、花椒煸香，烹入绍酒、酱油，倒入水，放入内酯豆腐、猪血、鸽蛋烧沸，调入盐，淋入香油，撒入香葱即可。

鸽蛋猪肝汤 难易度

原料 猪肝100克，熟鸽蛋10个，冬笋30克

调料 色拉油、盐、花椒、川椒面、胡椒粉、老醋、葱、姜、香油、干淀粉各适量

做法 1. 将熟鸽蛋去皮，洗净；冬笋去皮，洗净，切片；猪肝洗净，切片，加入干淀粉抓匀备用。

2. 炒锅置火上，倒入色拉油烧热，放入猪肝炒至熟，捞起备用。

3. 锅留底油烧热，放入花椒、葱、姜炝香，捞出花椒，放入猪肝、熟鸽蛋、冬笋翻炒片刻，倒入水，调入盐、胡椒粉、老醋、川椒面烧沸，淋入香油即可。

老年人养生明星食材 鹌鹑

鹌鹑味甘性平，能补脾益气、健筋骨、利水除湿，适用于脾虚气弱、体倦、少食或腹泻，小儿疳疾，营养不良，脾虚水肿，肝肾不足，筋骨不健，腰膝酸软等，对肥胖型高血压、糖尿病、贫血、胃病、肝大、肝硬化、腹水等多种疾病的康复有益。老年人常食鹌鹑肉，可补益五脏、益气养血。

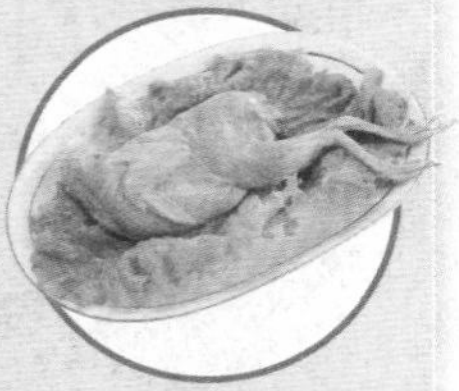

配膳指导

不宜和禁忌搭配

◎ 鹌鹑+菌类：易导致痔疮。

◎ 鹌鹑+猪肝：易导致脸上长雀斑。

相关人群

◎ 适宜人群：营养不良、体虚乏力、贫血头晕者；小儿疳积者、肾炎浮肿者；结核病、胃病、神经衰弱、支气管哮喘、皮肤过敏者。

◎ 不宜人群：感冒患者忌食。

苦瓜鹌鹑煲 难易度

原料 鹌鹑2只，苦瓜150克

调料 花生油、盐、红干椒、胡椒粉、红椒粒、香油、葱段、姜片各适量

做法
1. 将鹌鹑处理干净；苦瓜洗净，去种，切滚刀块备用。
2. 炒锅置火上，倒入花生油烧热，葱段、姜片、红干椒爆香，放入鹌鹑煸炒片刻，倒入水，调入盐、胡椒粉，小火煲15分钟，再放入苦瓜煲熟，撒入红椒粒，淋入香油即可。

清炖鹌鹑 难易度

原料 鹌鹑400克

调料 花椒、葱、姜、盐、料酒各适量

做法
1. 将鹌鹑治净，切块，入沸水锅汆烫，撇去血沫杂物，捞出。
2. 炖锅置火上，加适量水，放入鹌鹑块、葱、姜、花椒、料酒炖至肉烂汤浓，加盐调味即成。

营养功效

补益五脏。适用于浮肿、肥胖型高血压、贫血、胃病、肝肿大、肝硬化、肝腹水等多种疾病的食疗。

老年人养生明星食材 野鸡

野鸡，又名山鸡、雉，每年秋冬季节的野鸡肉最为肥嫩，作为食疗补品也最佳。野鸡肉的钙、磷、铁含量较家鸡肉高很多，并且富含蛋白质、氨基酸，对贫血患者、体质虚弱者来讲是很好的食疗补品。野鸡肉还有健脾养胃、增进食欲、止泻的功效，非常适宜老年人食用。

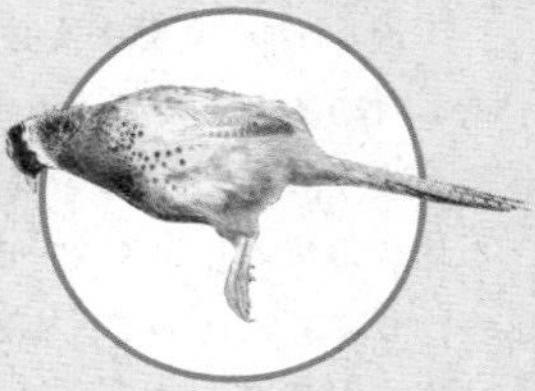

但需注意，野鸡中的某些品种属于国家保护动物，不可捕杀。如想用野鸡进补，可选择养殖的野鸡。

砂锅野鸡

难易度

原料 野鸡块300克，火腿、蘑菇、白菜各50克

调料 盐、料酒、香醋、白糖、上汤、葱段、姜片、香菜段、花椒各适量

做法

1. 野鸡块洗净，白菜切块焯水，火腿切块。
2. 砂锅中加上汤、葱段、姜片、料酒、花椒烧开，放入火腿、蘑菇、野鸡块炖至九成熟。
3. 拣去葱、姜、花椒，加入白菜稍炖，加盐、白糖、香醋调味，点缀香菜段即可。

老年人养生明星食材 南瓜

南瓜的营养成分较全，营养价值也较高。南瓜所含三大产热营养素中以碳水化合物为主，脂肪含量很低，为很好的低脂食品。南瓜含有人体所需的17种氨基酸，还含有葫芦巴碱、腺嘌呤、甘露醇、戊聚糖、果胶等。最近发现南瓜中还有一种微量元素钴，是维生素B_{12}的重要组成成分，食用后有补血作用。据《滇南本草》载：南瓜性温，味甘无毒，入脾、胃二经，能润肺益气、化痰排脓、驱虫解毒、治咳止喘、疗肺痈与便秘，并有利尿、美容等作用，还可用于辅助治疗前列腺肥大（南瓜子之效）、预防前列腺癌、防治动脉硬化与胃黏膜溃疡、降血糖、化结石等。

配膳指导

最佳搭配

◎ 南瓜+山药：补中益气，强肾健脾。

◎ 南瓜+绿豆：补中益气，清热生津。

◎ 南瓜+莲子：补中益气，清心利尿。

◎ 南瓜+猪肉：增加营养，降血糖。

◎ 南瓜+红枣：补中益气，生血泽肤。

不宜和禁忌搭配

◎ 南瓜+菜花、菠菜、油菜：破坏维生素C。

◎ 南瓜+羊肉：易致胸腹闷胀、不适。

◎ 南瓜+螃蟹、海鱼：易致中毒。

◎ 南瓜+鳝鱼：功效相互抵消，无益于健康。

相关人群

◎ 适宜人群：一般人群均可食用。尤其适宜肥胖者、糖尿病患者和中老年人食用。

◎ 不宜人群：胃热炽盛者、气滞中满者、湿热气滞者宜少吃。患有脚气、黄疸、气滞湿阻病者忌食。

南瓜牛腩汤 难易度

原料 老南瓜300克，牛腩20克

调料 葱段、鲜姜片、八角、植物油、盐、料酒各适量

做法 1. 南瓜洗净，切成小块；牛腩洗净后切薄片。

2. 炒锅内加油烧热，下葱段、姜片炒出香味，下牛腩片翻炒至快熟时烹入料酒，加清水煮沸，撇去浮沫，加入八角，改文火将牛腩炖熟。

3. 拣去葱段、姜片、八角，放入南瓜块，再用盐调味，继续炖至牛腩、南瓜熟烂即可。

南瓜煲鸡块 难易度

原料 鸡腿肉350克，南瓜200克

调料 色拉油、盐、高汤、香菜各适量

做法 1. 南瓜处理干净，切滚刀块备用。

2. 鸡腿肉洗净，剁块，放入开水锅中汆去血水，捞起冲净备用。

3. 净锅置火上，倒入色拉油烧热，放入鸡块煸炒片刻，倒入高汤，放入南瓜，调入盐煲10分钟，撒入香菜即可。

花旗参炖黄腊丁

难易度

原料 黄腊丁、花旗参片、油菜、枸杞各适量

调料 盐、料酒、胡椒粉、香油、上汤各适量

做法
1. 黄腊丁处理干净，放入开水锅中煮2分钟，捞出沥水。
2. 将煮好的黄腊丁放入盅内，加上汤、花旗参片、油菜、枸杞，放盐、料酒、胡椒粉调味，上笼蒸至熟透取出，淋香油即可。

老年人养生明星食材 西洋参

西洋参是人参的一种，又称花旗参，其所含的皂苷可以有效增强中枢神经功能，达到静心凝神、消除疲劳、增强记忆力等功效，可适用于失眠、烦躁、记忆力衰退及老年痴呆等症。常服西洋参可以抗心律失常、抗心肌缺血、抗心肌氧化、强化心肌收缩能力。冠心病患者症状表现为气阴两虚、心慌气短者可长期服用西洋参，疗效显著。西洋参的功效还在于可以调节血压，有效降低暂时性和持久性高血压，有助于高血压、心律失常、冠心病、急性心肌梗塞、脑血栓等疾病的恢复。

西洋参是所有参里面最不易引起上火的，特别适合老年人用于滋补身体。

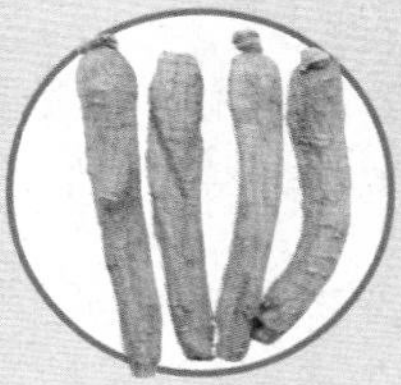

花旗参煲排骨

难易度

原料 排骨、木瓜、花旗参各适量

调料 陈皮、老姜、盐各适量

做法
1. 排骨洗净，剁成块，汆水。花旗参洗净。
2. 木瓜去皮、籽，洗净，均匀地切成块，入沸水锅中汆水。
3. 将全部主料放入砂煲中，加水、陈皮、老姜，小火煲3小时，加盐调味即可。

西洋参甲鱼汤

难易度

原料 甲鱼1只，西洋参10克

调料 盐适量

做法
1. 甲鱼去肠杂，洗净。西洋参洗净，切片。
2. 将甲鱼与西洋参片同入锅中，放入盐，加水共煮，至肉烂汤浓即成。吃肉喝汤，连服数剂。

营养功效

益气滋阴，补肾健胃。

老年人养生明星食材 泥鳅

泥鳅又名河鳅、鳅鱼等，肉质细嫩，味道极鲜美，为膳食珍馐，适宜各类人群食用，素有“水中人参”的美誉。

中医学认为，泥鳅味甘、性平，有补中益气、祛邪除湿、养肾生精、祛毒化痔、消渴利尿、保肝护肝之功能，还可治疗皮肤瘙痒、水肿、肝炎、早泄、黄疸、痔疮等症。《医学入门》中称它能补中、止泻。《本草纲目》中记载鳅鱼有暖中益气之功效，还可解渴、醒酒、利小便、壮阳、化痔。综合上述功效可以看出，泥鳅非常适宜老年人食用。

配膳指导

最佳搭配

◎ 泥鳅+豆腐：清热解毒。

◎ 泥鳅+木耳：补气益血，强身健体。

不宜和禁忌搭配

◎ 泥鳅+茼蒿：影响营养素消化吸收。

◎ 泥鳅+黄瓜：不利于营养物质的消化吸收。

◎ 泥鳅+螃蟹：功效相悖。

◎ 泥鳅+狗肉：不利于身体健康。

◎ 泥鳅+狗血：导致阴虚火旺。

◎ 泥鳅+毛蟹：功能相反，可能引起中毒。

相关人群

◎ 适宜人群：身体虚弱、脾胃虚寒、营养不良、小儿体虚盗汗者，老年人，心血管疾病、癌症患者，急慢性、黄疸型肝炎患者。

泥鳅豆腐煲 难易度

原料 泥鳅300克，豆腐250克

调料 色拉油、盐、红干椒、葱、姜、香菜、香油各适量

做法

1. 将泥鳅洗净，豆腐切块备用。
2. 净锅置火上，倒入色拉油烧热，葱、姜、红干椒爆香，放入泥鳅烹炒，倒入水，放入豆腐，调入盐煲熟，淋入香油，撒入香菜即可。

泥鳅红枣煲排骨 难易度

原料 泥鳅300克，猪排骨200克，红枣30克

调料 姜片5克，汤、盐各适量

做法

1. 将泥鳅用滚开水烫一下，除去表面黏液及内脏。
2. 猪排骨剁成寸段，用水冲去血污。锅内放水烧开，把洗净的排骨过水，红枣也用水洗净。
3. 砂煲内放入排骨和姜片，加入汤，放在火上烧沸，用小火煲1小时左右，至排骨七成熟时再放入泥鳅、红枣，继续用小火煲1小时，至熟烂后放盐调味即成。

老年人养生明星食材 鳗鱼

鳗鱼是一种很名贵的食用鱼类，它富含多种营养成分，其中维生素A是普通鱼类的60倍，这让鳗鱼成为保护眼睛、预防视力退化的优秀食品，对中老年人保护视力大有好处。

此外，鳗鱼还含有丰富的不饱和脂肪酸，其中的磷脂、DHA及EPA为脑细胞不可缺少的营养素；所含大量钙质对于预防骨质疏松症也有一定的效果。

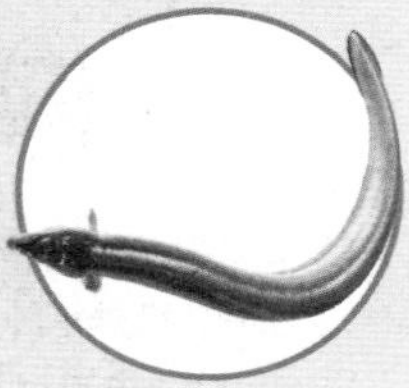

鳗鱼在营养方面惟一明显的缺陷就是几乎不含维生素C，吃鳗鱼时搭配一些新鲜蔬菜，能弥补这个不足。

配膳指导

最佳搭配

◎ 鳗鱼+芦笋：可养阴润肺，祛湿化痰。

◎ 鳗鱼+韭菜：补肾壮阳。

不宜和禁忌搭配

◎ 鳗鱼+白果：影响身体健康。

◎ 鳗鱼+牛肝：产生不良化学反应，毒素存留于人体。

相关人群

◎ 适宜人群：适用于久病羸弱、五脏虚损、贫血、夜盲、肺结核、小儿疳积、小儿蛔虫以及痔疮和脱肛病人食用。特别适合于年老、体弱者及年轻夫妇食用。

◎ 不宜人群：患有慢性疾患，有水产品过敏史，病后脾肾虚弱、咳嗽痰多及脾虚泄泻者忌食。

海水豆腐炖海鳗

难易度

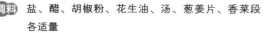

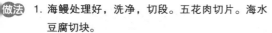

原料 海鳗500克，海水豆腐250克，五花肉100克

调料 盐、醋、胡椒粉、花生油、汤、葱姜片、香菜段各适量

做法

1. 海鳗处理好，洗净，切段。五花肉切片。海水豆腐切块。
2. 起油锅烧热，下葱姜片、五花肉片爆香，放入海鳗段炒一下，加入海水豆腐及汤，急火烧开，加盐、醋调味，慢火炖透至入味，加胡椒粉、香菜段即可。

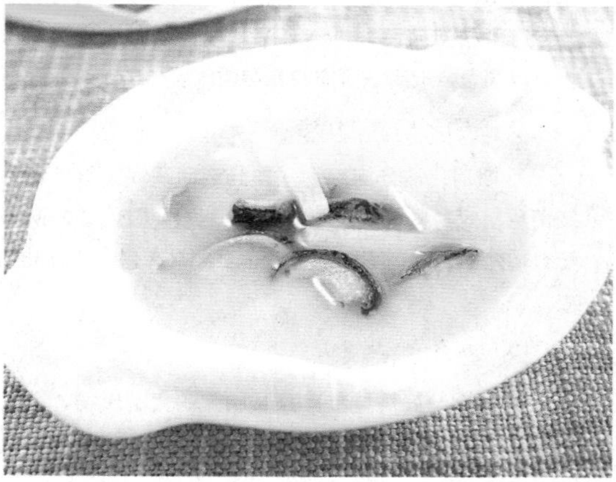

山药鳗鲡汤

难易度

原料 鳗鲡500克，山药100克

调料 盐、料酒、葱段、姜块、猪油、胡椒粉各适量

做法

1. 将鳗鲡去鳃，除去内脏，用热水反复洗去黏液，切成条。山药洗净，切成条。
2. 锅中放入猪油烧热，加入葱段、姜块（拍松）、料酒及鱼条煸炒片刻，加入山药和盐，注入适量水，用武火烧开，改用文火烧熟，除去葱、姜，调入胡椒粉稍煮入味即成。

妊娠是一个复杂的生理过程，孕妇在妊娠期间需进行一系列的生理调整，以适应胎儿在其体内生长发育、吸收母体营养及排泄废物等生理活动的需求。在此期间，孕妇的身体会发生一系列变化，代谢、消化液分泌、肾功能、水代谢与血容量都会发生变化，体重会增加15千克左右。

孕期是女人一生的一个特殊时期，家人要给孕妇更多的关心和呵护，孕妇也要积极适应怀孕后的生活。每个准妈妈都希望生一个健康聪明的小宝宝，科学地安排饮食不仅有利于母体健康，更有益于胎儿生长发育。在孕期，不仅要加强营养素的摄入，在膳食结构、饮食烹调方法、饮食卫生等方面都要加以重视。

孕期生理变化

1. 代谢改变

孕期的代谢活动在大量雌激素、黄体酮及绒毛膜促乳腺生长素等激素影响下，合成代谢增加，基础代谢率升高，对碳水化合物、脂肪和蛋白质的利用也有所改变，能源物质通过胎盘贮存并转运至胎儿。到了孕末期，蛋白质分解产物排出较少，以满足合成组织所需的氮潴留。

2. 消化系统功能改变

孕期消化液分泌减少，胃肠蠕动减慢，常出现胃肠胀气及便秘，对某些营养素如铁、钙、维生素B_{12}、叶酸等的吸收能力增强（机理尚不清楚），孕早期常有恶心、呕吐等妊娠反应。

3. 肾功能改变

妊娠期孕妇需排出自身及胎儿的代谢废物，因此肾脏负担加重，肾小球过滤能力增强，尿中可出现葡萄糖、氨基酸。

4. 水代谢与血容量变化

妊娠过程中母体含水量约增加7千克，血容量增加40%，但红细胞却只增加了20%～30%，血红蛋白浓度亦下降，常出现生理性贫血。

5. 体重增加

健康妇女在不限制饮食的情况下，孕期一般增加体重15千克。孕早期增重较少，孕中期和孕末期则每周稳定增加约0.35～0.4千克。机体增加的合成代谢，要求有相应的营养素供给，故孕妇对营养素的需求也相应增加。

孕妇进补须知

1. 要适当忌口。比如患糖尿病的孕妇，忌甜食；妊娠水肿严重者，应忌盐。

2. 不可过食生冷、肥甘、辛辣食品和发物。生冷食物会损伤脾胃阳气，使寒气内生，导致胎动不安、早产或胎儿生后肌肤硬肿；过食甜腻厚味，可助湿生痰化热，致使胎肥、难产，或生后多发黄疸；偏食辛辣，如干姜、胡椒、辣椒，及羊肉、鳗鲡鱼等属于“发物”的食物，则胃肠积热、大便干燥，导致胎儿热毒内生。

3. 忌活血类食物：活血类食物能活血通经，下血堕胎。这类食物主要有桃仁、山楂、蟹爪等。

4. 忌滑利类食物：滑利类食物能通利下焦，克伐肾气，使胎失所系，导致胎动不安或滑胎。这类食物主要有冬葵叶、木耳菜、苋菜、马齿苋、慈姑、薏苡仁等。

5. 其他有关食物：除以上四类食物以外，孕期饮食禁忌的食物还有麦芽、槐花、鳖肉等。

孕妇养生推荐食物

冬瓜、红枣、板栗、柠檬、葡萄、荸荠、土鸡、鸡爪、排骨、鸡蛋。

孕妇养生明星食材 鸡爪

鸡爪又名鸡掌、凤爪、凤足，多皮、筋，多胶质。常用于煮汤，也宜于卤、酱。

鸡爪含有丰富的钙质及胶原蛋白，不但能美容养颜，还能软化血管、控制血压。胶原蛋白是人体内含量最多的一类蛋白质，存在于几乎所有组织中，主要分布在皮肤、肌腱、血管、角膜等组织中，具有高抗张能力，是决定结缔组织韧性的主要因素，在多种生命活动中发挥极其重要的作用。孕妇怀孕期间由于厌食、胎儿的发育等原因造成胶原蛋白容易流失，所以补充胶原蛋白十分必要。用鸡爪炖汤，孕妇食后不但补充了胶原蛋白，还同时补充了孕育胎儿急需补充的钙质，可谓一举两得。

金针银耳煲凤爪 难易度

原料 金针菇100克，鸡爪2个，银耳50克

调料 色拉油、盐、香油、葱、姜各适量

做法
1. 将鸡爪洗净，剁开，去趾甲；金针菇去根，洗净；银耳撕成小块备用。
2. 炒锅置火上，倒入色拉油烧热，葱、姜爆香，放入鸡爪煸炒片刻，倒入金针菇、银耳，调入盐，小火煲20分钟，淋入香油即可。

黑豆凤爪汤 难易度

原料 鸡脚500克，黑豆200克

调料 盐适量

做法
1. 鸡脚、黑豆洗净。
2. 将鸡脚切去利爪。
3. 黑豆用水浸3小时，连同鸡脚一起放入砂锅内，加适量水，大火烧开，打去浮沫，改用文火煮2小时，加盐调味即成。

营养功效

适用于治疗肝硬化脾亢引起的贫血。

孕妇养生明星食材 冬瓜

冬瓜味甘淡，性微寒，具有清热解毒、利水消痰、除烦止渴、祛湿解暑的功效。

冬瓜含钾多、含钠少，能帮助消除孕妇下肢水肿、羊水过多。怀孕晚期时孕妇往往由于下腔静脉受压，导致血液回流受阻，足踝部常出现体位性水肿，但一般经过休息就会消失。如果休息后水肿仍不消失或水肿较重又无其他异常时，称为妊娠水肿。冬瓜性寒味甘，水分丰富，可以止渴利尿。如果和鲤鱼一起熬汤，可使孕妇的下肢水肿有所减轻。

番茄冬瓜煲

难易度

原料 冬瓜150克，番茄75克，橘子50克

调料 盐、白醋、白糖、姜、色拉油各适量

做法

1. 冬瓜去皮、籽，洗净；番茄、橘子均切块备用。
2. 锅内倒油烧热，放入姜、番茄、冬瓜、橘子同炒，倒入水，调入盐、白糖、白醋至熟即可。

虾米冬瓜汤

难易度

原料 冬瓜100克，水发海米80克

调料 鲜汤、盐、姜片、葱花、香油各适量

做法

1. 冬瓜去皮、瓤，洗净，切成5厘米长、2厘米宽的长方片；海米用温水泡发好。
2. 炒锅上旺火，加入鲜汤，烧沸后放入冬瓜、海米、盐，以小火熬煮至冬瓜透明、汤汁浓白时，加入姜片、葱花，淋上香油即成。

草鱼冬瓜汤

难易度

原料 草鱼400克，冬瓜100克

调料 香菜、葱丝、姜丝、蒜片、花生油、料酒、清汤、香油、盐各适量

做法

1. 鱼去鳞、鳃、内脏，洗净，两面剞上十字花刀；冬瓜去皮、瓤，切成块。香菜切成段。
2. 炒锅倒油烧热，放入鱼煎至两面微黄，烹入料酒，煸香葱姜蒜丝，加清汤、冬瓜块，微火煮至鱼、瓜熟烂，加入盐、香菜段、香油即成。

葡萄甘蔗汁

难易度

原料 葡萄、甘蔗各适量

做法 葡萄洗净，甘蔗去皮切小块，一同放入榨汁机中榨取汁液即可。

营养功效

甘蔗味甘性寒，具有清热、生津、下气、润燥及解酒等功效，对热病伤津、心烦口渴、反胃呕吐、肺燥咳嗽、大便燥结、醉酒等有一定疗效。

孕妇养生明星食材 葡萄

葡萄味甘性平，能滋肝肾、生津液、强筋骨，有补益气血、通利小便的作用。《本草纲目》记载：葡萄的果、根、藤、叶均有很好的利尿、消肿、安胎、止吐作用，可治疗妊娠恶心呕吐、浮肿、胎动频繁等。葡萄中糖分以葡萄糖为主，还含有机酸、氨基酸、维生素等，对大脑神经有兴奋作用，对孕妇因呕吐造成的营养不良、精神抑郁、疲劳等有较好的效果。

孕妇常吃葡萄不但可清除自由基，预防妊娠斑的形成，而且对胎儿大脑发育非常有益。葡萄中含有一种抗氧化物质——白藜芦醇，对预防孕妇的孕期心脑血管病、妊高症有较好的作用。

葡萄苹果鲜汁

难易度

原料 葡萄、苹果、蜂蜜、白汽水各适量

做法 1. 将葡萄洗净，去核。苹果洗净，削皮去核。

2. 葡萄与苹果同放入榨汁机中榨出鲜汁，加入白汽水、蜂蜜搅匀即可。

营养功效

葡萄中含有的葡萄糖易被吸收，故可用于治疗低血糖，清除自由基，抗衰老，防止细胞癌变，还可帮助器官移植手术者减轻手术后的排异反应。

白葡萄姜蜜茶

难易度

原料 白葡萄汁100毫升，生姜汁30毫升，蜂蜜20毫升

做法 将所有原料搅拌混匀即成。

营养功效

治疗妊娠呕吐。生姜味辛、性微温，可发汗解表，温胃和中，降逆止呕，温肺，化痰止咳，是传统的治疗恶心、呕吐的中药，有“呕家圣药”之誉。现代研究表明，生姜具有解毒杀菌 、促进血液循环、预防感冒、促进新陈代谢、清除自由基、祛除面部妊娠斑的作用。

孕妇养生明星食材 板栗

1.养胃健脾。孕妇食欲不佳时吃栗子，可改善胃肠功能，增强食欲。

2.补肾强筋。栗子具有补肾、强筋、壮骨的作用，可促进女性骨盆发育，对腰腿软弱无力、尿频、腹泻、疲劳都有较好的辅助治疗效果。

3.促进胎儿发育。栗子中含有丰富的蛋白质、糖类、矿物质、维生素及多种氨基酸，有助于提高孕妇的免疫力，促进胎儿生长发育。

4.利尿消肿。栗子富含钾元素，可以帮助排出体内多余水分，消除水肿，对孕妇常出现的下肢水肿症状有一定的帮助。

配膳指导

最佳搭配

◎ 栗子+薏米：补益脾胃，补肾利尿，利湿止泻。

◎ 栗子+红枣：健脾益气，补血。

◎ 栗子+鸡肉：增强人体造血功能。

不宜和禁忌搭配

◎ 栗子+杏仁：易引起胃痛。

◎ 栗子+鸭肉：可能引起中毒。

◎ 栗子+牛肉：降低板栗的营养价值，不易消化。

相关人群

◎ 适宜人群：一般人群均可食用，最宜气管炎咳喘、肾虚、尿频、腰酸、腿脚无力者食用。

◎ 不宜人群：便秘者、糖尿病患者不宜食用。

板栗玉米排骨汤 难易度

原料 猪排骨、板栗、玉米、枸杞各适量

调料 盐适量

做法

1. 板栗去壳、内膜，洗净；玉米洗净，切成3~4厘米长的小段。
2. 排骨入沸水中汆一下即捞出，洗净血沫，待用。
3. 锅置火上，加入清水，放入板栗、玉米、猪排骨、枸杞，大火烧开后转小火炖煮2小时，出锅时加盐调味即可。

栗子莲藕汤 难易度

原料 栗子、莲藕、葡萄干各适量

调料 白糖适量

做法

1. 生栗子洗净，在栗子皮上划一个“十”字口，用淡盐水煮熟，捞出，去皮取栗子肉。莲藕去皮，洗净，切片。葡萄干洗净，沥干水分。
2. 汤锅置火上，放入莲藕片和清水（使没过莲藕片），大火烧开，转小火煮至熟软，下入栗子肉和葡萄干，加白糖煮至溶化即可。

栗子米糊 难易度

原料 糯米100克，栗子50克

调料 白糖适量

做法 1. 栗子去壳，取肉切成小粒；糯米淘洗干净，控去水分。

2. 糯米放在豆浆机内，注入清水至上下水位线间泡8小时，加入栗子肉，按常法打成糊。

3. 将米糊倒在碗中，调入白糖即可食用。

板栗煲尾骨 难易度

原料 猪尾骨、板栗、党参、枸杞各适量

调料 盐、葱、姜、汤各适量

做法 1. 猪尾骨去除杂质洗净，板栗去除外壳。

2. 猪尾骨斩成块，汆水后过凉，放入锅中，加汤，放入板栗、党参、葱、姜、枸杞，大火烧开，小火煲至汤汁浓白，加盐调味即可。

大枣煲板栗果 难易度

原料 板栗果250克，大枣10克

调料 大豆油、盐、白糖、姜各适量

做法 1. 将板栗果去皮，洗净，切块；大枣泡开，洗净备用。

2. 锅置火上，倒入大豆油烧热，放入姜爆香，放入板栗果，倒入水，调入盐、白糖，放入大枣煲熟即可。

板栗猪肉汤 难易度

原料 猪瘦肉、栗子各适量

调料 盐适量

做法 1. 栗子洗净，去壳去皮，切两半；猪瘦肉洗净，放入沸水中汆烫，捞出晾凉。

2. 锅置火上，倒入适量清水，放入栗子、猪瘦肉，煮至原料熟软，用盐调味。

孕妇养生明星食材 红枣

1.健脾益胃。红枣能补中益气，可用于中气不足、脾胃虚弱、腹泻、消化不良、食少便溏、倦怠乏力等的食疗，改善孕妇和胎儿的营养状况。

2.益智健脑。红枣中含有丰富的叶酸和微量元素锌，可促进胎儿神经系统和大脑的发育。

3.养血安神。红枣中铁含量丰富，对孕妇常出现的血虚脏燥、精神不安有较好的改善作用。

4.预防心血管病。红枣含丰富的维生素P，有加强毛细血管弹性、降低血压等作用，可帮助孕妇预防妊娠期高血压病。

配膳指导

最佳搭配

◎ 红枣+荔枝：可辅助治疗脾虚腹泻。

◎ 红枣+桂圆、木耳：补血，养血，安神。

◎ 红枣+南瓜：补中益气，收敛肺气。

◎ 红枣+栗子、党参：健脾益气。

◎ 红枣+红豆：补益心脾，利水消肿。

◎ 红枣+糯米：健脾养胃。

◎ 红枣+木耳：补血，调经。

◎ 红枣+核桃、鲤鱼：补血，强身。

◎ 红枣+黄豆：丰胸，通乳。

不宜和禁忌搭配

◎ 红枣+葱、蒜：可能导致消化不良。

◎ 红枣+海蟹：易使人患寒病。

◎ 红枣+虾：可能导致中毒。

麦枣豆浆 难易度

原料 黄豆40克，麦片30克，大枣10颗

做法 1. 将黄豆预先用清水浸泡好。

2. 将麦片、大枣和泡好的黄豆洗净，放入杯中，加水至上下水位线之间，接通电源，按“五谷豆浆”键，十几分钟即可做好。

爱心提醒

不宜用塑料袋盛豆浆，特别是带颜色的塑料袋，因塑料袋本身就含有大量毒素。另外，在加工过程中，再生塑料袋还加入着色剂、增塑剂等添加剂。当遇油、高温，这些有害物质极易融入食品，损害健康。

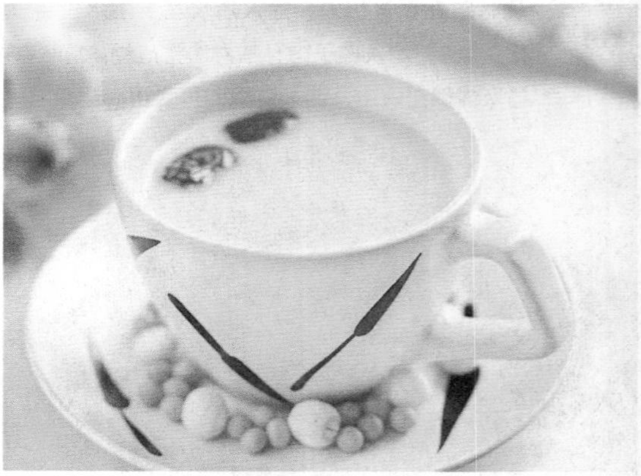

红枣莲子豆浆 难易度

原料 黄豆50克，红枣（去核）、莲子肉各15克

调料 白糖适量

做法 1.黄豆用清水浸泡10小时，洗净。莲子肉泡至发软。

2.红枣洗净，与莲子肉、黄豆一起放入豆浆机，加入适量水，启动机器，煮好豆浆。

3.依个人口味加入白糖即可饮用。

爱心提醒

莲子最忌受潮受热，受潮容易被虫蛀，受热则莲心的苦味会渗入莲肉，因此，莲子应存于通风干燥处。

山药土鸡汤 难易度

原料 净土鸡1只，山药300克，红枣10粒，香菇50克

调料 盐、白糖、胡椒粉各适量

做法
1. 将土鸡剁成块，入沸水锅中氽烫，捞出洗净。
2. 山药去皮、洗净，切成块；香菇去蒂、洗净，待用。
3. 锅中放入土鸡、山药、红枣、香菇，加入清水烧沸，煲至土鸡熟烂、山药松软时，加入盐、白糖、胡椒粉调味即可。

猪蹄花生大枣汤 难易度

原料 猪蹄2只，花生（连衣）50克，大枣10枚

做法
1. 将猪蹄处理好，洗净。花生和大枣均洗净。
2. 所有原料一同放入砂锅中，加适量水共炖成汤即可。

营养功效

健脾养血。

黑豆桂圆红枣汤 难易度

原料 黑豆、桂圆肉、红枣、莲子各适量

做法
1. 将黑豆、红枣、莲子洗净，入清水中浸泡。
2. 锅中放清水，放入桂圆肉以及泡好的黑豆、红枣、莲子，小火煮1小时，撇去汤上的浮渣，待汤汁收浓时即可起锅。

营养功效

此汤有补肾、润发、乌发、补血安神之功效。

红枣桂圆鸡煲 难易度

原料 净仔鸡1只，桂圆肉50克，红枣10粒

调料 盐适量

做法
1. 将净仔鸡剁成块，入沸水中氽烫，捞出沥水；桂圆肉、红枣洗净，待用。
2. 将所有原料放入砂锅中，加入清水（没过材料），大火煮沸后转小火煲至熟烂，加入盐调味即成。

孕妇养生明星食材 柠檬

柠檬果实性平、味极酸，具有生津止渴、利肺润喉、开胃消食、祛暑、安胎等功效。柠檬能生津止渴，缓解孕妇怀孕期间因妊娠反应而出现的食欲不振、口干舌燥等症状，有利于孕妇健康和胎儿正常发育。柠檬可降低毛细血管通透性，增加血小板数量，从而提高凝血功能，可缩短凝血时间31%~71%，故可预防产后出血。柠檬中所含柠檬酸可大大提高人体对钙的吸收率，预防妊娠中期因缺钙引起的抽筋、腰腿酸痛、骨关节痛、浮肿等现象；丰富的维生素C可促进对铁的吸收，防止出现贫血和产后失血症。

柠檬茶 难易度

原料 柠檬、红茶、白糖各适量

做法 1. 柠檬洗净切片。

2. 红茶用热水泡开，加入柠檬片，调入白糖即可。

营养功效

健脾开胃，安胎。

鲜柠檬马蹄水 难易度

原料 鲜柠檬1个，马蹄10个

做法 鲜柠檬、马蹄分别洗净，切片，放入锅中，加适量水煎取汁液即可。

营养功效

预防妊高症。马蹄味甘性寒，具有清热生津、凉血解毒、利尿通便、祛湿化痰、消食除胀等功效，可用于温热、消渴、黄疸、热淋、痞积、目赤、咽喉肿痛、高血压等症。

柠檬煲鸡翅 难易度

原料 鸡翅200克，鲜柠檬80克

调料 姜片、盐各适量

做法 1. 鸡翅洗净，去净绒毛，入沸水锅中汆透，捞出沥水；鲜柠檬切片备用。

2. 将鸡翅放入煲内，倒入清水烧沸，加入姜片，煲至鸡翅软烂时放入切好的柠檬片稍煮，用盐调味即成。

营养功效

柠檬可以抑制黑斑、美白肌肤，使皮肤光洁润滑。

孕妇养生明星食材 鸡蛋

鸡蛋所含的营养成分全面而均衡。人体所需要的七大营养素除纤维素之外，其余的全有。它的营养几乎完全可以被身体利用，是孕妇理想的食品。鸡蛋的最可贵之处，在于它能够提供较多的蛋白质（每50克鸡蛋就可以供给5.4克蛋白质），且鸡蛋蛋白质的氨基酸组成与人体所需极为相近，即生物价值较高，故被称为优质蛋白质。这不仅有益于胎儿的脑发育，而且母体储存的优质蛋白有利于提高产后母乳的质量。孕妇只需有计划地每天吃3~4个蛋黄，就能够保持良好的记忆力。

配膳指导

最佳搭配

◎ 鸡蛋+苦瓜：有利于骨骼、牙齿及血管的健康。

◎ 鸡蛋+韭菜、羊肉：滋阴壮阳。

◎ 鸡蛋+百合：滋阴清热，补血。

◎ 鸡蛋+牛肉：滋补营养，抗衰老。

不宜和禁忌搭配

◎ 鸡蛋+豆浆：影响蛋白质的吸收。

◎ 鸡蛋+蒜、甲鱼、鲤鱼：性味功能相悖。

◎ 鸡蛋+茶：对胃有刺激，不利于消化吸收。

◎ 鸡蛋+兔肉：易致腹泻。

相关人群

◎ 适宜人群：一般人均可食用。尤宜体质虚弱、营养不良、贫血、产后病后及婴幼儿发育期的补养。

◎ 不宜人群：高热、腹泻、肾炎、胆囊炎等患者。

五彩蛋汤

难易度

原料 黄瓜50克，木耳30克，银耳10克，胡萝卜20克，蟹柳25克，鸡蛋1个

调料 色拉油、盐、老醋、胡椒粉、香油、葱、姜各适量

做法 1. 将黄瓜、胡萝卜处理干净均切末；木耳、银耳切成末；蟹柳切末；鸡蛋打匀备用。

2. 炒锅置火上，倒入色拉油烧热，葱、姜炝香，放入黄瓜、胡萝卜略炒，再放入木耳、银耳同炒，倒入水，调入盐，放入蟹柳烧沸，调入老醋、胡椒粉，淋入香油即可。

牛肉鸡蛋汤

难易度

原料 牛肉、鸡蛋黄各10克

调料 香菜、盐、肉汤、葱、香油各适量

做法 1. 将牛肉洗净，放入锅内加水煮熟，捞出撕成丝，切成小碎末，放入碗内，加酱油腌一会儿；葱洗净，切成丝；香菜洗净，切成末，放入牛肉碗中；鸡蛋磕入碗内，打匀。

2. 锅中加入肉汤，旺火烧沸，淋入蛋黄液，再烧沸，加入盐、香油，浇入牛肉碗中，撒香菜末、葱丝即成。

产妇养生汤

chanfu yangshengtang

十月怀胎，一朝分娩，产妇产后饮食调养对于产妇和新生儿都非常重要。母体分娩时各种营养素都大量消耗，产后大量出汗及恶露的排出也要损失一部分营养素，因此，及时补充足够的营养素，可补益受损的体质，对于防治产后各种病症，帮助产妇早日恢复健康，促进新生儿的生长发育，都具有十分重要的意义。

产后饮食指导

1. 产褥期食物的选择

选择产褥期食品时，可比平时多吃些鸡、鱼、瘦肉和动物的肝、肾、血等，牛肉、猪肝、猪腰、鸡蛋中的蛋白质最适于促进乳汁分泌。豆类及豆制品虽不如动物性蛋白质，但也不可忽视。此外，还要多吃些新鲜蔬菜。

2. 正常分娩产褥期饮食安排

产后1~2天应进食易消化的流质或半流质食品。产后第一天应吃流质食物，如小米粥、豆浆、牛奶等，多喝汤水。第二天则可吃较稀软清淡的半流食，如水卧鸡蛋、鸡蛋挂面、蒸鸡蛋羹、蛋花汤、馄饨和甜藕粉等。以后可根据产妇具体情况，采用营养丰富的滋补性食品提供普通饮食。

3. 会阴切开产妇及剖宫产妇女产褥期的饮食安排

分娩时，若有会阴撕裂伤，应给予流质或半流质等少渣饮食5~6天，不使形成硬便，以免再度撕伤缝合的肛门括约肌。行剖宫产者，术后待胃肠功能恢复后，应给予流质1天（忌食牛奶、豆浆、蔗糖等胀气食品），待产妇情况好转后，改用半流质饮食1~2天，再转入普通饮食。

按照传统习惯，产妇要多食用红糖、芝麻、鸡蛋、小米粥、鸡汤、鱼汤、肉汤等，这些食物营养丰富，有利于下乳，且符合产妇的生理需求。

产妇饮食原则

1. 由于产妇分娩时会有大量液体排出，且卧床时间较多，肠蠕动减弱，易产生便秘，故产妇要多吃蔬菜及含粗纤维的食物。但如果会阴部有裂伤时，要吃一周少渣半流质食物。

2. 补充高热量饮食。产妇每日热量的供应应增加800千卡左右，也就是总量在3000千卡左右。

3. 产妇多呈负氮平衡，故在产褥期要大量补给蛋白质。牛奶及其制品、大豆及豆制品都是很好的蛋白质和钙的来源。粮食要粗细搭配。

产妇进补禁忌

1. 忌寒凉之物，宜食温热食物，以利气血恢复。
2. 忌熏炸香燥食物，宜食汤粥。
3. 忌酸涩收敛食物，如乌梅、柿子等。
4. 忌辛辣发散食物，否则加重产后气血虚弱。
5. 忌渗水利湿的食物，如冬瓜、茶水等。

产妇养生推荐食物

产妇养生推荐食物：花生、猪蹄、排骨、牛肉、羊肉、乌鸡、鳝鱼、丝瓜、木瓜、小米。

木瓜玉米汤 难易度

原料 木瓜100克，熟玉米75克

调料 盐、白糖各适量

做法 1. 将木瓜削去皮，去籽，洗净，切成小块；熟玉米切小段，备用。

2. 炒锅置火上，倒入水，放入木瓜、熟玉米烧开，调入盐、白糖，小火煮3分钟即可。

产妇养生明星食材 木瓜

木瓜的营养成分主要有糖类、膳食纤维、蛋白质、维生素B、维生素C、钙、钾、铁等，其味甘性平，可降压、解毒、消肿驱虫、帮助乳汁分泌、消脂减肥等。

我国自古就有用木瓜来催乳的传统。木瓜中含有一种木瓜素，有高度分解蛋白质的能力，鱼肉、蛋品等食物在极短时间内便可被它分解成人体很容易吸收的养分，直接刺激母体乳腺的分泌。同时，木瓜自身的营养成分较高，故又称木瓜为乳瓜。

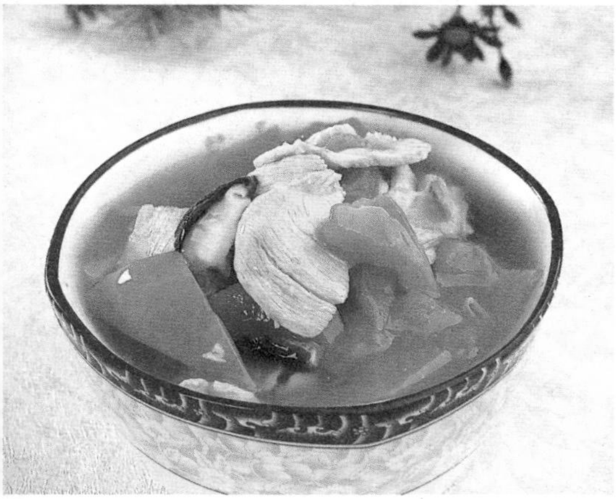

香菇鸡片木瓜煲 难易度

原料 鸡胸肉250克，香菇100克，木瓜50克

调料 色拉油、盐、白糖、高汤各适量

做法 1. 将鸡胸肉洗净，切片；香菇、木瓜处理干净，切块备用。

2. 炒锅置火上，倒入色拉油烧热，放入鸡肉煸炒至熟，放入香菇、木瓜翻炒片刻，倒入高汤，调入盐、白糖煲熟即可。

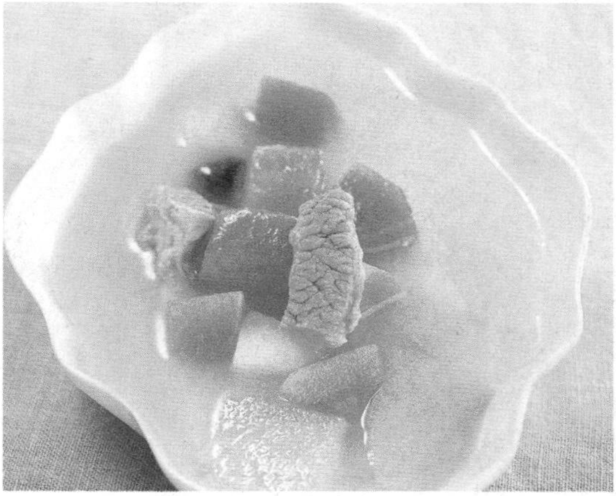

木瓜苹果汤 难易度

原料 木瓜、苹果各150克，猪瘦肉50克，桂圆10克

调料 冰糖适量

做法 1. 木瓜去皮去籽，洗净切块；猪瘦肉洗净，切成条；苹果洗净，去皮去核，切块；桂圆去壳，备用。

2. 将木瓜、猪肉、苹果、桂圆入清水锅中，大火煮开后转小火煮50分钟，加适量冰糖调味即可。

产妇养生明星食材 乌鸡

乌鸡含有大量的维生素A、微量元素硒和黑色素，它们具有清除体内自由基、抑制过氧化脂质形成、抗衰老和抑制癌细胞生长的功效。乌骨鸡含有大量铁元素，具有滋阴补血、健脾固冲的作用，可有效治疗女性月经不调、缺铁性贫血等症。《本草纲目》认为“（乌鸡）益产妇，治妇人崩中带下”。乌鸡含有人体不可缺少的多种维生素、赖氨酸、蛋氨酸和组氨酸等，经常食用可以有效调节生理机能，提高人体免疫力。

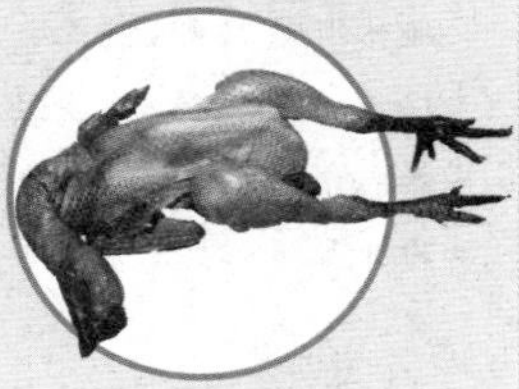

配膳指导

最佳搭配

◎ 乌鸡+荔枝：补血养颜，强身健体。

◎ 乌鸡+粳米：养阴，清热，补中。

◎ 乌鸡+竹荪：减少对胆固醇的吸收。

不宜和禁忌搭配

◎ 乌鸡+黄豆：影响蛋白质、铁、锌的吸收。

◎ 乌鸡+海蟹：导致营养流失。

相关人群

◎ 适宜人群：体虚血亏、肝肾不足、脾胃功能不佳者。

◎ 不宜人群：肥胖、严重皮肤病患者，及感冒发热者。

乌鸡汤 难易度

原料 乌鸡1只，枸杞20克

调料 盐、葱、姜、香菜段各适量

做法 1. 将乌鸡治净，剁块；枸杞泡开备用。

2. 炒锅置火上，倒入水，调入盐、葱、姜，放入乌鸡烧沸，撇去浮沫，小火烧制20分钟，撒入香菜段即可。

蛹虫草煲乌鸡 难易度

原料 乌鸡1只，蛹虫草30克

调料 盐适量

做法 1. 将乌鸡治净，斩块，汆水；蛹虫草洗净备用。

2. 锅置火上，倒入水，放入乌鸡、蛹虫草，调入盐煲熟即可。

淮杞煲乌鸡

难易度

原料 乌鸡、山药、枸杞、菜胆各适量

调料 姜、料酒、盐、清汤、植物油各适量

做法

1. 将乌鸡治净，放入开水锅中汆煮一下，捞出控净水分。姜洗净，切片。山药去皮，洗净，切成厚片。枸杞洗净。
2. 将乌鸡、山药、菜胆、枸杞、姜片一起放入电压力锅，滴入少许植物油，倒入清汤，控制器调到20分钟（或按“汤”键），待电压力锅进入保温状态后打开盖，加盐、料酒拌匀即可。

爱心提醒

① 乌鸡入锅炖前要将骨头砸碎，这样有助于营养素释放到汤里，使汤的营养价值更高。

② 乌鸡先用开水汆烫，使碎渣、血水凝结，然后再清洗一下，炖出来的汤会非常清澈，味道也更好。

营养功效

乌鸡含有10余种氨基酸，蛋白质、维生素B_2、维生素E等含量也很高，能补血补气、延缓衰老、健脾补钙。枸杞子富含胡萝卜素、维生素A、维生素B_1、维生素B_2、维生素C和钙、铁等营养素，可用来治疗肝血不足等症。

步骤图

产妇养生明星食材 猪蹄

猪蹄，又叫猪脚、猪手，通常称前蹄为猪手，后蹄为猪脚。猪蹄含有丰富的胶原蛋白质，脂肪含量也比肥肉低。胶原蛋白质在烹调过程中可转化成明胶。明胶具有网状空间结构，能结合很多水分，增强细胞生理代谢，有效地改善机体生理功能和皮肤组织细胞的储水功能，使细胞得到滋润，保持湿润状态，防止皮肤过早褶皱，延缓皮肤的衰老过程。猪蹄对于经常性的四肢疲乏、腿部抽筋、麻木、消化道出血、失血性休克患者有一定辅助疗效，也适宜大手术后及重病恢复期间的老人食用，有助于青少年生长发育和减缓中老年妇女骨质疏松的速度。传统医学认为，猪蹄有壮腰补膝和通乳之功效，可用于肾虚所致的腰膝酸软和产妇产后缺少乳汁之症。

家常猪手煲 难易度

原料 猪手1个，枸杞10粒，大枣5颗

调料 色拉油、盐、菜叶、葱段、姜片各适量

做法
1. 将猪手洗净，从中间剁开，剁成小块，汆水；枸杞、大枣泡开，洗净备用。
2. 炒锅置火上，倒入色拉油烧热，葱段、姜片炝香，放入猪手翻炒片刻，加水，调入盐、枸杞、大枣，小火煲30分钟，撒入菜叶即可。

银木猪蹄汤 难易度

原料 猪蹄1个，银耳、木耳各20克

调料 盐、胡椒粉、香菜段、葱、姜各适量

做法
1. 将猪蹄洗净，剁块，汆水后再次冲净；银耳、木耳洗净，撕成小朵备用。
2. 炒锅置火上，倒入色拉油烧热，葱、姜炝香，放入 猪蹄煸炒片刻，倒入水，调入盐，小火烧20分钟，放入木耳、银耳煮开，放入香菜段即可。

茭白猪蹄汤 难易度

原料 猪蹄、茭白各适量

调料 盐、生姜、植物油、绍酒各适量

做法
1. 茭白洗净切片。
2. 猪蹄洗净，放入油锅中，放入生姜、绍酒和适量清水，以旺火煮开，改文火炖烂，加茭白片烧沸几分钟，加盐调味即成。

金针猪蹄汤 难易度

原料 金针菇150克，猪蹄200克

调料 盐适量

做法 1. 将猪蹄刮洗干净，下入沸水锅中汆一下，捞出沥水；金针菇择洗干净，改刀。

2. 将猪蹄、金针菇一起放入净锅内，倒入适量清水，煮至金针烂、猪蹄脱骨，加入盐调味即成。

补气猪手汤 难易度

原料 猪手、白扁豆、枸杞、红枣、薏米各适量

调料 葱段、姜片、盐、料酒、胡椒粉、香菜末各适量

做法 1. 红枣洗净，去核。白扁豆和枸杞洗净。薏米淘洗干净，用清水泡透，捞出。

2. 砂锅置火上，放入清水烧开。

3. 将猪手收拾干净，放入加了料酒的温水中汆至水开，捞出，放入砂锅中，加葱段、姜片、红枣、白扁豆、薏米、枸杞，大火烧开，烹入料酒，转小火，加盐和胡椒粉，再煮40分钟，撒上香菜末即可。

步骤图

产妇养生明星食材　牛肉

牛肉味甘性平，有补中益气、滋养脾胃、强健筋骨、止渴止涎的功效。缺铁性贫血是孕妇易患的一种常见病，其主要症状是注意力不集中、嗜睡、易疲倦和头晕目眩。牛肉中含铁丰富，且极易被人体所吸收，常食可预防缺铁症。牛肉中含有丰富的铁和锌，可增强人体免疫系统的功能，维持皮肤、骨骼和毛发的健康，促进伤口复原。精瘦牛肉中脂肪含量仅为猪肉中脂肪含量的20%，而且胆固醇含量低，氨基酸丰富而全面，维生素、微量元素较多，因此强身健体功效显著，对于孕产妇而言是极理想的滋补健身食物。

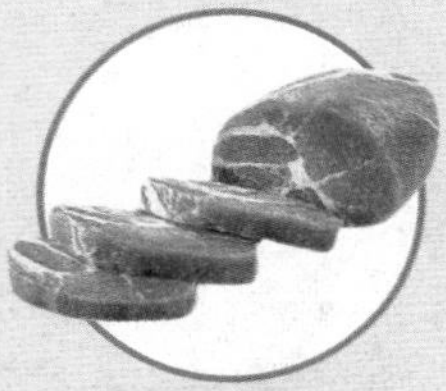

番茄牛肉煲 难易度

原料 酱牛肉250克，番茄200克

调料 色拉油、盐、白糖、番茄酱、香葱段、香菜段各适量

做法 1. 将酱牛肉切方丁；番茄洗净，切方丁备用。

2. 炒锅置火上，倒入色拉油烧热，放入番茄煸炒片刻，倒入水，放入酱牛肉，调入盐、白糖、番茄酱，小火煲2分钟，撒入香菜、香葱即可。

双色煲牛肉 难易度

原料 酱牛肉250克，木耳、银耳各50克

调料 盐、白糖、高汤、香菜各适量

做法 1. 酱牛肉切片；木耳、银耳洗净，撕小朵备用。

2. 炒锅置火上，倒入高汤，调入盐、白糖，放入木耳、银耳、牛肉煲3分钟，撒入香菜即可。

牛肉煲土豆 难易度

原料 牛肉250克，土豆200克

调料 色拉油、盐、酱油、葱、姜、香菜各适量

做法 1. 将牛肉洗净，切块；土豆去皮，洗净，切成滚刀块备用。

2. 炒锅置火上，倒入色拉油烧热，葱、姜炝香，放入牛肉煸炒至变色时，烹入酱油，放入土豆翻炒片刻，倒入水，调入盐，小火煲20分钟，撒入香菜即可。

产妇养生明星食材 羊肉

羊肉有山羊肉、绵羊肉、野羊肉之分。李时珍在《本草纲目》中说："羊肉能暖中补虚，补中益气，开胃健身，益肾气，养肝明目，治虚劳寒冷，五劳七伤。"羊肉既能御风寒，又可补身体，对一般风寒咳嗽、慢性气管炎、虚寒哮喘、肾亏阳痿、腹部冷痛、体虚怕冷、腰膝酸软、面黄肌瘦、气血两亏、病后或产后身体虚亏等一切虚证均有治疗和补益效果，对产妇产后腹痛、出血、无乳或带下均有调理功效，因此非常适宜产妇食用，且以炖汤食用为佳。

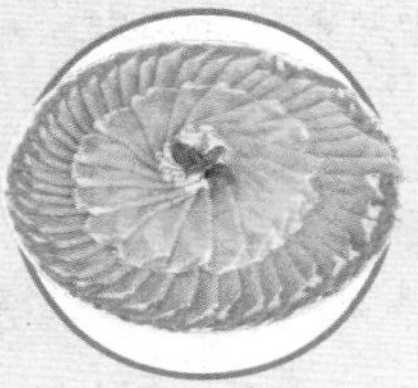

配膳指导

最佳搭配

◎ 羊肉+生姜：温阳散寒。

◎ 羊肉+香菜：固肾壮阳，开胃健力。

◎ 羊肉+杏仁：温补肺气，止咳。

◎ 羊肉+鸡蛋：营养价值更高。

◎ 羊肉+甲鱼：滋阴养血，补肾壮阳。

不宜和禁忌搭配

◎ 羊肉+茶：易导致便秘。

◎ 羊肉+竹笋、鲇鱼：可能引起中毒。

◎ 羊肉+醋：内热攻心。

相关人群

◎ 适宜人群：一般人群均可食用，最宜胃寒、气血两虚、体虚、骨质疏松患者食用。

◎ 不宜人群：高血压、肠炎、痢疾、感冒患者。

羊排鲫鱼煲 难易度

原料 羊排150克，鲫鱼1尾

调料 色拉油、盐、葱段、姜片、香菜、香油、醋各适量

做法 1. 将羊排洗净，剁块；鲫鱼治净，在两侧切上花刀备用。

2. 炒锅置火上，倒入水，放入羊排，汆去血色，捞起冲净备用。

3. 净锅置火上，倒入色拉油烧热，葱段、姜片炝香，放入羊排煸炒片刻，倒入水，调入盐、醋，放入鲫鱼，小火煲20分钟，淋入香油，撒入香菜即可。

白菜羊肉丸子汤 难易度

原料 羊肉200克，大白菜100克，豆腐皮80克，鸡蛋1个，黄芪30克

调料 葱、姜、太白粉、盐、料酒、香油各适量

做法 1. 大白菜洗净，切细丝；豆腐皮切丝；羊肉洗净剁碎，加姜末、葱末搅拌至出汁，打入鸡蛋清，加入太白粉、盐、料酒调拌均匀，做成羊肉丸。

2. 汤煲中加入清水烧开，放入黄芪、白菜丝、豆腐皮丝炖煮30分钟，下入羊肉丸子煮至浮起，调入盐，滴几滴香油即可。

产妇养生明星食材 花生

花生性平味甘，可健脾和胃、扶正补虚、滋养补气、润肺化痰、利水消肿、清咽止疟、止血生乳。产妇常吃花生能帮助下乳（搭配猪蹄炖汤尤为适宜），而且花生衣中含有止血成分，可以对抗纤维蛋白溶解，增强骨髓制造血小板的功能，提高血小板量，改善血小板活性，加强毛细血管的收缩功能，缩短出血时间，是产妇防治再生障碍性贫血的最佳选择。

相关人群

◎ 适宜人群：营养不良、食欲不振者，脚气病患者，儿童、青少年、老年人，产妇。

◎ 不宜人群：高血脂、肠滑便泻、胆病患者。

牛筋花生汤 难易度

原料 牛筋150克，花生米80克，胡萝卜60克

调料 姜片、盐、卤肉料、料酒、牛肉高汤各适量

做法 1. 牛筋洗净，放入高压锅内，加卤肉料、适量清水，煮熟后捞出切块；胡萝卜去皮，先切成长条形，再斜刀切成象眼块。

2. 汤锅内加8杯牛肉高汤烧开，放入牛筋、花生米、胡萝卜、姜片，烹入料酒，煮至牛筋熟烂时加入盐调味即可。

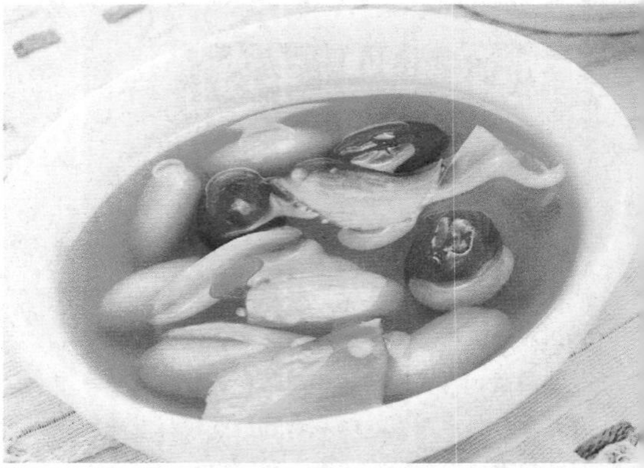

花生百合大枣汤 难易度

原料 干大枣100克，花生米80克，百合50克

调料 红糖适量

做法 1. 大枣、百合洗净，用温水泡发；花生米泡发，剥去红衣。

2. 起锅注入冷水，放入泡发好的大枣、百合和花生米煮半小时，加红糖溶化即成。

牛奶炖花生 难易度

原料 花生米、枸杞、水发银耳、牛奶各适量

调料 冰糖适量

做法 1. 银耳、枸杞、花生米洗净，银耳撕成小朵，花生米用清水浸泡2小时。

2. 锅上火，放入牛奶，加入银耳、枸杞、花生米、冰糖，小火煮至花生米熟透即可。

产妇养生明星食材　猪排骨

猪排骨有较高的营养价值，具有滋阴壮阳、益精补血的功效。猪排骨除含蛋白、脂肪、维生素外，还含有大量磷酸钙、骨胶原、骨粘蛋白等，能为产妇提供钙质、优质蛋白质和必需脂肪酸，其提供的血红素（有机铁）和促进铁吸收的半胱氨酸，能改善缺铁性贫血。产妇分娩时出血较多，因此多喝排骨汤能补充流失的营养元素，且能补血。

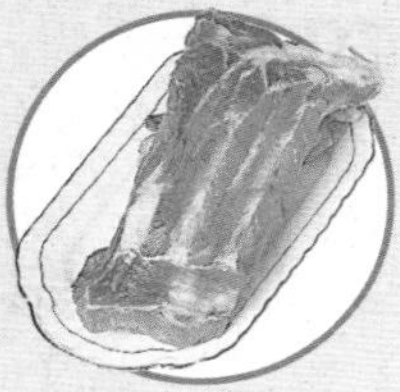

贴心提示

食材选购

排骨应该挑选肋骨，并以肉质较鲜嫩、颜色呈红润色、无异味者为好。另外，排骨还分为扁排和圆排两种，即排骨的骨头是呈圆形或是扁形，其中，骨头较扁的排骨吃起来更可口。

巧煮排骨汤

排骨汤营养丰富，味道鲜美。正确煮法是：用冷水下锅，逐步升高温度，煮沸后用文火煨炖，可使骨组织疏松；煮时可加点醋，不但能促使骨头中的营养成分充分溶解，而且可防止维生素的破坏。煨炖中途不要加冷水，防止骨头上的蛋白质、脂肪等因温度骤然下降而凝固变性，收缩成团，难以溶解，也会使骨头不容易烧酥，降低营养。

木瓜排骨煲

难易度

原料　猪肋排250克，木瓜50克，枸杞10粒

调料　盐、白糖、高汤、酱油各适量

做法

1. 将猪肋排洗净，剁块；木瓜处理干净切滚刀块；枸杞泡好备用。
2. 炒锅置火上，倒入水，调入盐、酱油，放入猪肋排煮至熟，捞起备用。
3. 净锅重新上火，倒入高汤，调入盐、白糖、枸杞，放入猪肋排、木瓜煲8分钟即可。

南瓜红枣排骨汤

难易度

原料　排骨、南瓜、红枣、珧柱各适量

调料　姜片、盐各适量

做法

1. 南瓜去皮、瓤，洗净，切厚块；排骨放入滚水锅中煮5分钟，捞起洗净。
2. 红枣洗净，去核；珧柱洗净，用清水浸软。
3. 煲锅置火上，倒入适量水煲滚，放入排骨、珧柱、南瓜、红枣、姜片煲滚，改慢火煲3小时，加盐调味即可。

产妇养生明星食材 小米

1.滋阴，养血。小米具有养肾气、除胃热、利小便、消水肿等功效，对贫血有一定的辅助治疗作用，特别适宜孕妇及产妇食用。

2.健胃，止呕。小米具有益脾胃、除烦热的作用，对于脾胃虚弱、反胃、呕吐及脾虚泄泻、消化不良有一定疗效，更适宜孕妇患有妊娠中毒症伴呕吐、心烦者食用。

3.益肾，安胎。小米具有养肾气的作用，故能安胎。

配膳指导

最佳搭配

◎ 小米+豆制品：保持色氨酸与赖氨酸的相对平衡。

◎ 小米+肉类、黄豆：提高蛋白质的吸收利用率。

◎ 小米+大米：提高营养价值。

不宜和禁忌搭配

◎ 小米+杏：令人呕泻。

◎ 小米+虾皮：致人恶心呕吐。

相关人群

◎ 适宜人群：老人、病人、产妇及神经衰弱、睡眠不佳者。

◎ 不宜人群：气滞者，素体虚寒、小便清长者。

三蔬米糊 难易度

原料 小米100克，莴笋、胡萝卜、白萝卜各40克

调料 盐适量

做法
1. 莴笋、胡萝卜、白萝卜分别去皮洗净，切成小丁；小米漂洗去糠皮，控去水分。
2. 把小米倒在豆浆机内，加清水至下水位线，泡8小时，加入莴笋丁、胡萝卜丁和白萝卜丁。
3. 放入机头，按常法打成糊，加盐调味，倒在碗内即可食用。

营养功效

孕妇常服能强身健体，增加食欲，帮助消化，防止便秘，有利安胎。

番茄豆腐米糊 难易度

原料 小米100克，豆腐50克，番茄1个

调料 盐适量

做法
1. 小米漂洗去糠皮，控干水分；豆腐切成小丁，用沸水焯透；番茄洗净去皮，切丁。
2. 把小米倒入豆浆机内，注入清水至上下水位线之间，浸泡8小时，按常规搅打两遍。
3. 再加入豆腐丁和番茄丁，继续搅打成糊，调入盐，倒在碗内食用即可。

营养功效

此米糊含有丰富的维生素C和优质蛋白质，孕早期妇女食用后，可提高免疫力并能促进胚胎的发育。

产妇养生明星食材 鳝鱼

鳝鱼肉嫩味鲜，营养价值很高，含有丰富的DHA和卵磷脂，这两种物质是构成人体各器官组织细胞膜的主要成分，而且是脑细胞不可缺少的营养物质。经常摄取卵磷脂，有助于提高记忆力，故食用鳝鱼肉有补脑健身的功效，对产妇恢复健康极为有益。

黄鳝肉性味甘、温，有补中益血，治虚损之功效。根据《本草纲目》记载，黄鳝有补血、补气、消炎、消毒、除风湿等功效。

配膳指导

最佳搭配

◎ 鳝鱼+青椒：降糖，开胃。

◎ 鳝鱼+金针菇：健脑益智，补精安神。

◎ 鳝鱼+韭黄：温补肝肾，明目提神。

不宜和禁忌搭配

◎ 鳝鱼+山楂：降低营养价值，影响消化吸收。

◎ 鳝鱼+菠菜：性味功能相悖，易致腹泻。

◎ 鳝鱼+南瓜：功效相互抵消，无益健康。

◎ 鳝鱼+狗肉：温热助火，使旧病复发。

相关人群

◎ 适宜人群：一般人群均可食用，最适宜糖尿病、贫血、子宫下垂、内痔出血患者食用。

◎ 不宜人群：瘙痒性皮肤病、红斑狼疮、肠胃不佳者不宜食用。

冬笋干煲黄鳝 难易度

原料 黄鳝200克，冬笋干30克

调料 色拉油、红干椒、盐、酱油、葱、姜、高汤、胡椒粉、剁椒、淀粉各适量

做法 1. 将黄鳝治净，去头骨，切段，加淀粉抓匀，滑油；冬笋干泡开，洗净，切段备用。

2. 锅置火上，倒入色拉油烧热，红干椒、剁椒、葱、姜爆香，烹入酱油，放入冬笋干煸炒片刻，倒入高汤，调入盐、胡椒粉，放入黄鳝至熟即可。

莴干煲鳝片 难易度

原料 鳝片150克，莴笋干25克

调料 猪油、盐、绍酒、姜、淀粉各适量

做法 1. 将鳝片洗净，切段，加入淀粉氽水；莴笋干泡开，洗净备用。

2. 锅置火上，倒入猪油，姜炝香，烹入绍酒，放入莴笋干，倒入水，调入盐、鸡精烧沸，放入鳝片煲熟即可。

儿童养生汤

——ertong yangshengtang

生长发育是儿童不同于成人的最根本的生理特点。一般以"生长"表示形体的量的增长，"发育"表示功能活动的进展，两个方面是密切相关、不可分割的。通常"发育"一词也包含了机体质和量两方面的动态变化。掌握有关生长发育的基本常识，对于小儿保健具有重要意义。

要提高儿童的健康水平，既要重视孩子的日常饮食，注意各种营养素的合理配比，也要适当补充他们容易缺乏的营养素。在这个过程中儿童不仅要获取营养素，营养行为和营养气氛对其生长发育影响也极大，也就是说，要想使儿童健康成长，养成良好的进食习惯与摄取充足合理的营养素同样重要。

对儿童健康有益的营养素及主要来源

1. 蛋白质。每日应有50%的蛋白质来源于动物性食物，如鱼肉、鸡蛋、牛奶和禽畜肉类等。

2. 碘。含碘丰富的食品应多食用，如海带、紫菜、发菜、海蜇、海参等海产品及鸡蛋、山药、柿子等。

3. 脂肪。主要是不饱和脂肪酸科学的补充方法，一是在做菜时选择植物油，二是多吃些富含植物性脂肪的小零食（如核桃、芝麻、花生、松子、葵花子等），三是多吃些鱼和贝类，这些食品被世界卫生组织赞为"最佳健脑长高食品"。

4. 铁质。动物肝脏、红肉类（指牛肉、羊肉等）、蛋黄、鱼以及豆类含铁量都非常高，且生物利用率也较高。

5. 钙质。牛奶是钙的最好来源，每100毫升牛奶可以提供100～130毫克钙质。每天喝1～2杯（250～500毫升）牛奶，经常吃豆类及其制品，再加上膳食中其他食品所含的钙，可基本满足儿童日常所需。

6. 维生素D。多存在于海鱼及动物的肝脏、禽、蛋中，这些食物可经常给儿童食用。

儿童饮食原则

1. 食物营养要全面而均衡。

2. 要保证足量的营养物质摄入，但也不宜过量，以免导致肥胖。

3. 适当增加餐次，有条件的应课间加餐。

不利于儿童健康的食物

口味较重的调味料、咸鱼、生冷海鲜、质地坚硬的食物、经过加工的精制食品（如方便面、饼干、火腿肠等）、经过油炸的食物、果冻、泡泡糖、罐头食品、可乐等碳酸饮料、烤羊肉串等熏烤食品、巧克力、洋快餐等。

儿童进补禁忌

1. 忌寒凉食物，西瓜、梨子、香蕉要少吃。

2. 忌过食辛辣、油腻、酸甜食物，以免伤脾胃、伤牙齿。

3. 忌食含过多食品添加剂的食物。

4. 忌进补不顺春、夏、秋、冬四时。

儿童养生推荐食物

动物肝、牛肉、鸡肉、鸡蛋、鹌鹑蛋、香菇、兔肉、鳗鱼、牡蛎、西蓝花、胡萝卜。

参枣猪肝汤 难易度

原料 党参、大枣、猪肝各适量

调料 盐适量

做法

1. 猪肝入清水中泡净血水。党参和大枣洗净，用温水浸泡30分钟。
2. 锅中放适量冷水，放党参、大枣，小火煮30分钟，再加刚才一半量的冷水，继续煮15分钟。
3. 将参枣汤和洗净的猪肝放在砂锅里，一同煮30分钟，加盐调味即可。

儿童养生明星食材 猪肝

猪肝含有丰富的铁、磷，是造血不可缺少的原料；猪肝中富含蛋白质、卵磷脂和微量元素，有利于儿童的智力发育和身体发育，因此特别适宜儿童食用。猪肝中含有丰富的维生素A，常吃猪肝，能帮助保护视力。据近代医学研究发现，猪肝具有多种抗癌物质，如维生素C、硒元素等，因此猪肝还具有较强的抑癌和抗疲劳功效。

需注意的是，炒猪肝不要一味求嫩，要充分制熟，以免有毒素和寄生虫残留。

猪肝双花煲 难易度

原料 猪肝300克，西蓝花50克，菜花30克

调料 盐、葱、姜、色拉油、干淀粉、花椒油各适量

做法

1. 将猪肝洗净，切片，加入干淀粉抓匀；西蓝花、菜花洗净，均掰成小块备用。
2. 炒锅置火上，倒油烧热，葱、姜爆香，放入猪肝，煸炒至熟，放入西蓝花、菜花翻炒片刻，倒入水，调入盐煲熟，淋入花椒油即可。

猪肝羹 难易度

原料 猪肝200克，鸡蛋2个，葱30克，淡豆豉10克

做法

1. 将淡豆豉煎汁，去渣备用。猪肝切成薄片。葱洗净，取葱白切段，其余切葱花。鸡蛋磕入碗中，搅匀。
2. 肝片与葱白段一同放入豉汁中，倒入锅里，加适量水，上火煮至肝熟，淋入鸡蛋液煮开，撒葱花即可。

儿童养生明星食材 鸡肉

鸡肉含蛋白质、脂肪、钙、磷、铁、维生素A、维生素B_1、维生素B_2、尼克酸、维生素C、维生素E等极其丰富的营养成分。鸡肉中蛋白质的含量较高，氨基酸种类多，而且消化率高，很容易被人体吸收利用。鸡肉有增强体力、强壮身体的作用，另外含有对人体生长发育有重要作用的磷脂类，是中国人膳食结构中脂肪和磷脂的重要来源之一。

鸡肉对营养不良、畏寒怕冷、乏力疲劳、贫血、虚弱等有很好的食疗作用。祖国医学认为，鸡肉有温中益气、补虚填精、健脾胃、活血脉、强筋骨的功效。

但需注意，鸡肉性温，多食容易生热动风，因此不宜过量食用。另外，要避免买到激素喂养的鸡，最好选择土鸡来给孩子吃，才能真正起到补益的作用，而不会带来影响正常发育的恶果。

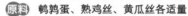

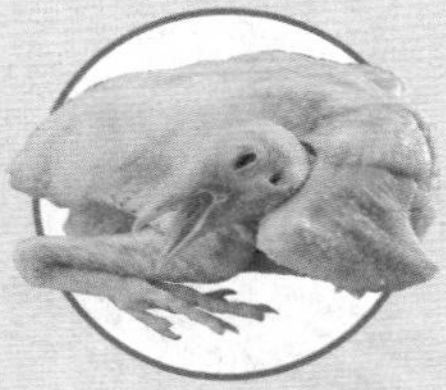

鸡丝鹌鹑蛋汤

难易度

原料 鹌鹑蛋、熟鸡丝、黄瓜丝各适量

调料 盐、鸡汤各适量

做法

1. 将鹌鹑蛋煮熟，剥去蛋壳，放大汤碗中待用。
2. 锅置火上，倒入鸡汤烧开后放入盐调味，倒入装有鹌鹑蛋的汤碗中，最后撒上熟鸡丝、黄瓜丝即可。

鸡肉豆腐米糊

难易度

原料 小米100克，豆腐、鸡肉各25克，鸡蛋半个

调料 盐适量

做法

1. 将小米用清水漂净糠皮，控干净水分；鸡肉切成末；豆腐切小丁，用沸水焯一下；鸡蛋磕入碗内调匀。
2. 将小米放入豆浆机桶内，注入清水至下水位线，浸泡8小时，再加入鸡肉和豆腐，放入机头，按常法搅打3遍。
3. 断电后取出机头，淋入鸡蛋液，加适量盐调味，再放入机头搅打一遍，倒在碗中即可。

营养功效

鸡肉、鸡蛋均富含丰富的锌和铁，豆腐含铁也较丰富。小儿常吃此糊，能充分补充微量元素锌、铁，对健康发育有益。

苹果滑炖鸡

难易度

原料 鸡腿肉、鸡蛋液、苹果、水发银耳、百合、陈皮、南北杏仁各适量

调料 姜片、淀粉、料酒、盐、植物油各适量

做法

1. 鸡腿肉洗净，切块，加鸡蛋液、淀粉、料酒抓匀；苹果洗净，去蒂，除核，切块；银耳去蒂，洗净，撕成小片；百合削去老根，洗净，分瓣；南北杏仁洗净。
2. 锅置火上，倒入适量植物油，待油温烧至三四成热，放入鸡腿肉滑炒至变色，倒入清水稍煮，捞出控净水分。
3. 砂锅中倒入适量清水，放入鸡肉、姜片、南北杏仁、水发银耳、陈皮、苹果和盐，水开后转中小火炖20分钟，放入百合稍煮即可。

高手支招

1. 鸡腿肉烹调前要加调料腌制一下，不仅更加入味，而且由于加入了淀粉，炖好的鸡腿肉会更加鲜嫩多汁。

2. 滑炒鸡腿肉的油温不宜太高，以三四成热为宜，这样炒出来的鸡肉口感嫩滑。

3. 百合一定要在起锅前放入，过早放入不但会被炖烂，而且颜色会变黑。

4. 鸡胸肉肉质软，适合切丝炒菜；鸡腿肉有弹性，适合切成大块炖煮。烹调这道苹果滑炖鸡，宜选用鸡腿肉。

5. 炖制这道菜宜选用国光苹果、红富士苹果或青苹果，这些品种的苹果水分含量较高，而且口感脆爽；不建议选用黄香蕉苹果，这种苹果口感软面，容易被炖烂而影响菜肴质量。

步骤图

儿童养生明星食材 鸡蛋

鸡蛋被公认为是营养丰富的食品，它含有蛋白质、脂肪、卵磷脂、多种维生素和铁、钙、钾等人体所需要的营养成分，其中卵磷脂是婴幼儿身体发育特别需要的物质。

鸡蛋的做法很多，有煮鸡蛋、蒸鸡蛋、煎鸡蛋、炒鸡蛋、蒸蛋羹、蛋花汤等。其中，以蒸蛋羹、蛋花汤最适合儿童食用。因为这两种做法既能灭菌、又能使蛋白质松解，极易被儿童消化吸收。

如果吃煮鸡蛋，应该掌握好煮蛋时间，一般以8分钟~10分钟为宜。若煮得太生，蛋白质没有松解，则不易消化吸收；若煮得太老，蛋白质的结构由松变得紧密，同样不易消化吸收 。

煎鸡蛋、炒鸡蛋不太适合儿童食用。因为在做煎鸡蛋和炒鸡蛋时，鸡蛋的表面会被一层油所包裹，油的高温往往会使部分蛋白烧焦，导致氨基酸受到破坏，降低营养价值。同时，煎蛋和炒蛋不易被孩子消化吸收，给肠胃造成负担。

蛋黄豌豆米糊 难易度

原料 大米75克，豌豆25克，鸡蛋黄半个

调料 盐适量

做法
1. 大米淘洗干净，控去水分；豌豆用沸水焯一下，捞出备用。
2. 将大米放入豆浆机桶内，注入清水至上下水位线之间，浸泡8小时，再加入豌豆、鸡蛋黄和盐。
3. 放入机头，接通电源，按“米糊”键，反复搅打、加热和熬煮，约20分钟提示音响后，将米糊倒在碗中即可食用。

营养功效

豌豆和鸡蛋黄均富含钙质，是小儿补钙佳品。6个月以上婴儿开始出乳牙，是骨骼生长发育的阶段，多服用此米糊，有利健康成长。

西红柿紫菜蛋汤 难易度

原料 西红柿150克，鸡蛋2个，紫菜15克

调料 盐、葱、湿淀粉、香油、香菜、花生油各适量

做法
1. 将西红柿洗净，切片；鸡蛋打入碗内，搅匀；紫菜用温水泡开，备用。
2. 炒锅置火上，倒入花生油烧热，入葱爆香，放入西红柿煸炒至碎，倒入水，烧沸后撇去浮沫，调入盐，放入紫菜，倒入适量水。
3. 淀粉勾芡打入鸡蛋，淋入香油，撒入香菜即可。

营养功效

具有止咳，消食，清热化痰的功效。适合高血压、恶性肿瘤、动脉硬化等患者食用。

青菜兔肉汤 难易度

原料 兔肉、青菜各适量

调料 盐、白糖、料酒、胡椒粉、味精、鸡精、姜片、香油、高汤各适量

做法 1. 青菜洗净。兔肉剁小块，汆水备用。

2. 锅内加高汤烧沸，放姜片、兔肉煮熟，调入盐、白糖、料酒、胡椒粉、味精、鸡精，下入青菜稍煮，淋香油即可。

儿童养生明星食材 兔肉

兔肉属于高蛋白质、低脂肪、低胆固醇的肉类，脂肪和胆固醇含量低于其他肉类，故有“荤中之素”的别名。兔肉质地细嫩，味道鲜美，营养丰富，消化率可达85%，这是其他肉类所不能比拟的。因为兔肉营养价值很高，且不会给消化带来负担，所以很适宜儿童食用。另外，兔肉中磷脂含量较高，而磷脂是大脑的重要组成部分，它在人体内可以形成一种有助于记忆、信息传递的物质—乙酰胆碱，所以若能经常食用兔肉，可以提高儿童的智商。

兔肉煲茭瓜 难易度

原料 兔肉150克，茭瓜100克

调料 花生油、盐、葱、姜、酱油各适量

做法 1. 将兔肉、茭瓜洗净，均切块备用。

2. 锅置火上，倒入花生油烧热，葱、姜爆香，烹入酱油，放入兔肉煸炒上色，放入茭瓜，倒入水，调入盐至熟即可。

白萝卜煲兔腿 难易度

原料 兔腿300克，白萝卜100克

调料 色拉油、盐、葱、姜、蒜、胡椒粉、酱油各适量

做法 1. 将兔腿洗净，剁块，调入酱油，腌渍10分钟；白萝卜去皮，洗净，切滚刀块备用。

2. 炒锅置火上，倒入水，放入兔腿汆水冲净备用。

3. 净锅置火上，倒入色拉油烧热，葱、姜、蒜爆香，放入兔腿煸炒1分钟，放入白萝卜同炒，倒入水，调入盐、胡椒粉，小火煲20分钟即可。

儿童养生明星食材 胡萝卜

胡萝卜中的胡萝卜素含量较高，而胡萝卜素又可以在人体内转变成维生素A。维生素A有保护眼睛、促进生长发育、抵抗传染病的功能，是儿童不可缺少的维生素，适当加以补充，可帮助儿童预防皮肤干燥、干眼病、夜盲、生长发育迟缓，以及骨髓、牙齿生长不良等症。

配膳指导

最佳搭配

◎ 胡萝卜+香菜：健脾补虚，祛脂强身。

◎ 胡萝卜+绿豆芽：清热，祛湿。

◎ 胡萝卜+黄豆：有利于骨骼发育。

◎ 胡萝卜+猪肝：养肝，明目，补血。

◎ 胡萝卜+菠菜、莴苣：活血通络，强心，健脾。

不宜和禁忌搭配

◎ 胡萝卜+油菜：降低营养价值。

◎ 胡萝卜+菜花：降低营养价值。

◎ 胡萝卜+红枣：降低营养价值。

◎ 胡萝卜+酒：会导致肝病。

胡萝卜豆浆 难易度

原料 黄豆60克，胡萝卜1/3根

调料 白糖适量

做法 1. 黄豆用清水浸泡10小时，洗净备用。胡萝卜洗净切块。

2. 将胡萝卜和泡好的黄豆洗净，混合放入豆浆机杯体中，加水至上下水位线之间，接通电源，按“五谷豆浆”键，十几分钟后即做好胡萝卜豆浆。

3. 依个人口味加入白糖即可饮用。

营养功效

提高机体免疫力，增强机体的免疫功能。

胡萝卜乌鱼汤 难易度

原料 胡萝卜500克，乌鱼500克，猪瘦肉100克，红枣10个，陈皮1小片

调料 植物油、姜片、胡椒粉、盐各适量

做法 1. 胡萝卜去皮洗净，切厚片。红枣去核。陈皮浸软，去白膜后洗净。猪瘦肉洗净，切块。乌鱼去杂后洗净，抹干水，下油锅煎至稍黄。

2. 全部用料放入开水锅中，放入姜片，武火煮沸后改文火煲2小时，加盐、胡椒粉调味即可。

营养功效

清补益气，健脾化滞。适用于脾胃气虚及病后、术后体弱者的食疗滋补。

儿童养生明星食材 紫菜

据科学分析：紫菜中含有较丰富的钙、磷、铁等微量元素。现代医学认为，这些微量元素是儿童体内不可缺少的。一旦缺少，易患相应的疾病。其中，儿童体内最易缺乏的是钙和铁。缺乏钙，易患骨质疏松症，骨质软化、软骨病、肌肉抽筋；缺乏铁，易患缺铁性贫血。因此，家长平时应多给儿童吃些紫菜等含微量元素多的食品，这有利于他们生长发育和身体健康。

配膳指导

最佳搭配

◎ 紫菜+甘蓝：利于更好地发挥功效。

◎ 紫菜+鸡蛋：补充维生素B_{12}和钙质。

◎ 紫菜+海带：淡利水湿，降脂减肥。

不宜和禁忌搭配

◎ 紫菜+柿子：影响钙的吸收。

◎ 紫菜+酸涩的水果：会造成胃肠不适。

相关人群

◎ 适宜人群：贫血、水肿、高血压、高血脂、脚气病患者适合多吃。

◎ 不宜人群：胃寒、肠胃炎、腹痛者不宜多吃。

紫菜补钙豆浆

难易度

原料 黄豆40克，大米15克，紫菜、小米各10克

调料 葱、盐各适量

做法 1. 将黄豆用清水浸泡10小时。紫菜、大米、小米分别洗净。葱切碎。

2. 将上述处理好的用料一同放入豆浆机杯体中，加水至上下水位线间，接通电源，按“五谷豆浆”键，煮至豆浆机提示豆浆做好。

3. 在豆浆中添加少量盐调味，即可直接饮用。

营养功效

营养互补，增强钙质，健壮骨骼。

紫菜白萝卜汤

难易度

原料 白萝卜350克，紫菜30克，陈皮8克

调料 盐适量

做法 白萝卜洗净、切丝，紫菜、陈皮剪碎，一起放入锅内，加水适量，煎煮30分钟，酌加适量盐调味即成。

营养功效

健脾祛脂、补虚降糖，适用于肥胖症、高脂血症合并糖尿病的病人。

儿童养生明星食材 香菇

香菇热量低，蛋白质、维生素含量高，能提供儿童身体所需的多种维生素，对儿童生长发育很有好处。香菇中含有一般蔬菜所缺乏的麦甾醇，麦甾醇可转化成维生素D，能促进儿童体内钙的吸收，经常食用香菇可增强儿童免疫力，对预防感冒也有良好的效果。鉴于儿童消化系统比较娇弱，做香菇时一定要洗净、蒸透、煮烂。妈妈们要记住，要想充分吸收香菇的营养，最好选择干香菇。

配膳指导

最佳搭配

◎ 香菇+蘑菇：滋补强壮，消食化痰。

◎ 香菇+菜花、西蓝花：营养全面，有益健康。

◎ 香菇+油菜：益智健脑，润肠通便。

◎ 香菇+猪肉：营养均衡，健身强体。

◎ 香菇+鲤鱼：营养成分互补。

不宜和禁忌搭配

◎ 香菇+驴肉：引起腹痛、腹泻。

◎ 香菇+野鸡：引发痔疮。

相关人群

◎ 适宜人群：一般人群均可食用。尤其适宜贫血、抵抗力低下、高血脂、高血压、糖尿病患者食用。

◎ 不宜人群：产后病后以及脾胃寒湿气滞或皮肤瘙痒病患者忌食。

扇贝香菇汤 难易度

原料 扇贝400克，香菇50克，菜胆10克

调料 盐、香油各适量

做法
1. 将扇贝洗净；香菇去蒂，洗净，切片；菜胆洗净备用。
2. 炒锅置火上，倒入水，放入扇贝，煮至开口，捞起取肉，原汤留用。
3. 将原汤倒入锅内，放入香菇，调入盐，烧沸半分钟，放入扇贝、菜胆，淋入香油即可。

土豆香菇猪肉煲 难易度

原料 土豆200克，猪肉120克，香菇10克

调料 花生油、盐、八角、葱、姜、高汤、酱油各适量

做法
1. 将猪肉洗净，切片；土豆去皮，洗净，切滚刀块；香菇去蒂，洗净，切花刀备用。
2. 炒锅置火上，倒入花生油烧热，放入葱、姜、八角爆香，放入猪肉煸炒至熟，烹入酱油，放入土豆、香菇略炒，倒入高汤，调入盐煲至熟即可。

香菇豆腐汤

原料 干香菇50克，豆腐100克，鲜笋肉80克

调料 黄豆素汤、熟花生油、湿淀粉、盐、胡椒粉、葱花、香油各适量

做法 1. 香菇洗净，用温水泡发，去蒂切丝，保留泡发时用的水；豆腐切丁；鲜笋肉切片，放入热油锅中迅速翻炒，盛出备用。

2. 锅置火上，倒入黄豆素汤和泡香菇的水烧开，加入香菇丝、豆腐丁、鲜笋片，加盐、胡椒粉、熟花生油，撇去浮沫，用湿淀粉勾芡，淋香油，撒葱花即成。

西蓝花鲜蘑汤 难易度

原料 西蓝花200克，鲜蘑菇50克

调料 色拉油、盐、酱油、葱、姜、香油各适量

做法 1. 将西蓝花洗净，掰成小块；鲜蘑菇洗净，撕成条，备用。

2. 炒锅置火上，倒入色拉油烧热，葱、姜炝香，放入西蓝花、鲜蘑菇，同炒至断生，调入酱油、盐，倒入水烧沸，淋入香油即可。

菌菇煲双花 难易度

原料 多种菌菇150克，菜花78克，西蓝花60克，火腿粒适量

调料 盐、高汤各适量

做法 1. 将多种菌菇用清水浸泡，去盐分，洗净；菜花、西蓝花洗净，均掰成小块备用。

2. 炒锅置火上，倒入高汤，调入盐，放入菌菇、菜花、西蓝花煲熟，撒入火腿粒即可。

儿童养生明星食材 牡蛎

牡蛎俗称蚝，别名蛎黄、海蛎子。牡蛎肉肥嫩爽滑，味道鲜美，营养丰富，素有“海底牛奶”之美称。不仅可以宁心安神，益智健脑，还有强筋健骨、益胃生津等作用，是儿童健康的营养之餐。据分析，干牡蛎肉含蛋白质高达45%～57%、脂肪7%～11%、肝糖元19%～38%，还含有多种维生素及牛磺酸和钙、磷、铁、锌等营养成分，钙含量接近牛奶的2倍，铁含量为牛奶的21倍。

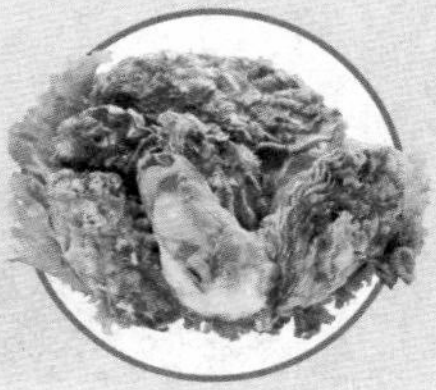

贴心提示

◎ 清洗牡蛎时先在水中加入盐，轻轻搓洗，特别要将边缘一圈黑黑的脏污洗掉（不要太用力），再用清水冲洗干净。

◎ 可在牡蛎中加入泡咖啡剩下的咖啡渣轻轻拌匀，再用清水洗去残渣。这样不但可以去除腥味，还能顺便将牡蛎中的脏污与细沙带走。

◎ 牡蛎表面那层黏膜是腥味的源头。可先用清水冲洗牡蛎，再用80℃～90℃的温水烫去牡蛎外层的黏液，这样不仅可以将牡蛎清洗干净，还能去除腥味。

◎ 先将牡蛎放入冰水中浸泡一会儿，捞起后充分沥干水分，再均匀蘸裹地瓜粉，入180℃油锅中以中火炸制，炸时要用锅铲不停地翻动，待炸至牡蛎浮起且表面呈现金黄色时即可捞出。这样炸出的牡蛎饱满不缩水，口感酥脆。

牡蛎紫菜汤 难易度

原料 牡蛎肉、蘑菇各200克，紫菜50克

调料 香油、盐、姜片、葱花各适量

做法
1. 牡蛎肉洗净，蘑菇洗净切片。
2. 锅中加适量清水烧沸，倒入蘑菇片、姜片煮20分钟，加入牡蛎肉、紫菜煮熟，加香油、盐调味，撒葱花即成。

营养功效

软坚散结，化痰，清热利尿。

番茄牡蛎汤 难易度

原料 番茄、牡蛎肉、鸡蛋各适量

调料 葱、姜、香菜段、盐、植物油各适量

做法
1. 番茄洗净，去蒂，切月牙瓣。牡蛎肉逐个放在水龙头下冲洗净泥沙。鸡蛋洗净，磕入碗中，打散。葱洗净，切末。姜洗净，切末。
2. 锅置火上烧热，倒入植物油，炒香葱姜末，放入番茄和牡蛎肉翻炒均匀，淋入清水（使没过锅中食材）煮至番茄熟软，淋入鸡蛋液搅匀成蛋花，加盐调味，撒入香菜段即可。

Part 5

88道调养脏器的

五脏养生汤

88DAO TIAOYANGZANGQI DE WUZANGYANGSHENGTANG

心脏、肝脏、脾脏、肺脏、肾脏，这五脏需要不同的食物滋养。根据我国中医传统理论，本章选择相应食物煲汤，帮助您呵护它们的健康。

养心护心养生常识

中医认为春夏当养阳，养阳重在养心。应多食用清心安神、滋阴清热的食品，以缓解心神不宁、心悸失眠、精神倦怠和心慌气短的症状。现代越来越多的研究也证实，心血管疾病与饮食关系密切。西医认为“护心”食物均含有大量纤维素及抗氧化物，可以降低胆固醇、防止血液凝结，达到保护心血管的效果。

养心护心饮食指导

宜食甘酸清润，避免吃得太饱。不宜吃高脂、高胆固醇、高盐的食物，不宜饮过浓的茶或咖啡。忌烟酒。

养心护心推荐食物

鱼类、豆类、谷物、芝麻、蜂蜜、龙眼、葡萄柚、花生、莲子、百合、山楂、洋葱、猪心、苦瓜、芹菜、木耳、南瓜、海带、西红柿、菠菜、藏红花。

养血补血养生常识

中医认为，一个人健康的标准就是气血充足。血气不足的话，就会引起血虚、气虚，引发头痛、失眠、心悸等疾病。缺铁是引起贫血最常见的原因，在日常饮食中应适当增加肝脏、蛋黄、谷类等富含铁质食物的摄取量。另外要均衡膳食，多吃补血的新鲜蔬菜，像黑木耳、紫菜等。

养血补血饮食指导

宜多食温和细软的食物。血虚体质者宜常吃具有补血作用的食物，宜吃高铁、高蛋白、高维生素C的食品，少食碱性食物和油炸食物。气虚体质者宜吃营养丰富、容易消化的平补食品及具有补气作用、性平味甘或甘温之物。忌吃破气耗气之物，忌吃生冷性凉食品，忌吃油腻厚味、辛辣的食物。

养血补血推荐食物

红枣、柑橘、樱桃、龙眼肉、桑葚干、鸭血、猪血、动物肝脏、茄子、菠菜、木耳、胡萝卜、金针菜、红糖、糯米。

吃对食物巧补血

蛋白质：主要来源有肉类、鱼虾类、蛋类、大豆及豆制品、乳制品等。

叶酸：主要来源有动物的肝、肾，还有绿叶蔬菜、马铃薯、豆类、麦胚等。

维生素B_{12}：主要来源有动物的肝、肾。

维生素C：主要来源有蔬菜和水果。

维生素E：主要来源有植物油、坚果、种子、豆类、谷类等。

铁：主要来源是猪肝、猪心、猪肚等，其次为瘦肉、蛋黄、鱼类、虾子、海带、淡菜、紫菜、木耳等，以及桂圆、炒南瓜子、芝麻酱、黄豆、黑豆、菠菜、芹菜、油菜、杏、桃、李子、葡萄干、红枣、柚子、无花果等。

铁铜：主要来源有肝、肾、心等动物内脏，牡蛎和鱼等水产品，荞麦、红薯等粗粮，核桃、葵花子和花生等坚果类，以及豆制品、蘑菇和黑木耳等。

钴：主要来源有动物肝、肾、海产品、绿叶蔬菜等。

锰：主要来源有坚果、原粮、叶菜、茶叶、豆类等。

锌：牡蛎含锌最丰富，其次为瘦肉、肝脏、蛋类等。

钼：主要来源有奶、内脏、干豆等。

铬：主要来源有谷类、豆类、肉类和奶制品等。

钒：主要来源有海产品、蔬菜、豆类等。

红枣黑木耳汤 难易度

原料 黑木耳15克，红枣15颗

调料 冰糖适量

做法 将黑木耳、红枣用温水泡发，放入小碗中，加入适量水和冰糖，入蒸锅蒸1小时即可。

营养功效

清热补血。适用于治疗贫血兼有血热证。

养心补血明星食材 红枣

红枣含有丰富的碳水化合物、蛋白质、维生素B_2、烟酸、维生素C、维生素E、钾、钙、镁、铁等。钾、镁有助于维持神经健康，使心跳节律正常，还可以辅助预防中风，并协助肌肉正常收缩。维生素B_2能减轻眼睛疲劳。烟酸有较强的扩张周围血管的作用，能减轻头痛。中医认为，红枣味甘性温，能补中益气、养血安神、缓和药性，很适合脏躁抑郁、心神不宁、失眠等人士食用。 红枣搭配百合等宁心止烦食材，具有很好的养心安神功效。

红枣补血豆浆 难易度

原料 黄豆80克，花生仁20克，红枣6颗

调料 冰糖适量

做法 1. 将黄豆浸泡10小时，洗净待用。将花生仁洗净。红枣洗净，去核，切碎。

2. 将上述原料一起倒入豆浆机中，加水至合适位置，煮至豆浆机提示豆浆做好。

3. 将豆浆过滤后加冰糖搅拌至化开即可。

红枣银耳汤 难易度

原料 银耳、枸杞子、大枣各适量

调料 冰糖适量

做法 1. 将银耳用清水泡发，去根蒂。

2. 枸杞子、大枣入锅中，加水大火煮沸，加入银耳、冰糖，再改用小火熬煮约1小时，至银耳熟烂即可。

营养功效

益肾补肝，泽肤美发。

养心补血明星食材 赤豆

中医认为，赤豆味甘酸、性平、无毒，有补血养血、健脾养胃、利水除湿、和气排脓、清热解毒、通乳汁的功效，有很好的药用价值。

配膳指导

最佳搭配

◎ 赤豆+鸡肉：补血明目，驱风解毒，营养全面。

◎ 赤豆+鲢鱼：祛除脾胃寒气，消肿祛瘀。

◎ 赤豆+南瓜：健美润肤。

◎ 赤豆+鲤鱼：利水消肿。

◎ 赤豆+乌骨鸡：滋阴养血，利水消肿。

◎ 赤豆+花生、红枣：补益心脾，利水消肿。

桂花赤豆汤 难易度

原料 赤豆500克，桂花45克

调料 白糖适量

做法

1. 赤豆拣去杂质后洗净，用清水浸泡12小时，使赤豆涨发。
2. 将赤豆放入锅中，加1000毫升清水，旺火烧沸，改用小火焖3小时左右至赤豆酥烂，加入桂花和白糖调匀即可。

红豆紫米豆浆 难易度

原料 黄豆60克，红豆30克，紫米20克

调料 冰糖适量

做法

1. 将黄豆用清水浸泡10小时，洗净待用。红豆淘洗干净，用清水浸泡6小时。紫米淘洗干净，用清水浸泡2小时。
2. 将上述原料一起倒入豆浆机中，加水至合适位置，煮至豆浆机提示豆浆做好。
3. 凉至温热，加冰糖调味即可饮用。

红豆百合豆浆 难易度

原料 黄豆60克，红豆30克，鲜百合20克

调料 白糖适量

做法

1. 将黄豆浸泡10小时，洗净待用。红豆浸泡6小时；百合用清水洗净，分瓣。
2. 将上述原料一起倒入豆浆机中，加水至合适位置，煮至豆浆机提示豆浆做好。
3. 依个人口味加入适量白糖即可饮用。

银耳莲子米糊 难易度

原料 大米75克，水发银耳50克，鲜百合、糖水莲子各25克，红枣5枚

调料 冰糖适量

做法 1. 大米淘洗净；水发银耳去硬蒂，撕成小片；鲜百合分瓣洗净，切块；红枣洗净，去核切碎。

2. 将大米放入豆浆机桶内，注入清水至下水位线，浸泡8小时，再加其他用料。

3. 将机头放入杯体内，接通电源，按“米糊”键，反复搅打、加热和熬煮，约20分钟打成米糊，即可倒入碗内食用。

养心补血明星食材　莲子

莲子为滋补元气之珍品，药用时去皮，称“莲肉”，其味甘、涩，性平，入心、肾、脾三经，有补脾、益肺、养心、固精、补虚、止血等功效。生可补心脾，熟能厚肠胃，适用于心悸、失眠、体虚、遗精、白带过多、慢性腹泻等症，其特点是既能补，又能固。

莲心，味极苦，可清心去热、敛液止汗、清热养神、止血固精。现代医学证明，莲心水煎液能提高组织胺的浓度，使周围血管扩张，具有降压作用；莲心中所含的生物碱还有强心作用。

莲子之外，还有一种“石莲子”，又名甜莲子，是莲子老于莲房后，坠入淤泥，经久埋变得坚黑如石，味苦性寒，有清心除烦、清热利湿、健脾开胃的功效。

莲子红枣桂圆羹 难易度

原料 莲子50克，红枣、桂圆各20克

调料 冰糖适量

做法 将莲子去心，红枣去核，与桂圆肉一起放入锅内加水适量，放入冰糖炖至莲子酥烂即可食用。

营养功效

补血养心，健脾安神。

莲子枸杞羹 难易度

原料 莲子250克，枸杞30克

调料 白糖适量

做法 1. 将莲子用开水浸泡后，剥去外皮及莲心，枸杞子用冷水洗净待用。

2. 锅内加清水，放入莲子、枸杞煮至熟烂加白糖适量即可食用。

养心补血明星食材 桂圆

桂圆含有大量的铁、钾等元素，能促进血红蛋白的再生，以治疗因贫血造成的心悸、心慌、失眠、健忘。

鲜桂圆生食能生津液，润五脏，凡阴虚津少、心中烦热、口燥咽干、咳嗽痰少，皆可作食疗佳品，适用于心脾虚损，气血不足引起的心悸、失眠、健忘及贫血症。

配膳指导

最佳搭配

◎ 桂圆+鸡蛋、红枣：补血，养血，安神。

◎ 桂圆+人参：滋养强壮，增强体力。

◎ 桂圆+莲子：补中益气，养血安神。

相关人群

◎ 适宜人群：四肢乏力、心绪不宁、记忆力减退者。

◎ 不宜人群：消化不良、肺结核、感冒、慢性支气管炎患者不宜食用。孕妇体质偏热，应慎食桂圆。。

土鸡红枣桂圆汤

难易度

原料 土鸡、瘦猪肉、党参、桂圆肉、香菇、枸杞、玉竹、红枣、黄豆各适量

调料 姜、盐各适量

做法

1. 土鸡洗净，剁成块。猪肉洗净，切丁。红枣、玉竹、香菇、枸杞、党参洗净，用温水浸泡。姜洗净，拍松。黄豆洗净。
2. 锅内倒入适量清水烧沸，放土鸡块和猪肉丁汆至变色，捞砂锅中，冲入凉水，下红枣、玉竹、香菇、桂圆肉、枸杞、党参、黄豆、姜，大火煮沸后用中小火煲2小时，调入盐即可。

爱心提醒

◎ 把土鸡和猪肉汆水，为的是除掉肉里的血水和杂质。

◎ 煲鸡汤时应加凉水，水量是食材的2倍为宜。

◎ 煲汤的时候放一些猪瘦肉进去，可以给汤提鲜，而且瘦肉有吸附杂质的功能，煮出来的汤比较清澈。

◎ 掌握煲汤时间：如果是煲鸡汤、排骨汤、肉汤，大概需要煲2小时，煲鱼汤则1小时就可以。

桂圆鸡蛋汤 难易度

原料 桂圆10克，鸡蛋1个

调料 红糖适量

做法 桂圆去壳，加温开水，放适量红糖，再将鸡蛋打在桂圆上，置锅内蒸10～20分钟，以鸡蛋熟为宜。

营养功效

养血安胎。适宜孕中期及晚期的孕妇食用。

龙眼牛肉汤 难易度

原料 桂圆、牛肉各适量

调料 盐、葱、姜、胡椒粉各适量

做法
1. 桂圆去壳、核，取肉。牛肉切片，加盐、葱、姜、胡椒粉腌制入味。
2. 锅中加水烧沸，下入牛肉片、桂圆肉，调入调料煮至入味即可。

桂圆炖鸡翅 难易度

原料 鸡翅中、水发银耳、香菇、桂圆、莲子各适量

调料 姜片、葱段、盐、老抽、料酒、胡椒粉、植物油各适量

做法
1. 鸡翅中洗净，在上面剁2~3刀，加老抽、料酒、胡椒粉抓匀；水发银耳去蒂，洗净，撕成小片，蒸至软烂；香菇洗净，用清水泡发，去柄，洗净，片成薄片；桂圆和莲子洗净。
2. 锅内倒油烧至六成热，放入鸡翅中炸至表面呈金红色，捞出，迅速放入开水中氽烫，捞出。
3. 取大碗，放入银耳、莲子、桂圆、香菇、鸡翅中，加胡椒粉、料酒、盐和适量清水，摆上姜和葱，送入烧开的蒸锅中隔水炖15分钟即可。

步骤图

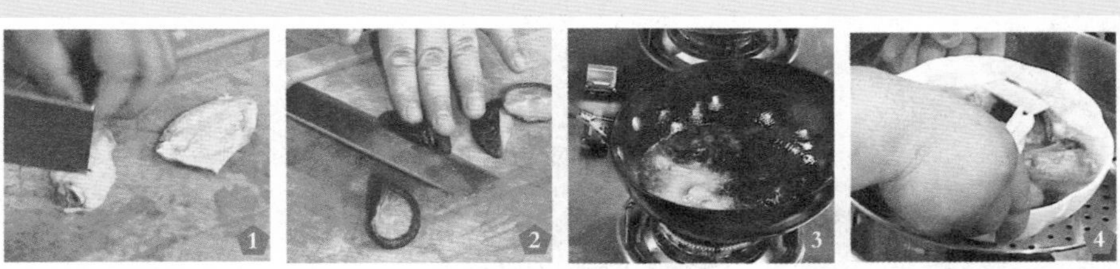

养心补血明星食材 猪心

猪心含有丰富的营养素，这对加强心肌营养，增强心肌收缩力有很大的作用。

临床有关资料说明，许多心脏疾患与心肌的活动强度正常与否有着密切的关系。因此，猪心虽不能完全改善心脏器质性病变，但可以加强心肌，营养心肌，有利于功能性或神经性心脏疾病的痊愈。

我国传统医学自古就有以脏补脏的说法。中医认为，猪心性平，味甘咸，能补虚，养心，安神。适宜心虚多汗、自汗、惊悸恍惚、怔忡、失眠多梦者和精神分裂症、癫痫、癔病者食用。

心肝煲 难易度

原料 猪心200克，猪肝150克，芹菜30克

调料 色拉油、盐、葱、姜、蒜、红干椒、醋各适量

做法
1. 将猪心、猪肝洗净，均切成片；芹菜择洗干净，切段备用。
2. 炒锅置火上，倒入色拉油烧热，葱、姜、蒜、红干椒炝香，放入猪心、猪肝煸炒至变色时，放入芹菜，倒入水，调入盐、醋煲熟即可。

人参桂圆炖猪心 难易度

原料 猪心1个，鲜人参1支，桂圆50克

调料 姜片、鸡汤、盐各适量

做法
1. 将猪心剖开，除去白膜及油，切成块，用清水冲去血污。鲜人参稍用水浸泡去异味。桂圆剥去外皮，用水洗净。
2. 将猪心、鲜人参、桂圆及姜片放炖盅内，加入鸡汤，置火上烧开，撇去表面浮沫，盖好盖，用小火再炖2小时左右，放盐调味即成。

营养功效

大补元气，养血安神，补心益智。

爱心提醒

先将猪心洗净，然后在猪心表面撒满玉米面或面粉，稍放一会儿，再用手揉搓几遍，同时边搓边撒些面粉，然后用清水冲洗干净，便能除去除猪心异味。

养心补血明星食材 莲藕

中医认为，生藕性寒，可祛淤、清热、生津、止呕、止渴；熟藕性温，有健脾益气、养血生肌之功效。

对于藕的作用，《本草经疏》作了较为全面的概括："藕，生者甘寒，能凉血止血，祛热清胃，故主消散瘀血、吐血、口鼻出血、产后血闷……及止热渴、霍乱、烦闷、解酒等功效。熟者甘温，能健脾开胃、益血补心，故主补五脏、实下焦、消食、止泄、生肌，及久服令人心欢止怒也。"

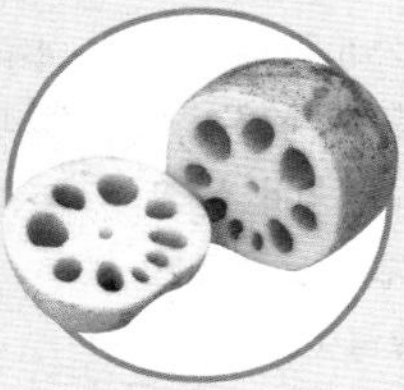

配膳指导

最佳搭配

◎ 莲藕+糯米：补中益气，养血。

◎ 莲藕+莲子：补肺益气，除烦止血。

◎ 莲藕+百合：益心润肺，除烦止咳。

◎ 莲藕+生姜：清热生津，凉血止血。

◎ 莲藕+鳝鱼：滋阴血，健脾胃。

相关人群

◎ 适宜人群：一般人群均可食用。老幼妇孺、体弱多病者，以及高血压、肝病、食欲不振、缺铁性贫血、营养不良患者宜多食用。

◎ 不宜人群：藕性偏凉，产妇不宜过早食用；藕性寒，生吃清脆爽口，但脾胃消化功能低下、大便溏泄者不宜吃生藕。

蜂蜜鲜藕汁 难易度

原料 鲜藕200克

调料 蜂蜜适量

做法 1. 将鲜藕洗净切块，放入豆浆机中，加适量凉饮用水，按"果蔬汁"键进行榨汁。

2. 将榨好的藕汁盛入容器中，按1杯鲜藕汁加1匙蜂蜜的比例调匀即成。

爱心提醒

挑选莲藕时，以藕节短、藕身粗、外皮呈黄褐色、肉肥厚而白的莲藕为佳。

桃仁莲藕汤 难易度

原料 莲藕250克，核桃仁10克

调料 盐、香油各适量

做法 1. 莲藕去皮洗净，切成小块。

2. 莲藕和核桃仁同放入砂锅中，加适量清水，用大火煮沸，再改以小火煎煮至原料熟透，调入盐、香油调味即可。

健脾养胃汤

jianpi yangweitang

健脾养胃养生常识

《脾胃论》倡导“人以胃气为本，善温补脾胃之法”。脾胃是元气之本，元气是健康之本。脾胃伤，则元气衰；元气衰，则疾病所由生。所以要避免吃寒性的食物和药物，以免伤及脾胃阳气。此外，油腻食物也要少吃，以免阻碍脾胃运化，尤其是烈性的白酒易致脾胃湿热。

健脾养胃饮食指导

三餐定时定量，提倡少食多餐，用餐时细嚼慢咽。养胃以清淡为原则，避免调味过重。宜选择鱼类、豆类、蔬菜、水果等易消化的食物。多喝粥类和酸奶也可以调理肠胃。减少粗纤维、脂肪的摄入。避免刺激性饮料，少吃过酸的食物。避免经常食用冰凉的食物及冷饮，否则很容易导致脾胃失和。

健脾养胃推荐食物

玉米、莲子、银耳、花生、谷物、面食、薏仁、板栗、木瓜、苹果、酸奶、豆制品、蘑菇、南瓜、菜花、土豆、大麦、红薯、番茄、白菜、牛奶、玉米、板栗、红枣、芋头、木瓜、酸奶、南瓜、蘑菇、菜花、豆制品、小米、生姜、羊肉、鲫鱼。

健脾养胃明星食材 山楂

中医认为，山楂酸甘微温，可消食积、散瘀血、驱绦虫，治肉积、百瘕、痰饮、痞满、吞酸、泻痢、肠风、腰痛、疝气、产后恶露不尽、小儿乳食停滞等，适用于肉食积滞、胃烷胀满、泻痢腹痛、瘀血经闭、产后瘀阻、心腹刺痛、疝气疼痛、高血脂症等症。

通俗地讲，山楂味酸，具有健脾开胃、化滞消食、增进食欲之功效，尤善消油腻。现代药理研究也认为，山楂含有脂肪酶，能增加胃消化酶的分泌，从而促进消化。

大麦山楂茶

难易度

原料 金银花10朵，焦山楂2克，大麦5克，红枣2枚，菊花2朵，陈皮1克。

做法 将所有原料洗净，混合后用沸水冲泡5分钟即成。

营养功效

健脾和胃，理气消食，止泻。用于脾虚腹泻、胃胀气滞、食肉过量引起的消化不良、大便不爽等。

健脾养胃明星食材 大麦

中医认为，大麦味甘、咸，性微寒，可健脾消食、止渴除烦，适用于食积不化，食欲不振，饱闷腹胀，身热烦渴，产后大便秘结、有滞而胀满，妇女断乳或乳汁郁积引起的乳房胀痛者。

大麦能促进肠的规则蠕动，有改善消化和减轻便秘的功能，尤其适合中老年人食用。

大麦土豆汤

难易度

原料 土豆300克，大麦仁100克

调料 盐、葱花、植物油各适量

做法

1. 将土豆去皮洗净，切成小丁。大麦仁去除杂质后洗净。
2. 炒锅置于火上，倒入植物油烧热，放入葱花煸香，加适量水，放入大麦仁烧沸，再加土豆丁煮熟，加盐调味即成。

营养功效

对溃疡性结肠炎有独到的疗效。

大麦羊肉汤

难易度

原料 羊肉1500克，大麦仁500克，草果5个

调料 盐适量

做法

1. 大麦仁用开水淘洗干净，放入汤锅内，加适量水，用武火烧沸，转文火煮熟成粥。
2. 羊肉洗净，与草果一同放入锅内，加适量水熬煮至熟透，然后将羊肉、草果捞起，汤中倒入大麦仁粥，改用文火熬至黏稠成大麦汤。
3. 煮熟的羊肉切小块，放入大麦汤内，加少许盐调匀即可。

营养功效

具有温中下气、暖脾胃、破冷气、去腹胀的功效，适用于脾胃虚寒之腹胀、腹痛等症。

健脾养胃明星食材 土豆

马铃薯对消化不良的治疗有特效，是胃病患者极佳的保健食品，对心脏病患者也极为有益。

中医认为，马铃薯味甘性平，具有补气、健胃、消炎、益气、健脾、强身、益肾等功效，据报道对胃与十二指肠溃疡、慢性胃疼、习惯性便秘、消化不良、神疲乏力、关节疼痛、皮肤湿疹等症有益。

土豆汁 难易度

原料 鲜土豆适量

做法 土豆削去皮，洗净，切碎，以洁净纱布绞取汁液或用榨汁机榨取汁液服用。

土豆胡萝卜汤 难易度

原料 胡萝卜、土豆各50克

调料 葱、色拉油、盐、肉汤各适量

做法
1. 土豆煮熟，剥去皮，制成泥。葱切末，胡萝卜切碎，待用。
2. 将色拉油倒入锅中烧热，入葱末爆香，再倒入胡萝卜、土豆，稍微翻炒成泥状，加肉汤同煮，以少许盐调味即可。

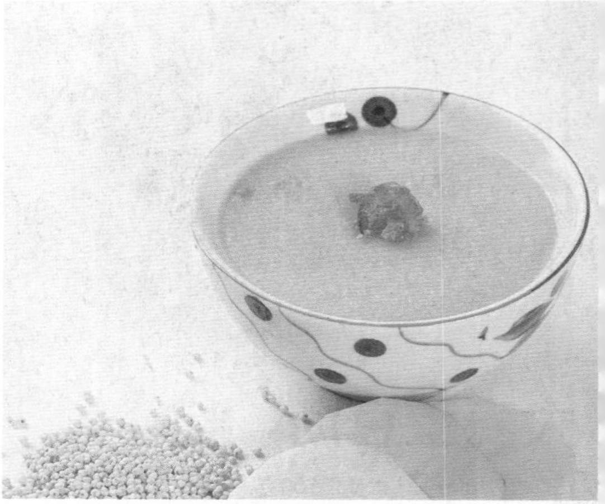

土豆海米糊 难易度

原料 土豆、小米各100克，海米15克

调料 盐适量

做法
1. 土豆洗净去皮，切成小丁；海米用开水泡软；小米用清水漂洗去糠皮。
2. 将小米放入豆浆机桶内，注入清水至下水位线，浸泡透，再加入土豆丁和海米，按常法打成糊，调入盐即可食用。

营养功效

健脾养胃，补虚强身。

苹果煮红薯 难易度

原料 红薯、苹果各300克

调料 蜂蜜适量

做法 1. 将红薯洗净、去皮，切成小碎丁。苹果洗净，去皮、籽，亦切成小碎丁待用。

2. 将红薯、苹果放入锅内，加少许水，用微火慢煮，待熟烂后加入蜂蜜调匀即成。

健脾养胃明星食材 红薯

红薯可养胃去积。红薯本身可养胃，其富含的膳食纤维能消食化积，增加食欲。但因红薯能促进胃酸分泌，所以平时胃酸过多，常感觉反酸、烧心的人不宜吃。

配膳指导

最佳搭配

◎ 红薯+莲子：对习惯性便秘、慢性肝病、癌症患者特别有益。

◎ 红薯+肉类：保持人体酸碱平衡，有降脂作用。

不宜和禁忌搭配

◎ 红薯+番茄、柿子、螃蟹：易形成结石。

◎ 红薯+豆浆：影响消化吸收。

◎ 红薯+香蕉：易引起身体不适。

红薯蛋奶 难易度

原料 红薯1/6块，鸡蛋1个，牛奶2大匙

做法 1. 将红薯去皮，蒸至熟烂，捣成泥状。

2. 将鸡蛋煮熟，取出蛋黄捣碎。

3. 牛奶倒入锅中，加入红薯泥，用文火煮制，并不时地搅动，至黏稠时放入蛋黄，搅匀即可。

青葱红薯茶 难易度

原料 青葱1根，红薯、马铃薯各30克

做法 红薯和马铃薯洗净切碎，加水500毫升煮沸10分钟，加青葱末即成。

营养功效

补脾胃，通血脉。适用于乳腺发育不良、乳房扁平者。

健脾养胃明星食材 西红柿

西红柿中的柠檬酸、苹果酸和糖类，有促进消化作用，番茄红素对多种细菌有抑制作用，同时也具有帮助消化的功能。西红柿性微寒，可养阴生津、健脾养胃、平肝清热，适用于热病伤阴引起的食欲不振、胃热口渴等症。《陆川本草》谓其味甘酸，性微寒，能“生津止渴，健胃消食，治口渴、食欲不振”。原发性高血压、冠心病、高脂血症患者常吃番茄，有防治疾病的功能。

西红柿豆腐羹

难易度

原料 西红柿、豆腐各200克，毛豆米50克

调料 白糖、湿淀粉、盐、清汤、植物油、胡椒粉各适量

做法

1. 毛豆米洗净。豆腐切片，入沸水锅稍焯，沥水待用。
2. 西红柿洗净，用沸水略烫后去皮，剁成蓉，下油锅煸炒，加盐、白糖调味，炒匀成西红柿酱汁待用。
3. 起油锅烧热，下清汤，放入毛豆米、豆腐、盐、白糖、胡椒粉，烧煮至入味，勾芡，下西红柿酱汁推匀即成。

营养功效

健脾养胃，益气和中，生津止渴，适用于脾胃虚寒、饮食不佳、消化不良、脘腹胀满等病症。常人食之可强壮身体，防病抗病。

番茄菜花米糊

难易度

原料 大米100克，菜花50克，番茄1个

调料 冰糖适量

做法

1. 菜花洗净，切成小丁；番茄洗净，去皮，切成小丁；大米淘洗干净，控去水分；冰糖擀碎，待用。
2. 将大米放入豆浆机桶内，注入清水至下水位线，浸泡8小时，再加入菜花和冰糖。
3. 放入机头，按常法搅打两遍后，再加入番茄丁续搅打成糊，盛碗内食用。

营养功效

番茄可生津止咳，菜花可爽喉、润肺，二者配以大米和冰糖合制成糊，秋季食用能健脾开胃、养肺补肝、滋阴润燥，有益健康。常食还可减少秋季心血管疾病的发病概率。

羊排山药煲 难易度

原料 羊排300克，山药150克，枸杞10粒，大枣5颗

调料 葱油、盐、味精、胡椒粉、醋、香菜、香葱、香油各适量

做法
1. 山药去皮，切滚刀块；枸杞、大枣用温水泡开。
2. 将羊排洗净，剁块，汆水后洗净备用。
3. 净锅倒入葱油烧热，放入羊排稍煸，加水，放入枸杞、大枣，调味，煲15分钟，放入山药小火煲3分钟，淋香油，撒入香菜、香葱即可。

健脾养胃明星食材 山药

山药，既是食用的佳蔬，又是人所共知的滋补佳品。中医认为，山药味甘性平，具有补脾养胃、补肺益肾的功效，可用于治疗脾虚久泻、慢性肠炎、肺虚咳喘、慢性胃炎、糖尿病、遗精、遗尿等症。《神农本草经》谓之“主健中补虚，除寒热邪气，补中益气力，长肌肉，久服耳聪目明”，《本草纲目》认为，山药能“益肾气，健脾胃，止泻痢，化痰涎，润皮毛”。山药煮粥或用冰糖煨熟后服用，对身体虚弱、慢性肠炎、肾气亏损、盗汗、脾虚等慢性病有疗效。

山药鲫鱼汤 难易度

原料 鲫鱼、山药各适量

调料 鲜汤、花生油、料酒、葱丝、盐各适量

做法
1. 鲫鱼去鳞、鳃、内脏、腥线，洗净，加少许盐稍腌一会儿，去除泥腥味。
2. 山药去皮，洗净，切成片。
3. 锅置旺火上，倒入花生油烧热，放入鲫鱼两面煎一下，烹入料酒，加鲜汤、山药煮熟，撒入盐、葱丝，淋香油即可。

山药木耳素汤 难易度

原料 山药100克，胡萝卜30克，小西红柿20克，木耳10克

调料 葱油、盐、味精、高汤、香菜各适量

做法
1. 将山药、胡萝卜分别去皮，洗净，切片；小西红柿洗净，一分为二；木耳撕成小朵备用。
2. 炒锅置火上，倒入葱油烧热，放入山药、胡萝卜、小西红柿、木耳略炒，倒入高汤，调入盐、味精烧沸，撒入香菜即可。

健脾养胃明星食材 白菜

大白菜又名黄芽菜、黄矮菜、花胶菜、白菜等，因其质地柔嫩，滋味鲜美适口，颇得历代名人及普通百姓的喜爱。而它本身也是一味中药，其入药始见于南朝陶弘景的《名医别录》。中医认为其性微寒，味甘无毒，为养胃生津，除烦解渴，利尿通便，清热解毒，是清凉降泻兼补益良品。《饮膳正要》言其"通利肠胃，除胸中烦，解酒毒"。《滇南本草》谓之"走经络，利小便"。

配膳指导

最佳搭配

◎ 白菜+辣椒：促进胃肠蠕动，帮助消化。

◎ 白菜+鲤鱼：利水消肿。

◎ 白菜+猪肝：调和，滋润。

◎ 白菜+栗子：健脑益智，提高产妇乳汁质量。

◎ 白菜+猪肉：滋阴润燥，补血。

◎ 白菜+豆腐：益气补中，清热利尿。

◎ 白菜+大豆：有助于预防乳腺癌。

◎ 白菜+虾：益气润燥。

不宜和禁忌搭配

◎ 白菜+牛肝：相互作用，失去营养素功能。

◎ 白菜+南瓜、黄瓜：会破坏白菜中的维生素C。

白菜炖豆腐 难易度

原料 大白菜500克，豆腐300克

调料 香菜末、葱、姜、盐、胡椒粉、鸡粉、植物油各适量

做法 1. 白菜、豆腐洗净，切块。姜切片，葱切丝。

2. 锅烧热，放油适量，下入葱丝、姜片炒香后加入白菜稍炒，下豆腐，放入盐、鸡粉、胡椒粉，稍加一点水，烧开后改小火，待白菜豆腐烧透后撒香菜末，出锅即可。

白菜奶汤 难易度

原料 净白菜头、清汤各300克，鲜牛奶100克

调料 淀粉、花生油、葱末、料酒、盐、香油各适量

做法 1. 白菜头顺刀切成长条，鲜牛奶中加入适量淀粉调成牛奶芡汁。

2. 汤锅上火，加入清水烧沸，下白菜煮熟后捞出，用清水过凉，沥水，用手理顺，放在平盘内。

3. 炒锅置火上，加入50克花生油烧热，下葱末炝锅，烹入料酒，倒入清汤，加盐，烧开后下白菜条，用旺火烧至汤汁浓稠时用牛奶芡汁勾芡，淋香油，盛入盘内即可。

健脾养胃明星食材 羊肉

中医认为，羊肉味甘性温，具有辛温补虚、养胃散寒、益肾气、开胃健力、通乳治带、助元阳、生精血等功效，适用于久病体弱、虚劳羸瘦、骨蒸眩晕、崩漏失血等症。羊肉煎汤服用，有散寒、温中、暖下的功效，可治疗虚寒吐痢、产后受寒腹痛以及寒疝腹痛。羊肉与生姜（或干姜）同煮，食后散寒温中力强；与当归、地黄同煎，食后养血补虚力优。

贴心提示

如何切薄羊肉片

净羊肉放入冰箱冷冻1小时至稍硬取出，很容易切成薄片。也可用刨刀将冻过的羊肉片成薄片，适合涮火锅。

如何给羊肉去腥味

◎ 漂洗法：冬天用45℃的温水，夏天用凉水，漂洗30分钟可除膻味。

◎ 胡椒法：将洗净的羊肉与胡椒同煮沸后再捞出使用，可除膻味。

巧辨绵羊肉和山羊肉

将羊肉切成薄片，放在开水锅内涮，如形状基本不变，肉质鲜嫩，就是绵羊肉；如果肉立刻卷缩成团，则说明是山羊肉。涮羊肉一般以绵羊肉为佳。

草果羊肉汤

难易度

原料 羊肉500克，青萝卜200克，草果6克，豌豆80克

调料 姜末、盐、醋、胡椒粉、香菜末各适量

做法
1. 羊肉、青萝卜洗净，切成块。豌豆洗净。
2. 羊肉、青萝卜、豌豆、草果同入锅内，加水，大火烧沸后改用小火，放入姜末，炖1小时左右，加入盐、醋、胡椒粉调匀，撒香菜末即可。

营养功效

适用于脘腹冷痛、时有泄泻，天寒受凉则更加明显者。外感时邪、内有宿热、胃阴不足者不宜用。

羊肉奶白汤

难易度

原料 牛奶250毫升，羊肉250克，山药100克

调料 盐、生姜各适量

做法
1. 将羊肉洗净，切成小块。生姜切片。山药洗净，去皮切片。
2. 羊肉、生姜一起放入砂锅中，加适量水，文火炖2～3小时，搅匀，拣去姜片，加盐，加入山药煮烂，再倒入牛奶，烧开即可。

爱心提醒

羊肉切丁后须用清水漂尽血水，方可烹制。

健脾养胃明星食材 牛奶

中医认为，牛奶味甘性平，能补气养血、补肺养胃、生津润肠、美容养颜。牛奶煮沸后饮用，能补虚损，益五脏。病后体弱、虚劳羸瘦、食少、噎嗝反胃者可饮服。

近年研究表明，喝牛奶能防治胃溃疡。牛奶对溃疡有双向作用：一方面，牛奶可在胃黏膜表面形成保护层；另一方面，牛奶中含有丰富的蛋白质和钙质，可促进胃蛋白酶和胃酸分泌，对胃有一定保护作用。

习惯性便秘者，可用牛奶250毫升、蜂蜜60克、葱汁少许煮开，早晨空腹时食用。体虚、气血不足时，可用牛奶煮大米红枣粥，常食有补益作用。

牛奶木瓜汤 难易度

原料 木瓜60克，鲜牛奶80克

调料 白糖适量

做法 1. 挑选熟透的木瓜洗净，去皮、籽，切细丝。

2. 木瓜丝放入锅内，加水、白糖熬煮至木瓜熟烂，注入鲜奶调匀，再煮至汤微沸即可。

营养功效

健脾胃，助消化，补钙健骨。

牛奶小米糊 难易度

原料 牛奶250毫升，小米面25克

做法 牛奶煮开，加入小米面调匀，煮熟后即可服食。

营养功效

健脾，开胃，助消化。

牛奶红茶 难易度

原料 红茶2克，枸杞子6粒，葡萄干3克，鲜牛奶100毫升

做法 将红茶、枸杞子、葡萄干用沸水冲泡5分钟后，取茶汤加入牛奶调匀即成。

营养功效

护肝健胃，养颜润肤。

健脾养胃明星食材 鲫鱼

中医认为，鲫鱼味甘性平，具有温中补虚、健脾开胃、祛湿利水、增进食欲、补虚弱等功效，凡久病体虚、气血不足，症见虚劳羸瘦、饮食不下、反胃呃逆者，可作为补益食品；凡脾虚水肿、小便不利者，可用鲫鱼作为食疗之品。

鲫鱼番茄汤

难易度

原料 鲫鱼1条，番茄100克

调料 香菜、葱、生姜、蒜、盐、味精、香油、花生油、清汤各适量

做法
1. 鲫鱼去鳞、内脏和鳃，洗净，沥干水。番茄洗净，切块。香菜、葱、姜、蒜均洗净，切末。
2. 锅置火上，倒入花生油，烧热后下入葱、姜、蒜末爆锅，放入鲫鱼稍煎，加入清汤，旺火烧沸后，下入番茄块、盐，改用小火烧至鱼肉熟透，加味精、香菜末、香油即成。

健脾养胃明星食材 生姜

生姜中含有的“姜辣素”能刺激胃肠黏膜，使胃肠道充血，消化能力增强，能有效地治疗因吃寒凉食物过多而引起的腹胀、腹痛、腹泻、呕吐等症。

中医认为，生姜为芳香性辛辣健胃药，有温暖、兴奋、发汗、止呕、解毒、温肺止咳等作用，对胃寒呕吐等食疗效果较好。

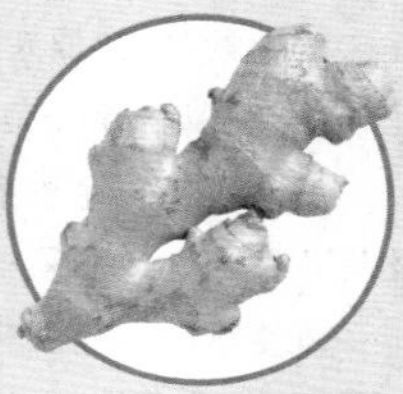

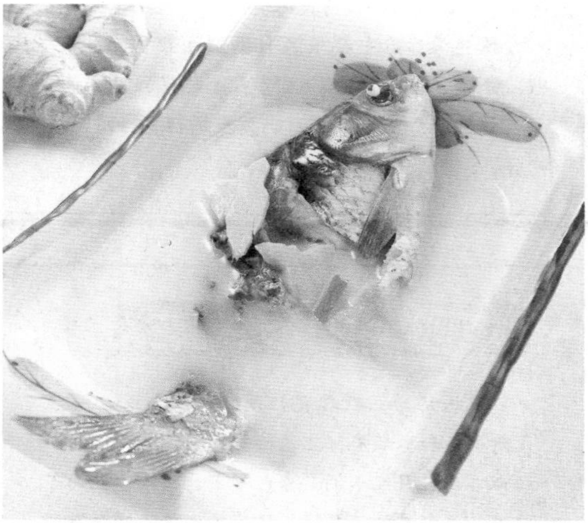

生姜鲫鱼汤

难易度

原料 鲫鱼1条，生姜30克，陈皮10克

调料 白胡椒、盐各适量

做法
1. 将鲫鱼去鳞，剖肚去内脏，洗净。
2. 生姜、陈皮、胡椒用纱布包好，放入鱼肚中，入锅，加适量清水煮熟，加盐调味即可。

养肝明目汤

yanggan mingmutang

肝脏是个再生能力很强的器官，因此只要营养补充得当，受损的肝脏组织就能够迅速的修复。

有利于护肝的营养素及主要来源

维生素A：主要来源有牛奶、蛋黄、动物肝脏及胡萝卜、韭菜、空心菜、金针菜、苋菜、菠菜、青蒜、小白菜等。

维生素B_1：主要来源有全麦制品、豆芽、豌豆、花生以及新鲜蔬菜、水果等。

维生素B_2：主要来源有小米、大豆、酵母、豆瓣酱、绿叶蔬菜、动物肉类、动物肝脏、蛋类、奶类等。

维生素B_3：主要来源有豆类、新鲜蔬菜、动物肝脏、动物腰子、畜肉瘦肉及酵母等。

维生素C：主要来源有新鲜蔬菜、水果，尤其是柿子椒、青蒜、蒜苗、油菜、野苋菜、柑橘、鲜枣、山楂等。

蛋白质：主要来源有奶类及奶制品、畜肉及禽肉类、动物肝脏、水产品、豆制品等。

损伤肝脏的物质

1. 加工的食物：如泡面类、罐头类、腌类，甚至肉干、肉松等食物。

2. 生的海鲜：曾有酒精性肝硬化患者因食遭到海洋弧菌感染的生蚝而丧命的报道，故肝功不佳者吃海鲜时一定要煮熟后再食用。

3. 烟、酒：烟中所含多种有害物会降低肝胞解毒功能，以不吸为好。酒精直接损伤肝细胞，引起肝细胞变性、水肿甚至坏死，应严格限制饮量，体重60千克的成人每天饮50度白酒不得超100毫升，若肝脏已有病变则以滴酒不沾为好。

养肝明目明星食材 玫瑰花

中医认为，玫瑰花性温味甘、微苦，可理气解郁、和血散瘀，主治肝胃气痛、新久风痹、吐血咯血、月经不调、赤白带下、痢疾、乳痈等病症。《本草纲目拾遗》认为玫瑰花能“和血行血，理气，治……肝胃气痛”。

每100克玫瑰花含挥发油（玫瑰油）约3克，它能刺激和协调人体的免疫和神经系统，同时有助于改善内分泌腺的分泌，去除器官硬化，修复细胞；此外它还能促进胆汁分泌，帮助消化，适用于肝胃不和、胸闷胁胀作痛、胃脘疼痛、纳呆不思食等病症。

金银玫瑰茶

难易度

原料 金银花1克，玫瑰花3朵，麦冬、山楂各2克

做法 所有原料洗净，混合后用沸水冲泡15分钟即可。

营养功效

理气解郁，滋阴清热。适用于肝郁虚火上升、脸色枯黄、皮肤干燥者。

养肝明目明星食材 荠菜

荠菜含有丰富的蛋白质、胡萝卜素、维生素B_1、维生素B_2、尼克酸、维生素C、钙、铁等。丰富的胡萝卜素在体内能转变为维生素A，对于眼病、夜盲症有一定辅助疗效。中医也认为，荠菜有和脾、利水、止血、明目的功效。

荠菜烹制方法很多，可炒，可煮，可做馅，均鲜嫩可口。

养肝明目明星食材 苦瓜

中医认为，苦瓜性寒味苦，有清热解渴、降血压、降血脂、祛斑、养颜美容、减肥瘦身、改善睡眠、消除痈肿痢疾、增强免疫功能、促进新陈代谢等功效，所含苦瓜被称为“植物胰岛素”，有较高的药用价值。

《随息居饮食谱》记载：“（苦瓜）青则苦寒涤热，明目清心；熟则养血滋肝，润脾补肾。”《泉州本草》中载“（苦瓜）主治烦热消渴引饮，风热赤眼，中暑下痢”。

苦瓜荠菜猪肉汤 难易度

原料 猪瘦肉125克，苦瓜250克，荠菜50克

调料 料酒、盐各适量

做法

1. 将苦瓜去瓤，切成小丁；瘦猪肉切薄片；荠菜洗净切碎。
2. 将肉片加料酒、盐入味，入沸水锅中煮沸5分钟，加苦瓜、荠菜煮熟成汤即可。

山药荠菜煲苦瓜 难易度

原料 荠菜500克，苦瓜2根，山药、枸杞各20克，猪瘦肉50克

调料 盐、白胡椒粉、葱、姜、鸡汤、植物油各适量

做法

1. 猪肉切片，葱、姜切末。苦瓜去瓤，切片。山药去皮，切片。
2. 锅烧热，加入植物油烧至七成热，放入葱姜末、肉片煸炒出香味，加入适量鸡汤，放入山药片、枸杞、盐、白胡椒粉，用大火煮开，改用中火煮10分钟，放入苦瓜片稍煮即成。

养肝明目明星食材 平菇

中医认为，平菇味甘性平，含有多种养分和生理性物质，具有改善人体新陈代谢、增强体质、调节植物神经功能等作用，故可作为体弱病人的营养品，对肝炎、慢性胃炎、胃和十二指肠溃疡、软骨病、高血压等都有疗效，对降低血胆固醇和防治尿道结石也有一定效果，对妇女更年期综合征可起到调理作用。

近代医学认为，平菇含抗肿瘤细胞的多糖体，对肿瘤细胞有很强的抑制作用，且具有免疫特性。此外，平菇还含侧耳毒素和蘑菇核糖核酸，经药理证明有抗病毒的作用，能抑制病毒素的合成和增殖。

平菇猪肉汤 难易度

原料 鲜平菇、猪瘦肉各100克

调料 盐、葱姜丝各适量

做法 1. 猪瘦肉洗净切片。鲜平菇洗净，撕成条。

2. 汤锅内加适量水，放入肉片、平菇煮制成汤，撒入葱姜丝，加盐调味即可。

黄豆芽平菇汤 难易度

原料 黄豆芽、冬瓜250克，鲜平菇50克

调料 盐、葱丝各适量

做法 1. 鲜平菇洗净，撕成条。冬瓜去皮、去瓤，切片。

2. 将黄豆芽去根和豆皮，洗净，放入锅中，加水煮30分钟，下平菇条、冬瓜片，放入盐、葱丝，再煮5分钟即可。

营养功效

滋阴润燥，健胃补脾。对白细胞减少、慢性肝炎等症有良好的辅助治疗作用。

排骨平菇汤 难易度

原料 大排骨500克，鲜平菇50克，番茄100克

调料 绍酒15克，盐5克

做法 1. 鲜平菇洗净，撕成条，入沸水锅中，加适量盐熬煮成汤。

2. 大排骨用刀背拍松，敲断，加绍酒、盐腌制15分钟。

3. 锅置火上，加入沸水，放入大排骨煮开，撇去浮沫，加绍酒，小火炖25分钟，加入平菇汤，再高火炖8分钟，投入番茄片，煮沸即可。

养肝明目明星食材 鲍鱼

鲍鱼肉含极为丰富的海生蛋白质、碳水化合物及多种氨基酸、维生素，还有大量的多不饱和脂肪酸，营养价值很高。鲍鱼肉中还含有一种被称为“鲍灵素”的成分，能破坏癌细胞必需的代谢物质，抑制癌细胞、链球菌等的生长。

中医认为，鲍鱼肉性温、味咸，能滋阴清热、益睛明目、祛湿利尿、镇静神经、降血压、养肝、通络，适用于阴虚内热、骨蒸潮热、干咳、青盲内障、湿热黄疸、崩漏、带下黄臭黏稠以及痈疽不愈等。

配膳指导

最佳搭配

◎ 鲍鱼+竹笋：滋阴益精，清热利尿。

◎ 鲍鱼+豆豉：滋阴益精，下乳。

◎ 鲍鱼+葱：滋阴益精，下乳。

◎ 鲍鱼+枸杞：益肝肾，补虚损，养血明目。

不宜和禁忌搭配

◎ 鲍鱼+啤酒：易患痛风。

相关人群

◎ 适宜人群：适宜更年期综合征、甲状腺机能亢进、精神不集中、糖尿病患者食用。

◎ 不宜人群：痛风病患者、尿酸高者、感冒发烧者、阴虚喉痛者不宜食用；素有顽癣痼疾者忌食。

瘦肉鲍鱼汤 难易度

原料 鲍鱼500克，夏枯草50克，瘦猪肉20克

调料 盐适量

做法 1. 将鲍鱼的壳和肉分离，用清水擦洗干净，去掉污秽粘连部分，再用清水洗干净，剞十字花刀。猪肉切片。

2. 将鲍鱼壳、鲍鱼肉、夏枯草、猪肉片一齐放入已经用猛火煲滚的清水锅内，改用中火继续煲3小时左右，加入少许盐调味即可。

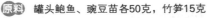

鲍鱼竹笋汤 难易度

原料 罐头鲍鱼、豌豆苗各50克，竹笋15克

调料 料酒、盐、胡椒粉、高汤各适量

做法 1. 将竹笋放入盆内，用温水泡软，轻轻洗净泥沙，切成长条，放入沸水锅内稍烫，捞入凉水中。鲍鱼切成薄片。豌豆苗洗净。

2. 锅内放入高汤烧开，将竹笋、豌豆苗和鲍肉片分别放入锅中烫熟，捞入汤盅内。撇去锅内汤面上浮沫，加入盐、料酒、胡椒粉，浇入汤盅内即成。

养肝明目明星食材　动物肝脏

猪肝中含丰富的有机铁、维生素A以及一定量的维生素C，维生素C具有较强的抗氧化能力，能帮助肝脏解毒。猪肝中还含有丰富的维生素A，可维持正常视力，防止眼睛干涩、疲劳。

羊肝中维生素A的含量是所有动物肝脏中最高的，是维生素A的最佳来源。中医认为，羊肝味甘苦、性凉，具有益血、补肝、明目之功效，可治血虚所致萎黄羸瘦及肝虚所致目暗昏花、雀目、青盲、翳障。羊肝对目疾，特别是对维生素A缺乏所致之眼病有特效。

猪肝

羊肝

菊花猪肝汤 难易度

原料 猪肝100克，鲜菊花12朵

调料 植物油、盐、料酒各适量

做法
1. 猪肝洗净，切薄片，加植物油、料酒腌10分钟。
2. 鲜菊花洗净，取花瓣，放入清水锅内煮片刻，放入猪肝再煮20分钟，加盐调味即成。

营养功效

滋肝养血，养颜明目。

丝瓜虾皮猪肝汤 难易度

原料 丝瓜250克，虾皮30克，猪肝50克

调料 植物油、葱花、姜丝、盐各适量

做法
1. 丝瓜去外棱洗净，一剖两半，切段。猪肝洗净切片，虾皮用水浸泡。
2. 起油锅烧热，下葱、姜爆香，放入猪肝片略炒，加入虾皮和清水，烧沸后投入丝瓜，加少许盐调味，再煮5分钟即成。

鸡肝枸杞汤 难易度

原料 鸡肝300克，枸杞、黄瓜各10克

调料 色拉油、盐、葱、姜、香油、酱油各适量

做法
1. 枸杞用温水泡开；黄瓜洗净，切片备用。
2. 将鸡肝洗净，切块。炒锅置火上，倒入水，放入鸡肝煮至熟，捞起冲净备用。
3. 净锅倒油烧热，爆香葱、姜，烹酱油，加水，调入盐，放入枸杞煮熟，放入黄瓜，淋香油即可。

大白菜猪肝汤 难易度

原料 猪肝、大白菜叶、枸杞各适量

调料 湿淀粉、盐、姜葱汁、黄酒、花生油各适量

做法 1. 大白菜叶洗净，切小片。猪肝洗净，挤去血水，切薄片，加盐、姜葱汁、黄酒、湿淀粉抓匀。

3. 油锅中加花生油烧至七成热，加入大白菜叶、盐快速炒拌，加入枸杞稍炒，加适量开水烧至沸腾，放入猪肝煮熟，加盐调味即成。

海参猪肝汤 难易度

原料 水发海参、猪肝各60克

做法 猪肝切成块，与水发海参一同入锅，一起炖成汤即可。

营养功效

适用于肝硬化、脾功能亢进引起的贫血者的食疗滋补。

腐竹花生鸡肝汤 难易度

原料 干腐竹、花生米、鸡肝各适量

调料 葱、姜、盐、香油各适量

做法 1. 干腐竹用清水泡发，洗净，切段。花生米挑净杂质，洗净，用清水浸泡3～4小时。鸡肝去净筋膜，洗净。葱洗净，切段。姜洗净，切片。

2. 汤锅置火上，放入花生米煮至熟软，倒入葱段、姜片，下入鸡肝煮至熟透，倒入腐竹煮至沸腾，加盐调味，淋上香油即可。

牛肝杞葚汤 难易度

原料 牛肝50克，枸杞12克，桑葚12克，鸡蛋1个

调料 绍酒、姜、葱、盐、酱油、生粉、白糖、素油各适量

做法 1. 枸杞、桑葚拣去杂质，洗净。牛肝洗净，切5厘米长、3厘米宽的薄片。姜切片，葱切段。

2. 牛肝片放入碗内，加入生粉、酱油、绍酒、白糖、盐，打入鸡蛋，拌匀挂浆，待用。

3. 锅置武火上烧热，加入素油烧至六成热，下姜、葱爆香，注入300毫升清水烧沸，加入枸杞、桑葚、牛肝，煮10分钟即成。

养肝明目明星食材 鲈鱼

鲈鱼又称花鲈、寨花、鲈板、四肋鱼等，其味甘、性平，能益脾胃、补肝肾，无论是对健康人还是肝病患者，都是养肝护肝的不错选择。若是在烹调鲈鱼的时候，加入补气养血的黄芪，则其养肝护肝的作用会更好。

《本草纲目》记载："鲈鱼性甘温，有益筋骨、肠胃之功能。鳃性甘平，有止咳化痰之功效。"

《食疗本草》云："鲈鱼能安胎、补中，作脍尤佳。"

配膳指导

最佳搭配

◎ 鲈鱼+豆腐：提高人体钙的吸收。

◎ 鲈鱼+鸡汤：补虚通乳。

不宜和禁忌搭配

◎ 鲈鱼+奶酪：易引发痼疾。

相关人群

◎ 适宜人群：一般人群均能食用。最适宜贫血、头晕、水肿者食用，利于缓解孕妇胎动不安。

◎ 不宜人群：皮肤病患者、长痈疮者不宜食用。

冬瓜海带煮鲈鱼 难易度

原料 鲈鱼1条，海带、冬瓜各100克

调料 香菜段、柠檬汁、葱姜丝、蒜末、盐、鸡精、白糖、白胡椒粉、白醋、啤酒、花生油各适量

做法 1. 将鲈鱼治净后切成块，放入盆中，加入盐、柠檬汁腌制5分钟。

2. 海带泡发，洗净切片。冬瓜去皮、去瓤，切片。

3. 坐锅点火，倒少许油，下蒜末炸香后放入鱼块翻炒，加适量水，烧开后放入冬瓜、海带同煮，加入啤酒、盐、白胡椒粉、白糖、鸡精、白醋调味，装碗，撒入香菜段、葱姜丝即可。

雪菜黄豆炖鲈鱼 难易度

原料 鲈鱼1条，雪菜、黄豆、猪肉、青红椒各适量

调料 盐、白糖、胡椒粉、姜、植物油各适量

做法 1. 鲈鱼洗净，剖开。雪菜切成寸段，青红椒切末，姜切片，猪肉切末。

2. 锅置火上，倒入适量油烧热，放入鲈鱼煎至两面呈焦黄色时捞出。锅中留少许油烧热，倒入姜片、肉末炒透，放入雪菜、青红椒煸出香味，放入鱼和黄豆，倒入清水，炖至汤色浓白时加盐、白糖、胡椒粉调味，出锅即可。

天麻鱼

难易度

原料 鲜鲈鱼1条，天麻、枸杞各适量

调料 鸡蛋清、玉米粉、盐、葱姜水、料酒、胡椒粉、醋各适量

做法

1. 鲜鲈鱼去头和内脏，洗净，取肉，切蝴蝶片，加鸡蛋清、玉米粉、盐、葱姜水、料酒上浆。鱼骨下凉水锅，大火烧开后转小火煮成鱼汤。
2. 天麻洗净，装入碗中，加枸杞和适量清水，送入烧开的蒸锅中蒸20分钟，制成天麻水。
3. 锅置火上，倒入适量清水和葱姜水烧沸，挑出葱和姜，放入浆好的鱼片氽熟。
4. 取另一锅置火上，倒入鱼汤和天麻水烧开，用盐、胡椒粉和醋调味，离火，倒入大碗中，放入氽熟的鱼片即可。

爱心提醒

① 取鲈鱼肉的方法：用刀从鲈鱼背部划开，贴着鱼刺用刀尖一划，把脊骨和鱼尾去掉，再切去鱼腩上的刺即可。

② 蝴蝶片的切法：一刀切断一刀不断，切出的鱼片形如飞翔的蝴蝶。

③ 给鱼上浆时加入料酒，可去腥。

④ 鱼肉上浆上得厚一些，口感更软糯、滑嫩。

营养功效

鲈鱼能补肝肾，天麻有平肝熄风的功能，加上枸杞滋补肝肾、养肝明目的功效，常吃对肝肾大有裨益。

步骤图

滋阴润肺养生常识

中医有“秋冬养阴”之说。秋冬养阴是指秋冬养收敛收藏之气。肺能使百脉之气血如潮水般有规律地周期运行，但“肺乃娇脏，最易受邪”。科学合理的饮食能增强肺的功能，提高呼吸系统的抵抗力，不但能预防环境污染造成的呼吸系统疾病，而且对于各种肺病还有一定的预防和治疗作用。在日常饮食中要多进食有润肺功效的食材，通过食疗养肺气可以提高身体的免疫功能。此外，还应戒烟戒酒。

滋阴润肺饮食指导

多吃一点酸甜味的食品和水果，对润肺有利。秋天的梨是润肺的最好食物之一，生食能够清火生津，熟食可以滋阴润肺。日常饮食，还应注意少吃辛辣油腻的食物，忌食苦燥的食物。

滋阴推荐食物

雪梨、甘蔗、柿子、荸荠、银耳、菠萝、燕窝、猪肺、蜂蜜、鸭蛋、石榴、芒果、柚子、山楂、百合、莲子、白果。

养肺润肺推荐食物

薏米、雪梨、甘蔗、柿子、银耳、菠萝、猪肺、蜂蜜、鸭蛋、芒果、柚子、百合、白果、莲子。

滋阴润肺明星食材 柚子

柚子被称为“天然水果罐头”，是一种皮厚耐藏的水果，含有丰富的维生素C、有机酸，以及钙、磷、镁、钠等人体营养素，能预防感冒、促进消化。

中医认为，柚子具有理气化痰、润肺清肠、补血健脾等功效，是冬季养肺和缓解感冒后咳嗽的好水果。

配膳指导

最佳搭配

◎ 柚子+豆腐：预防感冒，促进伤口愈合。

◎ 柚子+西红柿：辅助治疗糖尿病。

◎ 柚子+鸡汤：消除疲劳，促进消化。

鲜柚子百合

难易度

原料 鲜柚子皮150克，百合50克

调料 白糖10克

做法 将鲜柚子皮和百合水煎2~3小时至熟烂，加白糖调味即可服用。

营养功效

清肺平喘，适用于辅助治疗热邪伤阴、体质较虚等症。

薏米炖鸡 难易度

原料 瘦鸡1只，薏米50克，天门冬7克，冬菇3个，白菜适量

调料 盐适量

做法 1. 薏米与天门冬浸泡一夜，洗净。冬菇洗净去蒂，白菜洗净。鸡去毛洗净，从鸡背剖开，取出内脏，放入沸水中汆一下，取出冲净。

2. 鸡放入炖锅中，入适量沸水，炖1小时，放入冬菇、薏米及天门冬，再炖约1小时，放入白菜，加盐调味，再稍炖即成。

滋阴润肺明星食材 薏米

薏米被誉为“世界禾本科植物之王”。自古薏米就药食兼用，李时珍在《本草纲目》中记载，薏米能“健脾益胃，补肺清热、祛风胜湿，养颜驻容、轻身延年”。

健康人常吃薏米，能使身体轻捷，减少肿瘤发病机会。不论用于滋补还是用于治病，薏米作用都较为缓和，微寒而不伤胃，益脾而不滋腻。冬天用薏米炖猪脚、排骨和鸡，是一种滋补食品。夏天用薏米煮粥或作冷饮冰薏米，又是很好的消暑健身的清补剂。

中医认为，薏米味甘、淡，性微寒，可用于治疗脾胃虚弱、高血压、尿路结石、尿路感染、蛔虫病等，还有防癌抗癌、利尿、解热、强身健体等功效。

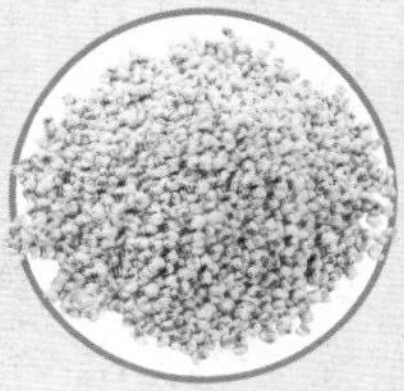

天花粉茶 难易度

原料 天花粉10克，薏苡仁9克，红枣3枚

做法 将所有原料混合后用沸水冲泡15分钟即成。

营养功效

清肺润燥，养阴滋肤。适用于面部皮肤粗黑者。

薏米白果汤 难易度

原料 薏米60克，白果（去壳）8～12枚

调料 白糖适量

做法 1. 将薏米洗净，白果去壳洗净，待用。

2. 薏米和白果同煮汤，用适量白糖调味即可食用。

营养功效

健脾除湿，清热排脓。

滋阴润肺明星食材 猪肺

猪肺性平、味甘，宜肺虚久咳、肺结核及肺痿咯血者食用。

《本草图经》中说“猪肺，补肺”，《本草纲目》说其“疗肺虚咳嗽、嗽血”，《随息居饮食谱》记述，猪肺“甘平，补肺，止虚嗽。治肺痿、咳血、上消诸症”。根据中医“以脏补脏”之理，凡肺虚之病，如肺不张、肺结核等，可借鉴《证治要诀》之法，即“治肺虚咳嗽：猪肺一具，切片，香油炒熟，同粥食。治嗽血肺损：薏苡仁研细末，煮猪肺，白蘸食之”。

配膳指导

最佳搭配

◎ 猪肺+梨：补肺养气，镇咳除痰。

◎ 猪肺+白果、罗汉果：清热化痰，润肺止咳。

◎ 猪肺+杏仁、川贝母：清肺化痰，养肺益气。

相关人群

◎ 适宜人群：肺虚久咳、肺结核、肺痿咳血者。

◎ 不宜人群：肥胖、血脂高、胆固醇高者。

猪肺白菜煲 难易度

原料 猪肺200克，白菜叶150克

调料 色拉油、盐、酱油、葱、姜、香油、高汤各适量

做法

1. 将猪肺充分冲洗净，切片；白菜叶洗净，撕成小块备用。
2. 炒锅置火上，倒入色拉油烧热，葱、姜爆香，放入猪肺煸炒至变色时，烹入酱油，放入白菜略炒，倒入高汤，调入盐煲熟，淋入香油即可。

鲜果炖猪肺 难易度

原料 猪肺、青苹果、梨、凤爪各适量

调料 生姜、盐、鸡精、胡椒粉各适量

做法

1. 苹果洗净，去核切块。梨洗净，去核切块。猪肺洗净，切块。凤爪洗净，去趾尖。生姜去皮，切片。
2. 锅上火，放清水、生姜片，水烧沸后下苹果、猪肺、凤爪稍汆，捞出。
3. 将汆过水的原材料转入砂锅，加入清水、姜片、梨块，炖约60分钟，调入盐、鸡精、胡椒粉即成。

鸭架煨萝卜 难易度

原料 鸭架、白萝卜、胡萝卜各适量

调料 盐、鸡精、胡椒粉、葱姜片、高汤、色拉油各适量

做法 1. 鸭架剁块，白萝卜、胡萝卜分别去皮切块。

2. 锅中入油，烧至七成热，放入鸭架过一下油，捞出控油。

3. 砂锅内加高汤，放入葱姜片、鸭架、白萝卜块、胡萝卜块一起煲制15分钟，待萝卜熟烂、汤汁浓白时，加盐、鸡精、胡椒粉调味即可。

滋阴润肺明星食材 鸭肉

中医认为，鸭肉味甘咸，性平，具有滋阴、养胃、利水、消肿的作用，可治痨热骨蒸、咳嗽、水肿等症。《随息居饮食谱》中说，鸭肉能“滋五脏之阴，清虚劳之热，补血行水，养胃生津，止嗽息惊”。经常食用鸭肉，除能补充人体必需的多种营养成分外，还可祛除暑热、保健强身，对患有痨热骨蒸、食少便干、水肿、盗汗、咽干口渴者尤为适宜。

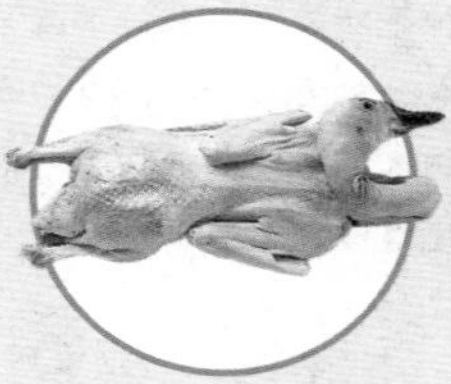

银杏炖鸭条 难易度

原料 鸭条400克，银杏、枸杞各100克

调料 盐、清汤、料酒、葱姜片、花椒各适量

做法 1. 鸭条加葱姜片、料酒、盐、花椒腌15分钟，煮熟备用。

2. 炖盅内加入银杏、枸杞、鸭条、清汤、盐、葱姜片，上笼蒸15分钟至鸭条熟透入味取出，去掉葱姜即可。

马蹄玉米煲老鸭 难易度

原料 马蹄150克，玉米200克，水鸭1只，猪展150克，

调料 姜片、葱段、盐、鸡粉各适量

做法 1. 水鸭去内脏，洗净，切大块。猪展切块。玉米切段。水鸭、猪展下沸水中汆透，用冷水洗净。

2. 煲中加清水，放入马蹄、玉米、水鸭、猪展、姜片、葱段，煮开后改用慢火煲2小时，调入盐、鸡粉即可。

滋阴润肺明星食材 百合

现代医药学证明，百合有七大药理作用：一是润肺、止咳、祛痰、平喘；二是强身健体；三是可耐缺氧；四是所含的百合苷具有安神、镇静催眠作用；五是所含的蛋白质、氨基酸和多糖可提高人体的免疫力；六是抗癌作用，所含秋水仙碱能抑制癌细胞的增殖，缓解放疗反应；七是止血、抗溃疡作用和抗痛风作用。

中医认为，百合味甘微苦，性平，有补中益气、润肺止咳、清心安神等功效，可防治肺痨久嗽、咳唾痰血、热病后余热未清、虚烦惊悸、神志恍惚、脚气浮肿等症。

百合鸡蛋汤 难易度

原料 百合60克，鸡蛋2个

做法 将百合洗净，入锅中，打入鸡蛋，加水适量煮至蛋熟即成。

营养功效

补肺和营，适用于辅助治疗肺虚久咳等症。

百合红枣汤 难易度

原料 百合20克，红枣、银耳各50克

调料 蜂蜜适量

做法
1. 银耳洗净，入水泡发，备用。
2. 百合、红枣同入锅中，加水熬汤，待汤沸后放入银耳，再煮1～2沸，调入蜂蜜即成。

营养功效

润肺止咳、清心安神，适用于辅助治疗慢性支气管炎伴心烦失眠。

双豆莲子豆浆 难易度

原料 黄豆40克，绿豆20克，百合、莲子各10克

调料 白糖适量

做法
1. 将黄豆浸泡10小时，洗净待用。绿豆用清水浸泡6小时。百合洗净，泡发，切碎。莲子洗净，泡软。
2. 将上述原料一起倒入豆浆机中，加水至合适位置，煮至豆浆机提示豆浆做好。
3. 依个人口味加入白糖，调味即可饮用。

营养功效

润肺，祛痰止咳。

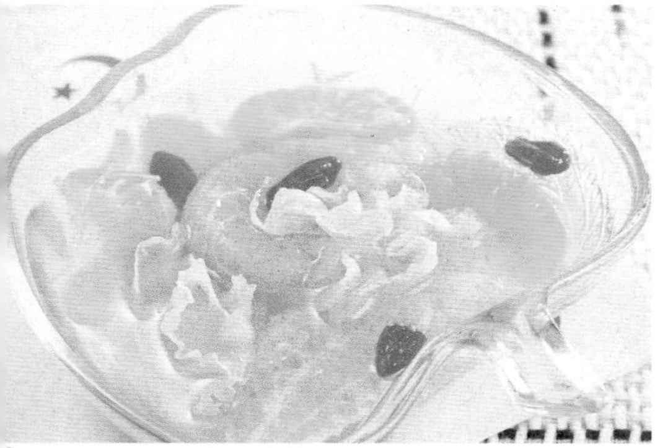

冰糖银耳橘瓣羹

难易度

原料 橘子2个，银耳30克，冰糖、枸杞各适量

做法 1. 橘瓣带橘络，与银耳一起放入清水锅中，盖好盖，煮约半小时，取出，加入冰糖，撒入枸杞，待温后即可食用。

营养功效

滋阴养胃，润肺生津，加快新陈代谢。

滋阴润肺明星食材 银耳

银耳是一种营养丰富的滋养补品，能滋阴、养胃、润肺、生津、益气和血、补脑强心。中医认为，银耳味甘淡，性平，能滋阴润肺、养胃生津、固本扶正。《本草诗解药性注》说它“有麦冬之润而无其寒，有玉竹之甘而无其腻，诚润肺滋阴要品”。

中医常用以治肺热咳嗽、肺燥干咳、久咳喉痒、咳痰带血、久咳胁痛、肺痈肺痿以及月经不调、便秘下血等症。

冬瓜银耳羹

难易度

原料 冬瓜250克，银耳30克

调料 盐、黄酒、汤、植物油各适量

做法 1. 将冬瓜去皮、瓤，切成片。银耳用温水泡发，洗净，撕成小朵。

2. 锅置火上，加油烧热，倒入冬瓜煸炒片刻，加汤，放盐调味，烧至冬瓜将熟时加入银耳稍煮，放黄酒调匀即成。

营养功效

清热生津，利尿消肿。

银耳冰糖鸭蛋羹

难易度

原料 水发银耳100克，鸭蛋1个

调料 冰糖适量

做法 1. 将水发银耳洗净切碎，入锅中，加水适量，炖至汁稠。

2. 鸭蛋去壳、蛋黄，留蛋清，放入炖银耳的锅中搅匀，加入冰糖溶化调味即成。

营养功效

补阴润肺、止咳化痰、益气和胃、清热生津，适用于辅助治疗阴虚久咳。

滋阴润肺明星食材 蜂蜜

蜂蜜是一种营养丰富的天然滋养食品，也是最常用的滋补品之一。据分析，蜂蜜含有与人体血清浓度相近的多种维生素、有机酸，以及铁、钙、铜、锰、钾、磷等多种矿物质，还有果糖、葡萄糖、淀粉酶、氧化酶、还原酶等，具有滋养、润燥、解毒、美白养颜、润肠通便之功效，有较好的缓解咳嗽的效果。

相关人群

◎ 适宜人群：老人，便秘、高血压、支气管哮喘患者。

◎ 不宜人群：糖尿病患者，未满一岁的婴儿，脾虚泄泻及湿阻中焦的脘腹胀满、舌苔厚腻者。

三汁蜂蜜饮 难易度

原料 白萝卜、新鲜莲藕各250克，雪梨2个

调料 蜂蜜25克

做法 1. 将萝卜、莲藕、雪梨分别清洗干净，去掉外皮，切成细小的碎块。

2. 将萝卜、莲藕、雪梨块放入豆浆机中，加适量凉饮用水，按“果蔬汁”键榨成汁液，调入蜂蜜即可服用。

蜂蜜大枣花生汤 难易度

原料 花生仁、大枣各30克

调料 蜂蜜30克

做法 将花生仁、大枣、蜂蜜一同入锅，加水适量，煎煮至花生及大枣熟后即可食用。

营养功效

适用于辅助治疗慢性支气管炎咳嗽、无痰或痰难咳出、日久不愈或伴有咽干。

蜂蜜甘笋豆奶 难易度

原料 蜂蜜20毫升，熟鸡蛋黄2个，黄豆浆300毫升，胡萝卜100克

做法 1. 将胡萝卜洗净，去头及根须，切碎并捣成泥。

2. 胡萝卜泥与黄豆浆同放入搅拌机中，搅打数秒钟，打入鸡蛋黄继续搅打20秒钟，然后调入蜂蜜，拌匀即成。

梨藕汁 难易度

原料 梨、藕各500克

调料 蜂蜜适量

做法 1. 梨洗净，去皮、核，切碎。藕洗净，去节，切碎。将梨和藕分别用纱布榨汁。

2. 将两汁混匀，放入蜂蜜搅匀即成。

参乳雪梨汁 难易度

原料 牛奶300毫升，白参、甘蔗、雪梨各30克

调料 蜂蜜适量

做法 1. 将甘蔗、雪梨榨汁。

2. 白参放入砂锅中，加水400毫升，煮至剩下100毫升，与牛奶、蔗汁、雪梨汁调匀，再调入蜂蜜即成。

营养功效

补气润肺，和血养颜。

滋阴润肺明星食材 梨

梨鲜嫩多汁，酸甜适口，有“天然矿泉水”之称。梨能清心润肺，秋季每天吃一两个梨可缓解秋燥。播音员、演唱人员经常食用煮好的熟梨，可保养嗓子。

梨的药用价值很高，其叶、花、皮、根、果肉均可入药。因此对急性气管炎和上呼吸道感染的患者出现的咽喉干、痒、痛、音哑、痰稠、便秘、尿赤均有良好疗效。吃梨，可以生津解渴、润肺去燥、清热降火、止咳化痰，作为辅助治疗，对恢复健康大有裨益。

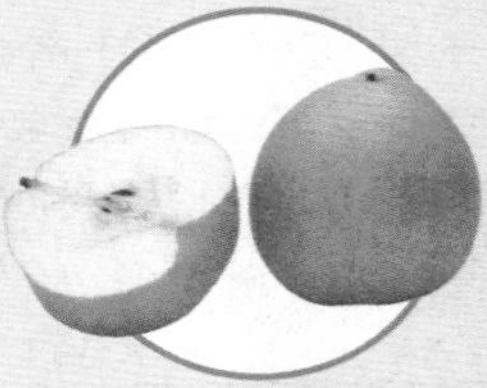

黑豆雪梨豆浆 难易度

原料 黑豆50克，梨1个

调料 冰糖10克

做法 1. 将黑豆浸泡10小时，洗净待用。梨洗净，去核，切碎。

2. 将黑豆、梨一起倒入豆浆机中，加水至合适位置，煮至豆浆机提示豆浆做好，凉至温热。

3. 加冰糖调味即可饮用。

营养功效

润肺，祛痰止咳。

补肾强身养生常识

中医认为，肾具有主司摄藏、主藏精、主生长发育和生殖、主水液化谢的功能。肾主骨，齿是骨之余，是骨头的余气，所以人的肾气减弱会导致牙齿松动。牙齿里的经络和肾经是相通的，只要坚固牙齿，就可以对肾起一个反固的作用，强健肾脏。肾主咸，多吃点咸味食品有助于滋肾。肾主水，其色黑，所以应多吃黑色食品。

补肾强身饮食指导

补肾宜多吃一些性味平和或性温的、具有滋阴补肾功效的食物，如黑米、黑芝麻等。常食豆类及豆制品对强身补肾有良好效果。补肾还宜适当增加盐的摄入量，但忌食辛辣刺激、热性食物、油炸食物。

补肾强身推荐食物

山药、芡实、白果、核桃、豇豆、韭菜、荔枝、龙眼干、黑豆、黑芝麻、海参、壳菜、干贝、香菇、荷叶、蚕蛹、鸡肉、腰花。

补肾强身明星食材 黑芝麻

黑芝麻味甘性平，具有补肝肾、益精血、润肠燥等功效。中医中药理论认为，黑芝麻具有补肝肾、润五脏、益气力、长肌肉、填脑髓的作用，可用于辅助治疗肝肾精血不足所致的眩晕、须发早白、脱发、腰膝酸软、四肢乏力、步履艰难、五脏虚损、皮燥发枯、肠燥便秘等病症，在乌发养颜方面的功效，更是有口皆碑。

相关人群

◎ 适宜人群：身体虚弱、贫血、高脂血症、高旭呀病患者。

◎ 不宜人群：慢性肠炎、便溏腹泻者。

双黑强肾豆浆

难易度

原料 黑豆50克，黑米20克，花生仁、黑芝麻各10克

调料 白糖适量

做法

1. 将黑豆浸泡10小时，洗净待用。黑米淘洗干净，用清水浸泡2小时。花生仁洗净。黑芝麻洗净，碾碎。
2. 将上述原料一起倒入豆浆机中，加水至合适位置，煮至豆浆机提示豆浆做好。
3. 依个人口味加入白糖即可饮用。

补肾强身明星食材 动物肾脏

动物肾脏富含蛋白质、肌醇、维生素B_6、维生素B_{12}、维生素H、维生素C、叶酸、泛酸等营养素，其中蛋白质、锌、锰、硒含量较高。

猪、狗、羊、牛之肾脏均有养肾气、益精髓之功效，如羊肾甘温，可补肾气；猪肾咸平，助肾气、利膀胱；狗肾对增强性功能效果更佳。动物肾脏中牛羊肾强于猪肾，鹿肾最佳。中医讲究"以脏补脏"，因此建议有补肾需求者每周可吃一次动物肾脏。老年人适量吃些动物肾脏，有强身抗衰的功效。

猪腰搭配黑木耳，能更好地起到补肾强身的功效。

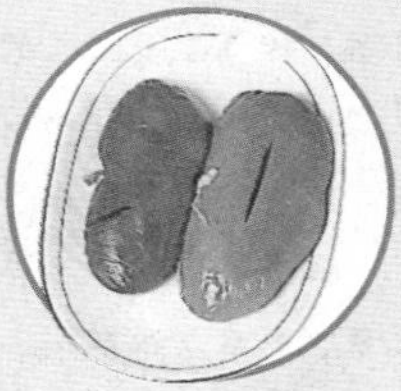

木耳腰片汤 难易度

原料 水发木耳、猪腰、黄瓜各适量

调料 葱花、姜丝、花椒粉、盐、鸡精、植物油各适量

做法
1. 水发木耳择洗干净，撕成小片。猪腰去膜，横刀剖开，去除白色筋状物，切片，入沸水中汆透，捞出。黄瓜洗净，去蒂，切片。
2. 炒锅倒油烧至七成热，放入葱花、姜丝和花椒粉炒香，倒入木耳和腰片翻炒均匀，加适量清水，大火煮沸，转中火煮5分钟，放入黄瓜片再煮3分钟，用盐和鸡精调味即可。

爱心提醒

① 猪腰要去净白色的筋状物，不然骚味会很重。

② 猪腰在烹调前入沸水中汆透，可去除血水和腥味，让烹调出的汤味道更香醇、汤色更干净。

③ 煮腰片汤时放入姜丝，可减淡猪腰的腥骚味。

杜仲冬菇煲猪腰 难易度

原料 杜仲20克，冬菇、黑木耳30克，猪腰2只，西芹50克

调料 盐5克，猪油30克，肉汤500毫升，胡椒粉适量

做法
1. 将猪腰片开，除去白色臊腺，切成腰花。
2. 杜仲用盐水炒焦，切丝。黑木耳水发透，去蒂根，洗净。
3. 西芹洗净切段。冬菇泡发洗净，一切两半。
4. 将腰花、木耳、杜仲、冬菇、西芹、盐、猪油放入煲内，加肉汤500毫升，用中火烧沸，文火煲40分钟，撒胡椒粉即成。

营养功效

补益气血，益脾固肾。适用于治疗尿少或尿血、倦怠乏力、食后腹胀、四肢沉重、纳少便溏、腰酸痛、低热盗汗、舌质淡、苔薄白。

补肾强身明星食材 黑豆

中医理论认为，五色对应五脏，黑色食物入肾脏，因此黑豆对人的肾脏是有好处的。同时，从营养的角度讲，豆类富含植物蛋白，营养丰富，适当食用可补益身体。

黑豆怎么吃最营养？最好的方法是将其打成豆浆，或者用来煮粥、炖汤。黑豆不可生食，一定要完全制熟后食用。

双黑茶 难易度

原料 黑豆10克，黑芝麻8克

做法 将两种原料均炒熟研末，备用。

营养功效

补肝肾，益精血，生发，乌发。用于肝肾阴虚造成须发早白、头晕眼花、腰膝酸软。

黑豆鲤鱼汤 难易度

原料 黑豆30克，鲤鱼1条

调料 生姜、盐、植物油各适量

做法

1. 黑豆洗净，用清水浸泡3小时。鲤鱼去鳞、鳃、肠脏，洗净。
2. 起油锅，放入鲤鱼略煎，取出沥油，与黑豆、姜片一同放锅内，加适量清水，武火煮沸后改文火，煮至黑豆熟软时加盐调味即可。

营养功效

补血益气，补肾利水。

黑豆百合豆浆 难易度

原料 黑豆50克，银耳、鲜百合各30克

调料 冰糖10克

做法

1. 黑豆浸泡10小时，洗净待用。银耳用水泡发，择洗干净，撕成小朵。百合择洗干净，分瓣，待用。
2. 将上述原料一起倒入豆浆机中，加水至合适位置，煮至豆浆机提示豆浆做好。
3. 过滤后加冰糖搅拌至化开即可。

营养功效

滋阴润肺，清心安神，补肾强身。

山药甘笋鸡翅汤 难易度

原料 鸡翅中、山药、胡萝卜各适量

调料 葱丝、盐、料酒、香油各适量

做法 1. 鸡翅中洗净，放入沸水锅中汆透，捞出；山药、胡萝卜去皮，洗净切块。

2. 汤锅放火上，加入适量清水，放入鸡翅中、山药块和胡萝卜块，煮沸后烹入料酒，转小火煮40分钟，加盐和香油调味，撒上葱丝即可。

补肾强身明星食材 山药

山药味甘、性平，有健脾、补肺、补中益气、长肌肉、止泄泻、治消渴和健肾、固精的作用，适用于身体虚弱、精神倦怠、食欲不振、消化不良、慢性腹泻、虚劳咳嗽、遗精、糖尿病及夜尿多等症。

现代营养学研究表明，山药富含黏蛋白、淀粉酶、皂苷、游离氨基酸和多酚氧化酶等物质，且含量较为丰富，具有滋补作用，为病后康复食补之佳品。山药能有效防止脂肪沉积在血管上，保持血管弹性，增强人体免疫功能，延缓细胞衰老，常食对身体十分有益。

山药苡仁茶 难易度

原料 绿茶、山药、薏苡仁、五味子各1克，莲子2粒，枸杞子6粒

做法 取上药加水500毫升煮沸10分钟，加入绿茶即成。

营养功效

健脾补肾，祛湿止带。用于妇科病白带量多者。

山药煲萝卜 难易度

原料 山药250克，胡萝卜200克

调料 色拉油、盐、芹菜末、葱、姜各适量

做法 1. 将山药、胡萝卜去皮，洗净，均切滚刀块。

2. 炒锅置火上，倒入色拉油烧热，葱、姜炝香，放入山药、胡萝卜煸炒片刻，倒入水，调入盐煲熟，撒入芹菜末即可。

补肾强身明星食材 虾

中医认为，虾性温味甘，入肝、肾经，有补肾壮阳，通乳抗毒、养血固精、化瘀解毒、益气滋阳、通络止痛、开胃化痰等功效，适用于肾虚阳痿、遗精早泄、乳汁不通、筋骨疼痛、手足抽搐、全身瘙痒、皮肤溃疡、身体虚弱和神经衰弱等症。现代营养学家则认为，虾营养价值丰富，含脂肪、微量元素（磷、锌、钙、铁等）和氨基酸含量甚多，还含有荷尔蒙，有助于补肾壮阳。

墨鱼蛤蜊虾汤 难易度

原料 鲜虾、墨鱼、蛤蜊各适量

调料 姜片、盐各适量

做法
1. 墨鱼撕去表皮，清洗干净，从内侧切花刀。
2. 蛤蜊反复洗净；鲜虾去沙线，洗净。
3. 汤锅置火上，加入清水，放入墨鱼、蛤蜊、鲜虾和姜片，以小火煮熟，加盐调味即可。

营养功效

蛤蜊肉味甘咸、性寒，可滋阴养液、利水化痰、清热凉肝；虾肉可补肾壮阳、养血固精。

虾仁韭菜豆腐汤 难易度

原料 虾100克，豆腐75克，韭菜50克

调料 湿淀粉、香油、盐各适量

做法
1. 虾洗净，剥壳取肉。
2. 韭菜洗净切碎；豆腐用清水漂净，切片。
3. 虾仁、韭菜、豆腐一同放入沸水锅内煮片刻，调入湿淀粉，煮沸收汁，加盐、香油调味即可。

鲜虾黑头豆腐煲 难易度

原料 黑头鱼1尾，鲜蛎虾50克，豆腐40克

调料 色拉油、盐、葱、姜、醋各适量

做法
1. 将黑头鱼治净，剁块；鲜蛎虾洗净；豆腐切块备用。
2. 锅置火上，倒入色拉油烧热，葱、姜炝香，放入鲜蛎虾烹炒，倒入水烧沸，调入盐、醋，放入黑头鱼、豆腐煲熟调入醋即可。

爱心提醒

煲汤时间要长些，才能将鲜蛎虾、黑头鱼的鲜味充分体现出来。

三鲜豆腐羹 难易度

原料 虾仁、鲜笋尖各60克，豆腐300克，蟹柳50克

调料 盐、味精、姜末、鸡汤、香油、香菜末各适量

做法 1. 豆腐、虾仁、蟹柳、笋尖均洗净，切成丁。

2. 锅置火上，加鸡汤、盐、豆腐、虾仁、蟹柳、笋丁、姜末烧沸，撇去浮沫，加味精，撒上香菜末，淋香油即成。

营养功效

滋补养胃，增强免疫力。

虾仁鱼片羹 难易度

原料 鲜虾仁100克，鱼肉100克，青菜心100克

调料 香菜、熟猪油、淀粉、盐、味精、香油、葱、生姜、肉汤各适量

做法 1. 虾仁洗净。鱼肉洗净，片成片，下入沸水锅内略氽一下捞出。

2. 青菜心择洗干净，切成段。葱、生姜、香菜均洗净，切成末。

3. 锅置火上，放入猪油烧热，下葱末、姜末爆锅，再下入青菜心稍炒，倒入肉汤烧沸，放入虾仁、鱼肉片烧开，用淀粉勾芡，加入盐、味精、香油调味，撒入香菜末即成。

菜心虾仁鸡片汤 难易度

原料 嫩菜心250克，新鲜虾仁、新鲜鸡肉各100克

调料 生姜1片，盐适量

做法 1. 嫩菜心洗净。

2. 虾仁去虾肠，洗净。鸡肉洗净，切成片。

3. 瓦煲中加入清水煮开，放生姜、鸡肉和虾仁，煮至鸡肉熟烂，加菜心稍煮，用少许盐调味即可。

营养功效

健脾补肾。虾仁性温味甘，有壮阳补肾、祛毒之功效。

补肾强身明星食材 乌鸡

乌鸡性平味甘，具有滋阴清热、补肝益肾、健脾止泻等功效，可提高生理机能、延缓衰老、强筋健骨，对防治骨质疏松、佝偻病、妇女缺铁性贫血症等有明显功效。现代医学研究表面，乌鸡内含丰富的黑色素、蛋白质、B族维生素、多种氨基酸和18种微量元素，其中烟酸、维生素E、磷、铁、钾、钠的含量均高于普通鸡肉，胆固醇和脂肪含量却很低，是营养价值极高的滋补品，也是补虚劳、养身体的上好佳品。

乌鸡枸杞煲 难易度

原料 乌鸡1只，枸杞10克

调料 色拉油、葱段、姜片、盐各适量

做法 1. 将乌鸡治净，剁块；枸杞泡开，洗净备用。

2. 炒锅置火上，倒入色拉油烧热，葱、姜爆香，放入乌鸡煸炒至变色时，倒入水，调入盐，放入枸杞煲25分钟即可。

莲子炖乌鸡 难易度

原料 莲子20克，白果15克，乌骨鸡1只（约500克）

调料 生姜、胡椒、葱、盐各适量

做法 1. 将乌骨鸡去毛及内脏洗净。

2. 白果、莲子研粗末放入鸡腹内，加所有调料和适量清水，炖至烂熟即可食用。

营养功效

此方具有补肝肾、止带浊的功效。适用于元气虚惫、赤白带下及男女性功能低下等。

补血乌鸡汤 难易度

原料 乌鸡腿、黄芪、党参、当归、熟地、川芎、白芍、红枣各适量

调料 生姜、盐各适量

做法 1. 将黄芪、党参、当归、熟地、川芎、白芍一同放入砂锅内，加水烧开后以小火熬约40分钟，过滤，取汤汁备用。

2. 乌鸡腿切成块，洗净，汆烫后放入大汤盆中，倒入熬好的汤汁，加生姜、红枣及适量水，入蒸锅蒸熟，加盐调味即可。

Part 6

50道营养好喝的调理保健汤

50DAO YINGYANGHAOHE DE TIAOLIBAOJIANTANG

减肥瘦身、美肤养颜、降压利水、降糖保健、排毒养颜……这些需求你有吗？如果有的话，尝试通过喝汤来实现吧，美食养生两不误哦~

饮食调理与瘦身

1. 有利于瘦身的营养素及主要来源

（1）维生素、无机盐和微量元素（如维生素A、维生素B_6、维生素B_{12}、尼克酸和铁、锌、钙等）：主要来源有冬瓜、赤小豆、黄瓜、萝卜、竹笋、木耳、茶叶、荷叶、山楂、话梅、酸梅、杨梅、杏干、山楂片等，它们对脂肪的分解代谢起着重要作用。

（2）高蛋白：主要来源有豆类、豆制品、瘦肉、鸡蛋、鱼类等，可用于补充钙与蛋白质。

2. 易导致肥胖的食物

（1）咖啡、浓茶。刺激胃液分泌，增进食欲。

（2）油脂含量高的食物。包括猪油、黄油、奶油、油酥点心、肥鹅、烤鸭、肥肉、花生、核桃及油炸食品等。

（3）含糖食品。包括水果糖、甘薯、甜藕粉、果酱、蜂蜜、糖果、蜜饯、麦乳精、巧克力、甜点心等。

（4）酒。每毫升纯酒精，可产7卡的热量。

（5）高胆固醇食品。包括动物肝、动物脑、鱼子、蛋黄等。

（6）多糖类的淀粉。米、面、薯类的摄入也应适量，食入过多也可使热量过剩，引起肥胖。

（7）高脂、高盐的零食。如瓜子、果仁等。

（8）猪肉。

瘦身减肥明星食材 冬瓜

《神农本草经》谓冬瓜“久服轻身耐老”，唐代《食疗本草》谓“欲得肥者勿食之，为下气；欲瘦小轻健者，食之甚健人”，指出冬瓜具减肥保健功效。宋代郑晓安《冬瓜》吟道“剪剪黄花秋后生，霜皮露叶护长生”，也肯定了其养生之功。

中医认为，冬瓜味甘淡，性微寒。可清热解毒、利水消痰、除烦止渴、祛湿解暑，适用于心胸烦热、小便不利、肺痈咳喘、肝硬化腹水、利尿消肿、高血压等。

现代营养学研究认为，冬瓜含蛋白质、糖类、胡萝卜素、多种维生素、粗纤维和钙、磷、铁等营养素，且钾盐含量高，钠盐含量低，适宜减肥之人食用。

鲜虾烩冬蓉

难易度

原料 净冬瓜肉750克，鲜虾仁150克

调料 盐、味精、胡椒面、姜片、湿淀粉、干淀粉、面粉、熟猪油、香油、汤各适量，鸡蛋清1个

做法
1. 碗中放入蛋清、盐、味精、干淀粉、面粉，调成糊，加入洗净擦干的虾仁拌匀。
2. 冬瓜洗净，剁成蓉，放碗中，加姜片、味精、少许猪油，上笼蒸熟透，取出，去掉姜片。
3. 旺火热锅，下少许猪油烧热，烹料酒，加汤、冬瓜蓉、盐，烧开，下入虾仁，撇去浮沫，用湿淀粉勾芡，撒上胡椒面，淋香油即成。

瘦身减肥明星食材 海带

肥胖者食用海带，既可减少饥饿感，又能从中吸取多种氨基酸和无机盐，是很理想的饱腹剂。海带含有大量的碘，这种矿物质有助于身体内的甲状腺机能的提升，对于热量消耗及身体的新陈代谢有很大帮助，进而达到减重及控制体重的目的。除碘以外，钾也是消除身体赘肉的有益矿物质。钾可以帮助平衡身体内的钠。如果身体内的钾太少，就会造成身体内的钠钾平衡失调，多余的钠会把水分留住，造成细胞水肿，使得体重减不下来。

另外，海带富含多种氨基酸、丰富的碳水化合物、较少的脂肪。海带与菠菜、油菜相比，除含维生素C外，其粗蛋白、糖、钙、铁的含量均高出油菜几倍至几十倍，营养价值较高。

在营养学上，海带有一个突出的优点，就是它属于碱性食物品。近年来，随着人们生活水平的提高，动物性食物（酸性食物）大幅增加，人们的体质多呈酸性，从而易发生多种疾病。经常吃些海带，有利于实现酸碱平衡，保持体液呈弱碱性（pH值7.35～7.45），减少疾病的发病率。中医认为其味咸、性寒，入脾、胃经，能软坚散结、清热利水、镇咳平喘、祛脂降压。

豆腐海带汤 难易度

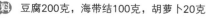

原料 豆腐200克，海带结100克，胡萝卜20克

调料 色拉油、盐、葱、姜、香油各适量

做法
1. 将豆腐洗净，切片；海带结洗净；胡萝卜去皮，洗净，切片备用。
2. 炒锅置火上，倒入色拉油烧热，葱、姜炝香，放入豆腐煎炒至金黄色，放入海带、胡萝卜同炒1分钟，倒入水，调入盐烧沸，淋入香油即可。

扇贝海带豆腐煲 难易度

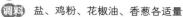

原料 扇贝400克，海带结100克，豆腐50克

调料 盐、鸡粉、花椒油、香葱各适量

做法
1. 将扇贝、海带结洗净，豆腐切块备用。
2. 炒锅置火上，倒入水，放入扇贝煮熟取肉，留原汤待用。
3. 原汤上火，放入豆腐、海带结，调入盐、鸡粉，放入扇贝煲熟，淋入花椒油，撒入香葱即可。

瘦身减肥明星食材 山楂

中医认为，山楂性微温，味酸甘，有消食健胃、活血化瘀、收敛止痢之功能，对肉积痰饮、痞满吞酸、泻痢肠风、腰痛疝气等，均有疗效。

现代营养学研究表明，山楂中所含的脂肪酶可促进脂肪分解，山楂酸等可提高蛋白分解酶的活性，因此具有降脂减肥的作用，尤其对膳食以肉食为主者更为适宜。

山楂蔬菜瘦肉汤

难易度

原料 瘦肉、圆白菜各100克，胡萝卜、蜜枣各50克，山楂60克

调料 姜片、盐各适量

做法
1. 山楂和蜜枣洗净；胡萝卜去皮，洗净，切块；圆白菜洗净，切片；猪瘦肉洗净切片，汆烫后再冲洗干净。
2. 汤锅内煲滚适量水，下山楂、胡萝卜块、圆白菜片、猪瘦肉片、蜜枣及姜片，烧滚后改文火煲2小时，下盐调味即成。

山楂五谷豆浆

难易度

原料 黄豆30克，大米、小米、小麦仁、玉米碴各1
克，鲜山楂25克

调料 白糖适量

做法
1. 黄豆洗净，用清水泡8小时至涨透。大米、
米、小麦仁和玉米碴分别洗净，同泡好的黄
一起放入搅拌机中，加入适量清水打成豆浆。
2. 鲜山楂洗净，去核，放在榨汁机内，加入50
水榨成汁液。
3. 把豆浆过滤后倒入净锅中，以小火煮约15分
至熟，加入山楂汁和白糖调成酸甜口味，稍
即成。

瘦身减肥明星食材 木耳

黑木耳中含有丰富的纤维素和一种特殊的植物胶原，这两种物质能够促进胃肠蠕动，促进肠道脂肪食物的排泄、减少食物中脂肪的吸收，从而防止肥胖；同时，由于这两种物质能促进胃肠蠕动，防止便秘，有利于体内大便中有毒物质的及时清除和排出，从而起到预防直肠癌及其他消化系统癌症的作用。

配膳指导

最佳搭配

◎ 木耳+蒜薹：养胃润肺，凉血止血。

◎ 木耳+黄瓜：滋补强壮，平衡营养。

◎ 木耳+豆腐：养胃润肺，凉血止血。

◎ 木耳+猪腰：补肾利尿。

◎ 木耳+鲫鱼：补虚利尿，营养结构更合理。

相关人群

◎ 适宜人群：一般人群均可食用。特别适合缺铁的人士、矿工、冶金工人、纺织工人、理发师食用。

◎ 不宜人群：有出血性疾病、腹泻的人应不食或少食；孕妇不宜多吃木耳。

黄瓜蛤蜊汤 难易度

原料 蛤蜊200克，黄瓜50克，木耳20克

调料 色拉油、盐、葱、姜、香油、香菜各适量

做法 1. 将蛤蜊洗净；黄瓜洗净，切片；木耳洗净，撕成小朵备用。

2. 炒锅置火上，倒入色拉油烧热，将葱、姜炒香，放入黄瓜、木耳、蛤蜊同炒几下，倒入水，调入盐，待蛤蜊张开口时，淋入香油，撒入香菜即可。

木耳胡萝卜豆浆 难易度

原料 黄豆、胡萝卜各50克，水发木耳30克

调料 色拉油5克，白糖适量

做法 1. 黄豆洗净，用清水浸泡6小时，倒在家用搅拌机内打成豆浆，过滤去渣。

2. 胡萝卜洗净，切丁；水发木耳择洗干净，切碎。

3. 锅入油烧热，投入胡萝卜丁炒透，盛在搅拌机内，加入木耳和100克水榨成汁，待用。

4. 把豆浆倒在净锅内，上小火煮10分钟至熟，加入胡萝卜木耳汁和白糖，再次煮开，即可饮用。

营养功效

滋阴补肾，益气养血，降压降脂。

瘦身减肥明星食材 魔芋

魔芋为低热量、低脂肪食品，一直以来被应用于减肥及预防肥胖。1999年，美国Walsh用双盲法确认了魔芋具有的减肥作用，华西医科大学对这一作用进行了验证——魔芋膳食纤维不能被消化吸收，不产生热量，容易产生饱腹感，同时可减少产热营养素的吸收。在日常饮食中，若增加一定量的魔芋食品，即可达到预防肥胖和减肥的效果。

中医认为，魔芋性味辛温，有推动血行、防止瘀肿的作用。魔芋除可预防肥胖、瘦身美体外，还具有防治便秘、调整肠胃、调节脂质代谢、降低胆固醇、改善糖代谢，及预防大肠癌等功效。同时，它也是贵重的钙源、稀有的碱性食品，可以起到调节机体酸碱平衡的作用。

魔芋藕片汤

难易度

原料 莲藕200克，牛蒡80克，香菇15克，魔芋100克，海带结100克，胡萝卜80克

调料 香菜末、盐、醋各适量

做法

1. 莲藕洗净，切片；牛蒡去皮，斜切成片，将切好的莲藕及牛蒡泡入水中，加1大匙醋；香菇泡软后对切，胡萝卜去皮切块。
2. 将莲藕、牛蒡、香菇、魔芋、海带结、胡萝卜与盐一起放入锅中，倒入适量水，以小火焖煮约50分钟。待锅中原料熟软后起锅装盘，撒上香菜末即可。

魔芋豆腐煲鲫鱼

难易度

原料 鲫鱼、魔芋豆腐、牡蛎粉各适量

调料 生姜、料酒、花生油、盐、味精各适量

做法

1. 魔芋豆腐洗净，切块。
2. 将鲫鱼去鳞和内脏，洗净，入锅，加适量清水，煮沸后加生姜、料酒、花生油、盐、味精，煲至汤色乳白时加入魔芋豆腐，煲至豆腐入味后起锅即可。

营养功效

魔芋豆腐为新型保健食品，既可单独烹食，亦可佐其他菜肴共食，其味清爽。

对肌肤有益的食物

1. 温开水，每天8～10杯，可保持皮肤丰润光泽。

2. 绿色蔬菜，如苋菜、椰菜、青菜等绿色蔬菜，含有大量维生素与矿物质。

3. 西瓜、哈密瓜，既补充水分又供给营养。

4. 瘦肉、鸡、鱼，提供丰富的蛋白质、铁质。

5. 粗粮、豆类，供给皮肤所需特殊养分。

6. 脱脂奶与低脂奶、乳酪，热量低且含钙多，可润泽皮肤，强壮筋骨。

7. 柑橘类水果，含丰富维生素C，防止面部微血管破裂与色素斑形成。

8. 猪皮，含胶原蛋白及弹性蛋白多，可增强皮肤弹性。

调理五脏功能的食物

脾运障碍者应服用大红枣、茯苓、粳米，可滋润皮肤，增加皮肤弹性和光泽，起到养颜美容作用。

肺功能失常者需要补肺气、养肺阴，可食用百合、粳米、冰糖，有较好的恢复容颜色泽的作用。

心气虚、心血亏少者可食用龙眼、莲子肉、糯米，可养心补血、润肤红颜。

肝脏失调者，中医提倡食用银耳、菊花、糯米、蜂蜜，有养肝、补血、明目、润肤、祛斑增白之功。

肾功能失调引起的容颜受损可服用芝麻、核桃仁、糯米，能帮助毛发生长发育，使皮肤变得洁白、丰润。

美肤养颜明星食材 鸡爪

鸡爪富含胶原蛋白，胶原蛋白是真皮层中支撑皮肤架构的主要“黏合剂”，存在于人体的结缔组织、皮肤、骨、肌腱、韧带、血管中，在皮肤的真皮组织干燥物中，胶原蛋白达90%之多。随着年龄的增长和紫外线、自由基等的侵害，胶原蛋白会流失、变质而失去弹性，使皮肤变得松弛、缺水、敏感、晦暗，容易产生细纹、色斑和毛孔粗大。这种由于真皮层胶原蛋白缺失导致的衰老现象，必须通过补充胶原蛋白来改善，而鸡爪就是不错的选择。

花生鸡爪汤

难易度

原料 鸡爪10只，花生米50克

调料 酱油、白糖、清汤、黄酒、葱花、姜末、盐、花生油、湿淀粉各适量

做法
1. 鸡爪洗净汆水，花生米浸泡回软去皮。
2. 砂锅放油烧到七成热，放入葱花、姜末、盐、白糖、酱油、黄酒，稍炒起味，放入鸡爪，加入清汤100克，迅速翻炒3分钟，待汤汁快干时，再加入清汤100克，继续翻炒至鸡爪呈金黄色。
3. 将砂锅移至微火上，加入清汤200克和花生米，加盖煨10分钟，用湿淀粉勾稀芡，装盘即成。

美肤养颜明星食材 猪蹄

现代医学研究表明，猪蹄富含大分子胶原蛋白，经常食用利于抗衰老、抗癌、润肤。近年来，在对老年人衰老原因的研究中发现，人体中胶原蛋白缺乏是人衰老的一个重要因素。猪蹄和猪皮中的胶原蛋白，在烹调过程中可转化成明胶。明胶具有网状空间结构，它能结合许多水，增强细胞生理代谢，可有效地改善机体生理功能和皮肤组织细胞的储水功能，使细胞得到滋润，保持湿润状态，防止皮肤过早褶皱，延缓皮肤的衰老过程。

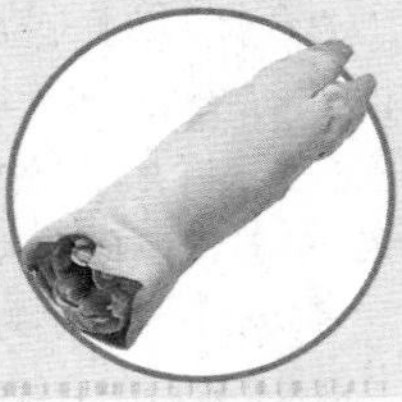

美肤养颜明星食材 红枣

红枣是护肤美容佳品，有道是："要使皮肤好，粥里添红枣。"红枣含有丰富的维生素C，又称"活性维生素C丸"，常食枣可以防治脸面雀斑、痤疮、口疮、口角炎、唇炎、脂溢性皮炎等损容病患，还可以保持皮肤光泽细嫩。红枣益气健脾，促进气血生化循环，使人气血充足、面色红润、肌肉丰满、皮肤润泽，是防治面色不佳、皮肤干燥、形体消瘦、头发枯黄的良药和佳膳。

红枣莲藕猪蹄汤 难易度

原料 猪蹄400克，老藕400克，莲子20颗，红枣12个，陈皮10克

调料 盐、姜片各适量

做法

1. 莲子、陈皮洗净控干。红枣洗净去核。藕洗净，切1厘米厚的片。
2. 猪蹄治净，切块。
3. 砂锅内加清水，旺火烧开，放进藕片、猪蹄、红枣、莲子、陈皮、姜片，烧开后撇去浮沫，改用中小火继续煨至猪蹄熟烂，加盐调味即成。

红枣鹌鹑蛋汤 难易度

原料 熟鹌鹑蛋、去核红枣各20个，灵芝20克

调料 藕粉、冰糖、白砂糖各适量

做法

1. 灵芝洗净切片，与红枣一起加水煮至灵芝出味、汁液浸入枣内，取出红枣。
2. 汤锅内加清水适量，放入白砂糖、冰糖煮至溶化，放入鹌鹑蛋、红枣烧透，用藕粉勾芡，翻匀盛碗中即成。

营养功效

养颜减皱，补血益精。

美肤养颜明星食材 木瓜

木瓜中含有丰富的木瓜酶，能帮助润滑肌肤。木瓜中维生素C的含量非常丰富，再加上木瓜酶的助消化能力，能够使体内毒素尽快排出。木瓜所含的木瓜酵素能促进肌肤代谢，帮助溶解毛孔中堆积的皮脂及老化角质，让肌肤显得更明亮、更清新。很多净化洁面凝胶都会含有木瓜酵素的成分，为的是让肌肤呈现纯净、细致、清新健康的外观。此外，木瓜还有丰胸减肥的作用。

牛奶木瓜养颜汤 难易度

原料 熟透的木瓜2个，鲜牛奶500毫升

调料 白砂糖适量

做法
1. 木瓜洗净，去皮、籽，切细丝。
2. 将木瓜丝放入锅内，加适量水和白砂糖，熬煮至木瓜熟烂。
3. 注入鲜奶调匀，再煮至汤微沸即可。

营养功效

补虚损，益肺胃，生津润肠，养颜美白。

美肤养颜明星食材 银耳

银耳是著名的滋补性食品，有“润泽肌肤，容颜悦色”的作用，可增强机体的新陈代谢，促进血液循环，改善器官功能，使皮下组织丰满，皮肤滑润，有很好的美容作用。

中医认为，银耳味甘淡，性平，能滋阴润肺、养胃生津、固本扶正，是一种营养丰富的滋养补品。中医常用以治肺热咳嗽、肺燥干咳、久咳喉痒、咳痰带血、久咳胁痛、肺痈肺痿以及月经不调、便秘下血等症。

冰糖银耳雪蛤汤 难易度

原料 雪蛤（林蛙油）、银耳各15克

调料 冰糖15克

做法
1. 银耳用清水发透，除去黄蒂，撕成小朵。冰糖打碎成屑。雪蛤用温水发透，除去筋膜、黑子。
2. 将雪蛤、银耳同放炖锅内，加清水500毫升，旺火煮沸，改文火炖煮35分钟，加入冰糖屑即成。

营养功效

滋阴补肾，润肺健脾，祛斑增白。

美肤养颜明星食材 动物血

动物血中富含维生素B_2、维生素C、蛋白质、铁、磷、钙、尼克酸等营养成分，其养颜美容的作用通过两个途径实现：一是动物血中含血浆蛋白，被消化液中的酶分解后，能产生一种解毒和润肠的物质，与侵入人体内的粉尘和金属离子反应，转化为人体不易吸收的物质，直接排出体外，通过排毒实现美容功效。二是动物血富含铁元素，有较好的补铁补血功效，能使苍白的面色变得红润，从而达到养颜的目的。

动物血中的猪血、羊血、鸭血和鸡血成分相似，功效相近，您可根据自己的习惯加以选择。

酸菜猪血汤 难易度

原料 猪血150克、酸菜100克

调料 色拉油、盐、味精、白糖、葱、姜、胡椒粉、香油各适量

做法 1. 将酸菜洗净，切丝；猪血切成条，备用。

2. 炒锅置火上，倒入色拉油烧热，葱、姜爆香，放入酸菜煸炒1分钟，倒入水烧沸，放入猪血，调入盐、味精、白糖、胡椒粉，淋入香油即可。

豆腐鸡血羹 难易度

原料 鸡血150克，嫩豆腐100克

调料 盐、味精、白糖、醋、胡椒粉、香菜段、上汤、鸡蛋液各适量

做法 1. 鸡血、嫩豆腐分别切小块。

2. 锅中加上汤，放入鸡血块和豆腐块，加盐、味精、白糖、醋、胡椒粉调味烧开，抄撇去浮沫，加鸡蛋液搅匀，放香菜段即可。

碎米皮蛋烩猪血 难易度

原料 猪血200克，皮蛋1个，西米、番茄、豆腐各适量

调料 盐、味精、米醋、胡椒粉、香油、高汤、淀粉、香菜末各适量

做法 1. 猪血切丁，汆水待用。

2. 皮蛋、豆腐、番茄切丁，西米泡发。

3. 将番茄入锅炒香，加高汤、盐、味精、米醋、胡椒粉调味，放入猪血丁、皮蛋丁、西米、豆腐丁烧透，勾芡，淋香油，撒香菜末即可。

美肤养颜明星食材 黄瓜

黄瓜味甘，性平，又称青瓜、胡瓜、刺瓜等，具有显著的清热解毒、生津止渴功效。

黄瓜富含蛋白质、糖类、维生素B_2、维生素C、维生素E、胡萝卜素、尼克酸、钙、磷、铁等营养成分，还含有丙醇二酸、葫芦素、柔软的水溶性纤维等成分，是难得的排毒养颜食品。黄瓜所含的黄瓜酸，能促进人体的新陈代谢，排出毒素。黄瓜维生素C的含量比西瓜高5倍，能美白肌肤，保持肌肤弹性，抑制黑色素的形成。黄瓜还能抑制糖类物质转化为脂肪，对肺、胃、心、肝及排泄系统都非常有益。

健康的身体，必然会带来健康红润光洁的肌肤，因此适当多吃黄瓜，有助美容养颜。

排骨薏米黄瓜汤

难易度

原料 排骨400克，老黄瓜250克，薏米75克，蜜枣3枚

调料 陈皮1角，盐适量

做法

1. 黄瓜洗净，切成长段。薏米淘洗干净。陈皮用温水稍泡后洗净。
2. 排骨洗净，切段，入开水中汆一下捞出，洗净血水。
3. 排骨、黄瓜、薏米连同蜜枣、陈皮一同放入沸水锅中，用文火炖3小时，撒适量盐调味即可。

黄瓜蛋汤

难易度

原料 黄瓜50克，鸡蛋1个，番茄半个

调料 熟菜油、清汤、盐、味精、葱花各适量

做法

1. 黄瓜洗净去皮，切成薄片。番茄用开水烫一下，撕去外皮，去籽切片。鸡蛋磕入碗中，加少许盐搅匀。
2. 炒锅置火上，加入熟菜油烧热，倒入蛋液煎熟铲起。
3. 另起油锅烧热，将黄瓜下锅略炒，加入清汤、盐，烧沸后将煎蛋及番茄下锅，加适量味精，起锅装入汤碗内，撒上葱花即成。

降压利水汤

——jiangya lishuitang

良好的饮食习惯有利于降压

保持稳定血压的饮食原则是：限制脂肪摄入量，尤要忌吃动物性脂肪和高胆固醇食物；适量进食蛋白质食品；适宜低盐饮食，切忌过咸食品；宜适量饮茶和少量饮用果酒与啤酒，忌饮烈性白酒。总之，以低热量、低脂肪、低胆固醇、低盐饮食为妥，保持清淡饮食为宜，尤其适宜多吃新鲜蔬菜、瓜果和具有一定降低血压作用的疗效食品。

① 控制能量摄入：提倡吃复合糖类，少吃葡萄糖、果糖及蔗糖，后者属于单糖，易引起血脂升高。

② 适量摄入蛋白质：高血压病人每日蛋白质的摄入量应为1克/千克体重为宜。每周吃2~3次鱼类蛋白质，可改善血管弹性和通透性，增加钠排出，降低血压。高血压合并肾功能不全者，应限制蛋白质的摄入。

③ 限制盐的摄入量：每日盐摄入量应逐渐减至6克以下（普通啤酒盖去掉胶垫后，一平盖盐约为6克）。这个量指的是包括烹调用盐及其他食物中所含钠折合成食盐的总量。适当的减少钠盐的摄入有助于降低血压，减少体内的钠潴留。

④ 多吃新鲜蔬菜、水果：每天吃新鲜蔬菜不少于300克，水果200~400克。

⑤ 限制脂肪的摄入：烹调时宜选植物油。多吃海鱼，海鱼含有不饱和脂肪酸，能使胆固醇氧化，从而降低血浆胆固醇，还可延缓血小板的凝聚，抑制血栓形成，防止中风；含有较多的亚油酸，对增加微血管的弹性，防止血管破裂，防止高血压并发症有一定的作用。

⑥ 多吃含钾、钙丰富而含钠低的食品：如土豆、茄子、海带、莴笋、牛奶、酸奶、虾皮等。少吃肉汤类，因为肉汤中含氮浸出物增加，能够导致体内尿酸增加，加重肝脏、肾脏的负担。

⑦ 适当增加海产品摄入：如海带、紫菜、海鱼等。

降压利水明星食材 冬瓜

冬瓜味甘淡，性微寒，能清热利水、生津止渴、化痰、解暑，主治水肿、脚气、胀满、喘咳、暑热烦闷、疮疡痈肿等病症。

冬瓜为高钾低钠的食物，具有明显的降压功效。现代药理研究表明，冬瓜所含的丙醇二酸可抑制糖类物质转化为脂肪，能有效防止脂肪在人体内（包括动脉、静脉、毛细血管等在内）沉积，有助于增强血管功能，减少外周阻力，从而起到降低血压的治疗作用。

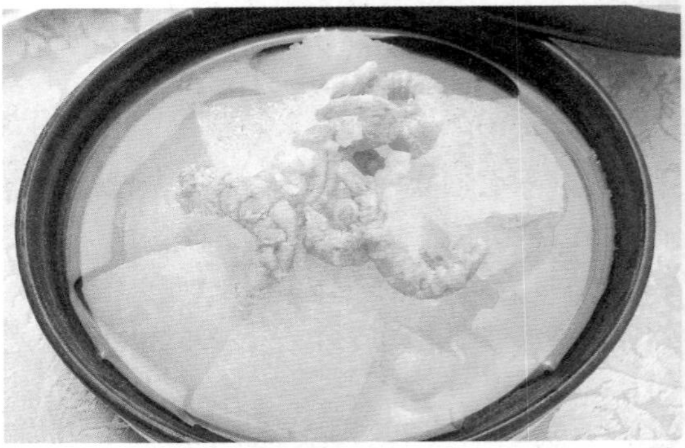

海米冬瓜汤

难易度

原料 冬瓜300克，水发海米50克

调料 鲜汤、盐、姜片、葱花、香油各适量

做法

1. 冬瓜去皮、瓤，切长方片。海米用温水泡发好。
2. 炒锅上旺火，加入鲜汤烧沸，放入冬瓜、海米、盐，以小火熬煮，至冬瓜透明、汤汁浓白时，加入姜片、葱花，淋上香油即成。

降压利水明星食材 芹菜

中医认为，芹菜味甘性凉，入足阳明、厥阴经，有平肝清热、祛风利湿、健胃、利尿、降压和醒神健脑的功效，经常食用芹菜，对孕妇、乳母及缺铁性贫血、肝脏病患者有帮助恢复健康的功效，对高血压、眩晕头痛、疮疡痈肿等也有很好的食疗作用。

现代研究表明，旱芹中所含有机酸、芹菜素、挥发油、芹菜甲素、芹菜乙素等，有明显的降压作用；芹菜素能抑制血管平滑肌增生，预防动脉硬化，对前列腺癌、乳腺癌、甲状腺癌等癌细胞还有抑制生长、诱导细胞死亡、抑制肿瘤血管形成等作用；芹菜甲素和芹菜乙素有镇静作用；旱芹的水提取物有降低血脂的作用，因此，旱芹特别适合高血脂、高血压、动脉硬化、糖尿病及肿瘤患者食用。

绿豆芹菜汤 难易度

原料 绿豆、芹菜各50克，鸡蛋1只

调料 盐适量

做法
1. 绿豆洗净，用清水浸泡2小时，拣去杂质。
2. 芹菜择去叶，洗净切段。鸡蛋取蛋清，打散。
3. 绿豆、芹菜放搅拌机内，加适量清水，搅成泥。
4. 锅中放两碗清水煮沸，倒入绿豆芹菜泥搅匀，煮沸后倒入鸡蛋清推匀，放入盐调味即成。

杞枣芹菜汤 难易度

原料 鲜芹菜梗120克，红枣30克，枸杞25克

做法
1. 芹菜梗洗净，切段。红枣、枸杞洗净。
2. 芹菜段、红枣、枸杞同放入锅中，加适量清水，煮30分钟即可。

营养功效

清热平肝，健脾养心。适宜高血压、冠状动脉粥样硬化性心脏病、慢性肝炎证属肝经有热、心脾不足者常食。

降压利水明星食材 洋葱

洋葱是唯一含前列腺素A的植物，前列腺素A是天然的血液稀释剂，能扩张血管、降低血液黏度，从而降血压、减少外周血管和增加冠状动脉的血流量，预防血栓形成；还有促进肾脏利尿和排钠，调节体内肾上腺神经解质的释放，从而起到较好的降压作用。因此，常食洋葱可以稳定血压、减低血管脆性，对人体动脉血管有很好的保护作用。

降压利水明星食材 海带

中医认为，海带味咸性寒，具有软坚散结、清热利水、镇咳平喘的功效。

现代医学研究发现，海带具有防癌抗癌、降血压、预防动脉硬化、防止血液凝固、促进有害物质排泄、防便秘、防治甲状腺肿、补充矿物质等作用。海带中含大量不饱和脂肪酸和膳食纤维，能消除附着在血管壁上的胆固醇；含丰富的钙元素，可降低人体对胆固醇的吸收，降低血压。上述三种物质协同作用，降脂和降压效果更好。

洋葱味噌汤 难易度

原料 洋葱半个，鸡腿1只，豆腐泡100克，鲜香菇2朵

调料 味噌酱、干贝素各适量

做法
1. 洋葱切丝，鸡腿去骨切丁，鲜香菇洗净。
2. 将洋葱丝放入水中煮熟，再放入鸡腿丁煮熟，最后放入豆腐泡、香菇煮熟，起锅前放入味噌酱和干贝素调味即可。

爱心提醒

味噌要最后放入，不然会产生酸味，影响菜的味道。

海带牛肉汤 难易度

原料 熟牛肉块、海带、番茄、香菇、黑木耳各适量

调料 精制植物油、葱末、生姜丝、清汤、盐、味精、五香粉、香油各适量

做法
1. 海带用温水浸泡6小时，洗净，切片；番茄洗净，切片；香菇、黑木耳用温水泡发后洗净，香菇切成块，黑木耳撕成小片，一起放碗中。
2. 炒锅加油烧至七成热，下葱末、生姜丝煸香，加入番茄片煸透，加清汤煮沸，投入海带片、牛肉块、香菇块、黑木耳片，改小火煮30分钟，加盐、味精、五香粉调味，淋香油即可。

降压利水明星食材 薏米

现代医学研究表明，薏米能扩张血管，有助降低血压，还能增强免疫力和抗炎。另外，薏米有较强的健脾养胃、利水祛湿功效，能清除体内的水湿瘀积、通畅血脉、调节气血，从而实现降压的效果。

最简单的吃法是用炒过的薏仁泡水喝或每天服薏仁粉，也可用来做汤或煮粥。

海带冬瓜苡仁汤 难易度

原料 海带20克，冬瓜200克，苡仁30克

调料 蜂蜜30克

做法
1. 将海带放入清水中浸泡片刻，捞出洗净，切成长片，打结。
2. 冬瓜洗净，切成小块，与淘净的苡仁同入砂锅，加水煨煮至苡仁熟烂，放入海带结，小火煨煮至沸即成。

用法 早晚分服。

营养功效

适于痰浊内蕴型高血压患者服用。

薏米莲子鲫鱼汤 难易度

原料 鲫鱼2条，薏米50克，莲子5克

调料 花生油、葱、姜、盐、料酒各适量

做法
1. 鲫鱼去鳞、鳃、内脏，洗净。莲子去心洗净。
2. 鲫鱼放入热油锅中，煎至两面金黄捞出。
3. 煲中加清水煮开，下鲫鱼、薏米、莲子、葱、姜、料酒，小火煲1小时至鲫鱼熟透，加盐调味。

冬瓜薏米羊肉汤 难易度

原料 羊肉、薏米、胡萝卜、冬瓜、豌豆粒各适量

调料 葱、盐各适量

做法
1. 羊肉冲洗净血沫，切成3厘米见方的块，待用。
2. 薏米洗净，用清水浸泡；胡萝卜、冬瓜洗净，去皮切块；豌豆粒洗净；葱洗净，切小段。
3. 锅置火上，倒入清水，放入羊肉、薏米、胡萝卜、冬瓜、豌豆粒，大火煮开后转小火慢煮至食材熟软，放入葱段，加盐调味即可。

降压利水明星食材 海蜇

中医认为，海蜇味咸性平，入肝、肾经。据《本草纲目》记载，海蜇有清热解毒、化痰软坚、降压消肿等功能，对高血压、气管炎、哮喘、胃溃疡等症均有疗效。

配膳指导

最佳搭配

◎ 海蜇+胡萝卜+猪瘦肉：消痰，滋阴，老少皆宜。

◎ 海蜇+猪血：辅助治疗哮喘。

◎ 海蜇+荸荠：辅助治疗肺脓疡、支气管扩张等。

◎ 海蜇+红枣+红糖：辅助治疗消化道溃疡。

不宜和禁忌搭配

◎ 海蜇+柿子、石榴、山楂、葡萄：降低营养价值，刺激肠胃，出现腹痛，甚至导致肠道梗阻。

海蜇菠菜汤 难易度

原料 菠菜、海蜇、咸鸭蛋各适量

调料 淀粉、清汤、盐、味精、香油各适量

做法
1. 海蜇洗干净，切成片。
2. 菠菜择洗干净，切成段，入沸水锅中稍烫，捞出沥水；咸鸭蛋煮熟，取蛋白切丁。
3. 锅置火上，加入适量清汤烧开，下入菠菜、盐、味精、海蜇片、咸鸭蛋丁烧开，淋入香油即可。

营养功效

菠菜中含有较多的天然维生素B_1与维生素B_2，故常吃新鲜菠菜可防止口角炎等维生素缺乏症的发生。

海蜇荸荠汤 难易度

原料 海蜇、鲜荸荠各适量

调料 姜丝、清汤、料酒、盐、味精、醋、香菜末、香油各适量

做法
1. 海蜇洗干净，切成片。
2. 鲜荸荠去皮，切成片，入沸水中汆过待用。
3. 锅置火上，加入清汤、料酒、盐、姜丝烧开，放入海蜇和荸荠片，加味精、醋、香菜末烧沸，淋香油即可。

爱心提醒

新鲜海蜇有毒，必须先用食盐、明矾腌制，以去除毒素。

太子参海蜇汤 难易度

原料 海蜇50克，太子参15克，菜胆100克

调料 蒜10克，姜5克，葱10克，盐5克，鸡汤800毫升，素油30克

做法 1. 太子参洗净，去杂质。海蜇洗净，切成细丝。菜胆洗净，切5厘米长的段。姜切丝，葱切段。

2. 炒锅置武火上烧热，加入素油烧至六成热，下姜、葱爆香，放入太子参、盐、鸡汤煮25分钟，下入海蜇和菜胆，煮熟即成。

营养功效

补气血，降血压。特别适宜高血压属气虚湿阻型患者食用。

海蜇荸荠芹菜汤 难易度

原料 海蜇皮250克，荸荠240克，芹菜100克

调料 白糖适量

做法 1. 海蜇皮切成细条，浸泡片刻，捞出挤干水分。

2. 荸荠去皮，切片。芹菜洗净，切段，入沸水中煮15分钟，去渣取汁。

3. 将荸荠片、海蜇条同芹菜汁共入锅中，加适量水煮成汤，调入适量白糖，稍炖即成。

用法 吃海蜇、荸荠，喝汤。每日1剂，连用5~7天为1疗程。

营养功效

对阴虚阳亢型高血压有显效。

蜇头汤 难易度

原料 海蜇头、笋片、火腿、水发香菇、黄瓜各适量

调料 酱油、味精、姜汁、盐、高汤各适量

做法 1. 将海蜇头洗净，泡去盐味，用微沸的水氽一下，放入冰水中过凉。

2. 将火腿、黄瓜、冬菇切片，放沸水中氽一下。

3. 汤锅置火上，放入高汤等调料及海蜇头等原料，烧沸后撇去浮沫，盛入汤碗中即可。

糖尿病患者饮食宜忌

1. 宜食的食物

苦瓜：苦瓜中的皂甙能明显降低患者的血糖，有类似胰岛素的作用。

南瓜：现代药理研究证明，南瓜含微量元素钴，它能增加体内胰岛素释放，降血糖效果明显。南瓜还含有果胶纤维素，它能使饭后血糖不至于升高过快。

黄瓜：可改善糖代谢，降低血糖。

洋葱：洋葱含有磺脲丁酸物质，能明显降低血糖。

菠菜：菠菜叶中含有一种类胰岛素样物质，其作用与动物体内的胰岛素非常相似。

海带、银耳：海带多糖、银耳多糖都能增加糖尿病大鼠对高糖的耐受性，且对胰岛细胞有保护作用，能明显降低血糖值。

荞麦：含有大量的膳食纤维，较其他主食热量低，对餐后血糖影响小，能促使胰岛细胞修复再生。

燕麦：高蛋白、低脂肪，含糖类64.8%，低于一般的谷类食物，适合糖尿病患者食用。

猪胰：味甘性寒，治胃热消渴，气不化津而致消渴。中医讲究以脏补脏，药理研究表明，猪胰能使患者增加胰岛素的分泌。

枸杞：据报道，枸杞多糖和茶叶多糖混合物具有增强Ⅱ型糖尿病模型动物胰岛素的敏感性、增加肝糖元储备、降低血糖水平、提高糖耐受量、防止餐后血糖升高的作用。

薏米：科学研究发现，薏米水提物可显著降低餐后升高的血糖值。

黄鳝：从黄鳝中提取的“黄鳝鱼素”有显著的降低血糖作用，其降糖作用和胰岛素相似。

泥鳅：抗氧化能力强，对胰岛β细胞有较强的保护作用。

人参：科学家先后从人参中分离出21种人参多糖，最后证明人参多糖A降血糖活性最高。

茯苓：含茯苓聚糖、茯苓酸、蛋白质、脂肪、卵磷脂、胆碱、蛋白酶、脂肪酶等。现代药理研究证明，茯苓具有强心、利尿、降血糖、降血压，提高人体免疫功能的作用。

桑叶：所含桑叶多糖对大鼠实验性高血糖有明显的降糖作用。

马齿苋：俗称马曲菜，含去甲肾上腺素，能促进胰岛素的分泌，具有降低血糖浓度、维持血糖稳定的作用。

玉米须：玉米须中的玉米穗多糖能促进胰岛素的分泌，加强糖分解代谢，使血糖降低，还有降血压作用。

番石榴：番石榴所含黄酮类化合物具有降血压、降血脂作用，对正常胰岛素型患者有效。

豆腐渣：豆腐渣含丰富的膳食纤维，可延缓糖在肠道的吸收，抑制血糖的急剧上升；豆腐渣含钙比例与牛奶相当，且易被人体吸收，能补充患者钙质。

山药、绞股兰、荔枝核、冬虫夏草、苦丁菜、仙人掌、花粉：能降低血糖或抑制糖在肠道内的吸收速度，因而皆可用于糖尿病患者的食疗。

2. 限食的食物

富含饱和脂肪酸及胆固醇的食物：如猪油、牛油、羊油、奶油、黄油、蛋黄和动物的肝、脑、肾脏等。

含碳水化合物较多的食物：如土豆、芋艿、藕等宜少食，或食用后适当减少主食的量。

3. 忌食的食物

高糖食物：如白糖、红糖、葡萄糖及糖制甜食（如糖果、糕点、果酱、蜜饯、冰激凌、甜饮料等）。

降糖保健明星食材 猪胰

中医认为，猪胰味甘性平，无毒，具有健脾胃、助消化、养肺润燥、泽颜面色之功效，适用于脾胃虚弱、消化不良、消渴（糖尿病）、肺虚咳嗽、咯血、乳汁不通、皮肤龟裂等症，以其为原料制作的猪胰山药汤，具有不错的降血糖作用。

猪胰山药汤 难易度

原料 猪胰脏125克，鲜百合25克，淮山药50克

调料 盐适量

做法
1. 鲜百合、淮山药洗净。
2. 猪胰脏治净，切小块。
3. 将上述原料一同下锅，加适量清水炖至猪胰脏熟透，调入适量盐即可。

营养功效

健脾胃，助消化，降血糖。

降糖保健明星食材 猪腰

猪腰也叫猪腰子、猪肾。中医认为，猪腰味咸性平，无毒，入肾经，具有理肾气、通膀胱、消积滞、止消渴等功效，适宜糖尿病见肾虚之人多食，但若有血脂偏高、高胆固醇者则不宜食用。

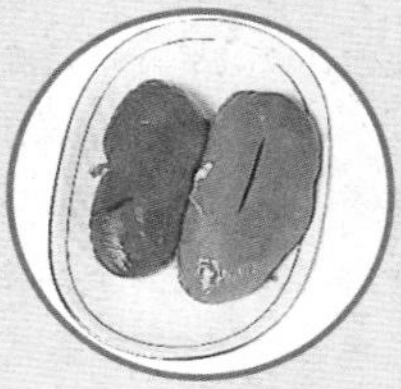

麻酱腰片汤 难易度

原料 猪腰、黄瓜各适量

调料 芝麻酱、盐、黄酒、白糖、香油、清汤各适量

做法
1. 黄瓜洗净，切成蓑衣状，用少许盐抓匀，腌渍10分钟。芝麻酱、盐、白糖、香油调匀，装小碟中。
2. 猪腰治净，切大片，用黄酒、盐抓匀，腌渍15分钟，入沸水氽至断生，捞起控水。
3. 锅内放清汤，旺火烧开后投入黄瓜烧约2分钟，倒入猪腰片煮熟，用盐调味，淋少许香油，带芝麻酱小碟上桌即成。

降糖保健明星食材 苦瓜

苦瓜含丰富的维生素C和铁，还含有蛋白质、糖类、脂肪、钙、磷、胡萝卜素、维生素B及果胶、苦瓜甙和多种氨基酸。

科学家发现，苦瓜具有降血糖和抗癌功效。有医学家还发现，苦瓜含有可避孕、减肥的有效物质，而且无任何毒副作用，是现代人极佳的健康食品。

中医认为，苦瓜性寒味苦，入心、肺、胃经，具有清热解渴、降血压、降血脂，祛斑、养颜美容、减肥瘦身、改善睡眠、增强免疫功能、促进新陈代谢等功效。苦瓜中含有大量苦瓜甙，苦瓜甙是一种类似胰岛素的物质，有降低血糖的作用，对改善糖尿病的“三多”症状有一定的效果，故被称为“植物胰岛素”。

苦瓜荠菜猪肉汤 难易度

原料 荠菜50克，苦瓜250克，瘦猪肉125克

调料 料酒、盐各适量

做法
1. 将苦瓜去瓤，切成小丁。瘦猪肉切薄片，荠菜洗净切碎。
2. 将肉片加料酒、盐调味，入沸水锅中煮沸5分钟，加入苦瓜、荠菜煮汤即成。

营养功效

滋阴润燥，清肝明目。

猪蹄炖苦瓜 难易度

原料 猪蹄2只，苦瓜300克，姜20克，葱20克

调料 植物油、盐、味精、汤各适量

做法
1. 猪蹄汆烫后切块。苦瓜洗净，去瓤，切成长条。姜、葱拍破。
2. 锅中倒油烧热，放入姜、葱煸炒出香味，放入猪蹄和盐稍炒，加汤煮至猪蹄熟软，放入苦瓜稍煮，放味精调味，出锅即可。

营养功效

猪蹄含有丰富的胶原蛋白，极易消化又滋阴补液。苦瓜清热凉血，有明显的降血糖之功效。

降糖保健明星食材 山药

中医认为，山药味甘性平，滋补肺、脾、肾三脏，具有降血糖、治消渴、健脾、补肺、补中益气、长肌肉、止泄泻、健肾固精的功用，可用于治疗糖尿病。《神农本草经》谓之“主健中补虚，除寒热邪气，补中益气力，长肌肉，久服耳聪目明”。《日华子本草》说其“助五脏，强筋骨，长志安神，主治泄精健忘”。《本草纲目》认为，山药能“益肾气，健脾胃，止泻痢，化痰涎，润皮毛”。

羊肉山药汤 难易度

原料 羊肉500克，淮山药150克

调料 料酒20克，盐3克，生姜（拍破）10克，葱白段10克，胡椒1克，羊肉汤750 克，香葱末少许

做法
1. 羊肉剔去筋膜、洗净，略划几刀，入沸水锅氽去血水。淮山药用温水浸透后切成片。
2. 山药片与羊肉一起放入锅中，加羊肉汤，投入姜、葱、胡椒、盐、料酒，大火烧沸后撇去浮沫，移到文火上炖至熟烂，捞出羊肉晾凉，切成厚片，装碗中。原汤中葱、姜拣去不用，连山药一同倒入羊肉碗内，撒葱花即成。

红枣山药炖南瓜 难易度

原料 南瓜300克，鲜山药300克，红枣100克

做法
1. 鲜山药削去皮，洗净。南瓜洗净，去皮和瓤，切成相同大小的块。红枣用水洗净，去枣核。
2. 切好的山药、南瓜块及红枣同放入炖盅内，加水，置大火上烧开，盖好盖，改用小火炖1小时左右，至山药、南瓜熟烂时即可。

山药小米糊 难易度

原料 小米15克，淮山药15克

做法
1. 将小米、山药分别放入干净的锅中，置火上，用小火炒至焦黄，然后研为细粉。
2. 将小米粉和山药粉一同放入锅中，加入200毫升水，大火煮开，转小火熬煮成糊即可。

营养功效

适用于糖尿病及腹泻便溏、消化不良等。

降糖保健明星食材 枸杞

中医认为，枸杞味甘性平，具有滋补肝肾、明目的功效，还可降血压、降血糖、降血脂，用来入药或泡茶、泡酒、炖汤，常食可强身健体。枸杞中含有的枸杞多糖具有很好的降低血糖的作用。经实验证实，枸杞多糖对正常及糖尿病模型动物均有明显的降血糖作用，可有效改善糖耐量。《本草纲目》认为，枸杞子有滋补肝肾、明目、益面色、长肌肉、坚筋骨之功效，久服有延年益寿、延缓衰老之效果，“治肝肾阴亏、腰膝酸软、头晕、目眩、目昏多泪、虚劳咳嗽、消渴、遗精”。

山药枸杞煲苦瓜 难易度

原料 苦瓜2根，山药、枸杞各20克，猪瘦肉50克

调料 花生油、葱姜末、鸡汤、盐、白胡椒粉各适量

做法
1. 将猪肉洗净，切成片。苦瓜去瓤，切片。山药去皮，切片。
2. 起油锅，烧至温热，下入葱姜末、肉片炒出香味，加入适量鸡汤，再放入山药片、枸杞以及适量的盐、白胡椒粉，用大火煮开，改用中火煮10分钟，放入苦瓜片稍煮即成。

枸杞海参汤 难易度

原料 枸杞20克，水发海参300克，香菇50克

调料 素油、料酒、酱油、白糖、盐、生姜、葱各适量

做法
1. 海参洗净切块。
2. 枸杞去果柄、杂质，洗净。香菇洗净，切块。姜切片，葱切段。
3. 炒锅内加油，烧至六成热，爆香姜葱，下入海参、香菇，烹入料酒、酱油、白糖，加适量水，旺火烧沸，改文火焖煮至海参熟透入味，放入枸杞，加盐调味即成。

营养功效

滋补肝肾，降压降脂，养血润燥。

降糖保健明星食材 牡蛎

中医认为，牡蛎肉味甘、咸，性平，熟食能滋阴补血，生食清热 解毒，可用于治疗丹毒。

现代医药学研究发现，牡蛎肉中含有丰富且比例适当的锌、铁、铜、碘、硒等微量元素，尤其锌的含量非常丰富，对糖尿病患者极有益处。牡蛎肉所制成的药品已被临床上用于糖尿病、免疫力低下疾病、肝病、高脂血症、动脉硬化、肾脏病、肿瘤等慢性疾病的治疗。

牡蛎鸡蛋汤

难易度

原料 牡蛎肉、蘑菇各200克，鸡蛋1个，紫菜50克

调料 香油、盐、姜片各适量

做法

1. 蘑菇洗净，撕成片。鸡蛋磕入碗中，打散。牡蛎肉洗净备用。
2. 锅中加适量清水烧沸，倒入蘑菇、姜片煮20分钟，加入牡蛎肉、紫菜煮熟，淋入鸡蛋液，加香油、盐调味即成。

营养功效

软坚散结，化痰，清热利尿，适宜糖尿病、高血压患者食用。

牡蛎炖豆腐白菜

难易度

原料 牡蛎肉、豆腐、白菜各200克

调料 植物油、葱、姜、盐、胡椒面各适量

做法

1. 将牡蛎肉洗净，放盘中。
2. 豆腐洗净切块。
3. 白菜切成片，葱、姜切丝。
4. 将植物油放锅内烧热，放葱、姜煸炒片刻，放豆腐稍煎，加水800毫升，投入白菜、牡蛎炖至白菜熟烂，加胡椒面、盐调匀即可食用。

营养功效

清热散血，滋阴养血，美颜，降脂瘦身。

降糖保健明星食材 南瓜

中医认为，南瓜味甘性温，具有降血糖作用，对预防和治疗糖尿病、心血管疾病、溃疡病均有较好的效果。另外，南瓜还具有补中益气、强肝、益肾、降压、消炎、止痛、解毒、杀虫之功效。《滇南本草》中记载：“南瓜性温、味甘，无毒，入脾、胃二经，能润肺益气、化痰排脓、驱虫解毒，治咳嗽、哮喘、肺痈、便秘等症”，并认为南瓜能“横行经络、利小便”。《医林篡要》记载，南瓜能“益心敛肺”，并有润肺、消炎、止痛、解毒、驱虫的作用，适用于烧伤、烫伤等。在《本草纲目》中，李时珍将南瓜与灵芝放在一起，说它有“补中、补肝气、益心气、益肺气、益精气”的作用。凡久病气虚、脾胃虚弱、症见气短倦怠、食少腹胀、水肿尿少者均宜用。

南瓜蒜蓉汤 难易度

原料 南瓜、大蒜头各适量

调料 花生油、盐、湿淀粉各适量

做法
1. 南瓜去皮、瓤，洗净，切粒。
2. 大蒜头去衣，制成蒜蓉。
3. 起油锅烧热，放入南瓜、蒜蓉略炒，放适量清水，煮至南瓜熟透，用少许湿淀粉勾芡，放入盐调味即成。

营养功效

南瓜能促进人体胰岛素的分泌，增强肝肾细胞的再生能力，对糖尿病、高血压及肝肾的一些病症有辅助疗效。

南瓜牛肉汤 难易度

原料 南瓜500克，牛肉250克

调料 葱丝适量

做法
1. 南瓜洗净，削去皮，去瓤，切成3厘米见方的块，备用。
2. 牛肉剔去筋膜，洗净后切成2厘米见方的块，放沸水锅内略汆一下即捞出，放入锅内，加入约1000毫升清水，置武火上烧沸，加入南瓜同煮约2小时，盛入盘中，撒葱丝即成。

四季排毒饮食

春季排毒宜吃的食物

春天气候干燥，人容易上火，出现口疮、大便涩滞，导致体内毒素残留过多，引起多种疾病。菠菜、韭菜、葱、蒜、蜂蜜、樱桃等食物适合在春天多多食用，对促进排毒有益。

夏季排毒宜吃的食物

夏天气温高，人出汗多，饮水多，胃酸被冲淡，消化液分泌相对减少，故使消化功能减弱，导致食欲不振。再加上天气炎热，人们贪吃生冷食物容易造成胃肠功能紊乱，或因食物不清洁而引起胃肠不适，甚至食物中毒。仲夏饮食宜清淡，应多摄取以苦瓜、西红柿等为代表的苦寒、酸涩口味的天然食物。

秋季怎样健康排毒

秋季其实是一个排出毒素的大好时节，排毒顺畅，就可以远离毒素带来的健康问题，可以获得比其他任何时候更舒适清爽的身心状态。

秋季需要进补者，应减少肉食摄入，特别是经过烧烤、高温烹调的食物。此外，腐败食物、已发芽的食物、含有食物添加剂、漂白过或含色素、防腐剂、糖精等的加工食品不宜食用，应多食一些富含纤维素和维生素的新鲜蔬菜、水果、杂粮等，它们可以帮助人体将无法正常排出体外的毒素清除干净。

冬季暖胃排毒宜吃的食物

寒冷的冬季，人们大都放弃了运动计划，再加上为了抵御寒冷，对高脂肪、高热量的食物来者不拒。这样势必会造成新陈代谢速度缓慢，身体里慢慢累积了一些不良的代谢产物。不少人在冬季里都会体重增加，有的还会出现头痛、精神抑郁等症状，这些不良状况都是身体在对我们发出警告：排毒的时候到了。在冬季，可选择南瓜、胡萝卜、红薯、燕麦、红豆、山药、莲藕等食物帮助身体排毒。

有效排毒7大饮食原则

原则1：多饮凉开水

水可以稀释毒素，加快代谢，促进毒素及时通过尿液排出体外。而肠道，尤其是大肠，是粪便堆积的地方，多饮水可以促进新陈代谢，溶解水溶性毒素，缩短粪便在肠道停留的时间，减少毒素的吸收。更重要的是，大量水分能渗入人体细胞与细胞之间，起到保护细胞和延长细胞生存寿命的作用。

建议每天清晨起床后空腹喝500~600毫升温开水，缓慢喝入，这样能促进大小便排出，清洗大肠、小肠。

原则2：多吃新鲜的蔬果

少吃加工食品、速食品和清凉饮料。因为这些食物中都含有较多的防腐剂和色素。

原则3：进食时要细嚼慢咽

多咀嚼，这样可以分泌较多唾液，中和各种毒性物质，引起良性连锁反应，排出更多毒素。

原则4：控制盐分的摄入

过多的盐分会导致闭尿、闭汗，引起体内水分堆积。

原则5：少荤多素

建议每周吃两天素食（蔬菜、水果和杂粮），给肠胃调整和休息的时间。暴饮暴食和摄入过多油腻或刺激性食物，会在新陈代谢中产生大量毒素，给肠胃造成巨大负担。

原则6：多吃富含叶绿素的食物

富含叶绿素的食物具有解毒功能，多吃这类食物有助于消除体内累积的毒性物质。毒性物质可附着在食物纤维和叶绿素上，它们通常在由肝脏排出而被小肠吸收之前，就随着大便排出体外，能有效减少毒素的累积效应。

原则7：多吃含抗氧化剂丰富的食物

多吃新鲜食品和有机食品，多吃富含维生素C、维生素E等抗氧化剂的食物，这有助于预防体内毒素堆积和消除体内的自由基作用，增强体质，延缓衰老。

清肠排毒明星食材 香菇

香菇味甘性凉，有益气健脾、解毒润燥等功效。香菇含有谷氨酸等18种氨基酸，还含有30多种酶以及葡萄糖、维生素A、维生素B_1、维生素B_2、尼克酸、铁、磷、钙等成分。现代医学研究认为，香菇含有多糖类物质，可以提高人体的免疫力和排毒能力，抑制癌细胞生长，增强机体的抗癌能力。此外，香菇还可降低血压、胆固醇，预防动脉硬化，有强心保肝、宁神定志、促进新陈代谢及加快体内废物排泄等作用，是排毒强身的最佳食用菌。

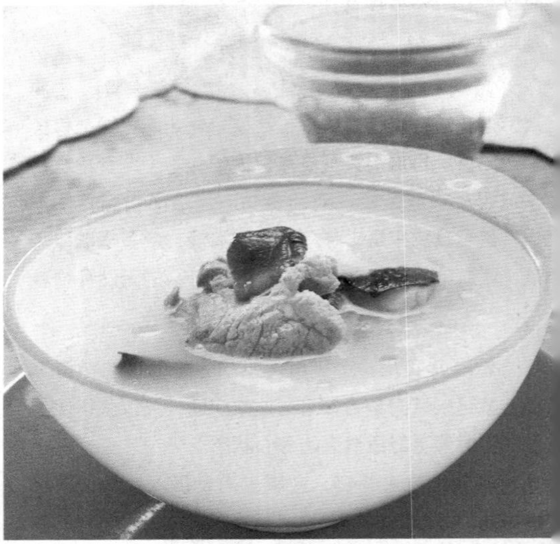

莲藕竹荪冬菇汤

难易度

原料 莲藕500克，竹荪100克，冬菇50克

调料 姜、盐各适量

做法

1. 莲藕去皮，洗净切块。竹荪、冬菇用清水浸软后洗净，冬菇去蒂切瓣。
2. 汤煲中加入适量水烧沸，下莲藕、竹荪、冬菇、姜片，大火煲滚后改文火煲2小时，下盐调味即成。

营养功效

此汤健脾益胃，常食可预防高血压和高胆固醇。

爱心提醒

冬菇是香菇中的一种，品质仅次于花菇，顶面呈黑色，菇底褶淡黄色，肉比较厚且质地比较细嫩，味道鲜美。

竹荪冬菇萝卜汤

难易度

原料 青萝卜、胡萝卜各200克，猪瘦肉100克，竹荪5克，冬菇5个

调料 姜、盐各适量

做法

1. 竹荪用水浸软，洗净后切段。冬菇浸软，洗净去蒂。青萝卜、胡萝卜去皮，洗净切块。
2. 猪瘦肉洗净，切薄片，入开水中汆烫后捞出洗净。
3. 煲内注入清水烧沸，下入竹荪、冬菇、青萝卜、胡萝卜、猪瘦肉、姜片，汤滚后改文火炖小时，用盐调味即成。

营养功效

此汤有防治高血压和降低胆固醇的功效。

清肠排毒明星食材 海带

海带味咸性寒，具有祛痰平喘、排毒通便的功效，是理想的排毒养颜食物。海带富含褐藻胶、甘露醇、蛋白质、脂肪、糖类、粗纤维、胡萝卜素、维生素B_1、维生素B_2、维生素C、尼克酸、碘、钙、磷、铁等多种成分。海带中的碘化物被人体吸收后，能加速炎症渗出物的排出，并有降血压、防止动脉硬化的作用。海带中的胶质成分能促进体内的放射性物质随同尿液排出体外，从而减少放射性物质在体内的积聚。同时，海带中还含有一种叫硫酸多糖的物质，能够吸收血管中的胆固醇，并把它们排出体外。另外，海带表面有一层略带甜味的白色粉末，是极具医疗价值的甘露醇，具有良好的利尿作用，可以治疗药物中毒、浮肿等症。

大酱海带豆腐汤

难易度

原料 海带、豆腐、黄豆芽、白菜各适量

调料 日本大酱、盐各适量

做法

1. 海带洗净，切菱形片；豆腐洗净，切块；黄豆芽去豆皮，洗净。
2. 锅置火上，放入适量清水，加入海带、黄豆芽、白菜煮沸，加入豆腐、日本大酱，用盐调味，再煮10分钟即可。

爱心提醒

日本大酱也可以用韩国大酱代替，味道别具特色。

西红柿海带汤

难易度

原料 西红柿50克，水发海带250克，鲜柠檬2个

调料 奶油、酱油、盐、高汤各适量

做法

1. 将水发海带洗净，切成丝，放入高汤中煮5分钟。西红柿取汁，柠檬取汁。
2. 将高汤倒入净锅中，加入奶油、酱油、盐、鲜柠檬汁、西红柿汁、海带丝，煮开，倒入汤碗内即可。

营养功效

此汤维生素C和碘等营养素含量丰富，能促进婴幼儿智力发育。

清肠排毒明星食材 红薯

红薯是清肠排毒和治便秘的最佳食物之一。红薯，又称地瓜，是一种药食兼用的健康食品。红薯含有膳食纤维、胡萝卜素、维生素A、维生素B、维生素C、维生素E以及钾、铁、铜、硒、钙等10余种矿物质，被营养学家们称为营养最均衡的保健食品。红薯含有大量膳食纤维，在肠道内无法被消化吸收，能刺激肠道蠕动，通便排毒，尤其对老年性便秘有较好的疗效。

红薯属碱性食品，吃红薯有利于人体的酸碱平衡。同时，吃红薯能降低血胆固醇，防止亚健康和心脑血管疾病。

鸡肝地瓜煲

难易度

原料 鸡肝250克，地瓜100克

调料 色拉油、盐、酱油、八角、姜、葱、香菜、香油各适量

做法

1. 鸡肝洗净，切块；地瓜去皮，洗净，切滚刀块。
2. 炒锅置火上，倒入适量清水，放入鸡肝煮熟，捞出备用。
3. 净锅置火上，倒入色拉油烧热，葱、姜、八角炝香，放入地瓜，调入酱油煸炒片刻，倒入水，调入盐，放入鸡肝煲熟，淋入香油，撒入香菜即可。

米露煮香芋地瓜

难易度

原料 芋头、地瓜、瘦肉各适量

调料 法香末、米露、盐各适量

做法

1. 瘦肉洗净切块，放入沸水锅中汆烫，捞出备用。
2. 芋头、地瓜分别去皮，洗净切块。
3. 将米露倒入锅中，加肉块、芋头块、地瓜块、盐煮沸，撒入法香末即可。

爱心提醒

米露是指用香米熬制成的米汤（只取汤，不要米）。

清肠排毒明星食材 绿豆

味甘，性凉，有清热、解毒、祛火之功效，是我国中医常用的可解多种食物或药物中毒的一味中药。绿豆富含B族维生素、葡萄糖、蛋白质、淀粉酶、氧化酶、铁、钙、磷等多种成分。绿豆性寒凉，可清热解毒，有利尿消暑、止渴祛火的作用。绿豆汤是我国广大地区夏秋季的饮用佳品。常饮绿豆汤能帮助排泄体内的毒素，促进机体的正常代谢。许多人在进食油腻、煎炸、热性的食物之后，容易出现皮肤瘙痒，长暗疮、痱子等症状，这是由于湿毒溢于肌肤所致。绿豆则具有强力的解毒功效，可以解除多种毒素。现代医学研究证明，绿豆还可以降低胆固醇，有保肝和抗过敏作用。

绿豆芹菜汤

难易度

原料 绿豆、芹菜各50克，鸡蛋1只

调料 盐适量

做法
1. 绿豆洗净，用清水浸泡2小时，拣去杂质。
2. 芹菜择去叶，洗净切段。鸡蛋取蛋清，打散。 将绿豆、芹菜放搅拌机内，加适量清水，搅成泥。
3. 锅中放两碗清水煮沸，倒入绿豆芹菜泥搅匀，煮沸后倒入鸡蛋清推匀，放入盐调味即成。

营养功效

芹菜可消除体内水钠潴留，有利尿消肿的功效。同时，芹菜是高纤维食物，可加快粪便在肠内的运转，减少致癌物与结肠黏膜的接触，从而达到预防结肠癌的目的。

绿豆藕汤

难易度

原料 鲜藕、绿豆各适量

调料 肉汤、盐、胡椒粉、味精、生姜各适量

做法
1. 绿豆洗净，用清水泡2小时。鲜藕去皮、节，洗净切片。生姜切片。
2. 净锅置火上，加水烧开，下藕片煮5分钟，捞出用凉水冲净。
3. 锅加肉汤，烧开后下藕片、绿豆、生姜片同炖至绿豆酥烂，加胡椒粉、盐、味精调味，装碗即可。

营养功效

鲜藕具有益胃健脾、养血补虚、止泻的功效。绿豆具有解毒、消暑生津的功效。

清肠排毒明星食材 菠菜

春天上市较早的蔬菜当属菠菜，对解毒颇有益处。《本草求真》记载："菠菜，何书皆言能利肠胃。盖因滑则通窍，菠菜质滑而利，凡人久病大便不通，及痔漏关塞之人，咸宜用之。又言能解热毒、酒毒，盖因寒则疗热，菠菜气味既冷，凡因痈肿毒发，并因酒湿成毒者，须宜用此以服。且毒与热，未有不先由胃而始及肠，故药多从甘入，菠菜既滑且冷，而味又甘，故能入胃清解，而使其热与毒尽从肠胃而出矣。"

花肠炖菠菜 难易度

原料 猪花肠300克，菠菜150克

调料 盐、味精、葱、姜、胡椒粉、料酒、花椒、八角、香油、鸡粉、花生油各适量

做法
1. 猪花肠治净切段，入沸水锅内汆水，加葱、姜、八角、花椒将大肠煮烂，入六七成热油锅中炸至酥脆。菠菜洗净，切段备用。
2. 锅入油烧热，下入葱姜片、料酒，倒入花肠炖至汤汁浓白且出香味，再加入盐、味精、胡椒粉、鸡粉和菠菜，略炖片刻，淋香油出锅即可。

鸡肝枸杞菠菜汤 难易度

原料 鸡肝200克，枸杞子15克，冬笋10克，菠菜10克

调料 藕粉5克，八角2克，白酒5克，姜汁5克，盐、胡椒粉、鸡汤各适量

做法
1. 鸡肝洗净，切成小块。
2. 汤锅内倒入鸡汤煮开，放入鸡肝、姜汁，煮片刻后捞起鸡肝，控干备用。
3. 冬笋洗净，煮熟，切成薄片。菠菜洗净。
4. 鸡汤再次煮开，加少许盐，放入菠菜稍烫，捞起切段。
5. 将枸杞子和八角放入鸡汤内煮30分钟，再加入鸡肝和笋片同煮片刻，加盐调味，用藕粉调成的芡汁勾芡，淋入白酒，加入菠菜和胡椒粉稍煮即可。

清肠排毒明星食材 杏仁

杏仁所含的营养成分十分均衡，不但含有丰富的植物蛋白，还含有多种微量元素和纤维素，它可以润肺清火、排毒养颜。不少中医药古籍记载，杏仁具有润肠通便的作用，是没有副作用的排毒食品。中医典籍《本草纲目》中提到了杏仁的三大功效："润肺也，消积食也，散滞气也"。其中，"消积食"说明杏仁可以帮助消化，缓解便秘症状。此外，不少治疗便秘的中药药方中也都包含杏仁。

杏仁瘦肉苹果汤

难易度

原料 苹果2个，猪瘦肉500克，无花果4粒，南杏仁、北杏仁、银耳各适量

调料 盐、白醋各适量

做法
1. 所有材料洗净。苹果去核，切成四瓣。银耳浸在水中泡软，无花果一切两半。
2. 瘦肉切大块，放入滚水锅中氽烫，捞出控水备用。
3. 汤煲中加水烧开，放入苹果、瘦肉、无花果、南杏仁、北杏仁，大火煮20分钟，改小火炖1~2小时，放入银耳再炖2小时，最后放盐、白醋调匀即可。

芒果杏仁银耳汤

难易度

原料 芒果肉、银耳、杏仁、枸杞各适量

调料 冰糖、蜂蜜、湿菱粉各适量

做法
1. 银耳泡发后洗净，撕成小朵；杏仁洗净，分成2片，用温水泡去表皮；芒果肉切成条，待用。
2. 汤锅置火上，加入适量清水，放入银耳、杏仁，烧开后撇去表层浮沫，改中火炖至银耳黏稠，加入芒果肉、枸杞、冰糖，烧开后加蜂蜜调味，以湿菱粉勾芡即可。

图书在版编目（CIP）数据

最营养的家常汤煲 / 张恕玉，王作生主编.-青岛：青岛出版社，2013.1
（最爱吃的家常菜系列）
ISBN 978-7-5436-8969-5
Ⅰ.①最… Ⅱ.①张… ②王… Ⅲ.①汤菜—菜谱 Ⅳ.①TS972.122
中国版本图书馆CIP数据核字(2012)第288854号

最营养的家常汤煲

书　　名　最营养的家常汤煲
组织编写　美食生活工作室
摄　　影　高玉德　刘志刚　周学武
出版发行　青岛出版社
社　　址　青岛市海尔路182号（266061）
本社网址　http://www.qdpub.com
邮购电话　13335059110　0532-85814750（传真）　0532-68068026
策划组稿　张化新　周鸿媛
责任编辑　纪承志
设计制作　尚世视觉
印　　刷　德富泰（唐山）印务有限公司
出版日期　2013年1月第1版　2024年5月第2版第6次印刷
开　　本　16开（889毫米×1092毫米）
印　　张　15
书　　号　ISBN 978-7-5436-8969-5
定　　价　29.80元

编校质量、盗版监督服务电话　4006532017　0532-68068670
（青岛版图书售出后如发现印装质量问题，请寄回青岛出版社出版印务部调换。
电话：0532-68068629）
建议陈列类别：美食类　生活类